Biology, for physical sciences and engineerings
revised edition

by

Junshi Sakamoto Ph. D.

SHOKABO
TOKYO

はじめに

　理工系の学問が，自然科学のうちで物理学を中核とするのは，科学の歴史を考えれば当然のことでしょう。地上の物体と天空の遊星に共通の普遍的な物理法則が発見されたことが，近代科学の始まりでした。近代のニュートン力学は，古代ギリシャ数学の公理系を巧みにまねて，演繹的な物理学の基礎を築きました。その後，化学は，周期表を発見しその基礎を原子の離散的構造に見いだすことによって，物理学的大系の末席に連なりました。生物学や地学は個別性や偶然性に満ち，化学よりさらに下位の泥臭い冴えない分野という序列がありました。

　しかし20世紀後半の分子生物学の進展によって，新しい学問的価値基準が芽生えてきた感があります。とくに遺伝子工学や細胞工学など応用面での発展が栄養となり，その芽が葉を広げ，茎を伸ばし，花を咲かせて，歴史性や多様性に満ちた包括的学問体系が育ちつつあります。理工系でも幅広い分野で，生物学の知識が必須になっています。

　ところが生物学は，理科の中では文系的な科目だとの見方が広まっており，数理的な理工学を志向する若者には，暗記科目として敬遠される傾向にあるようです。理学部生物学科は別にして，理工学一般と生物学の間には深い乖離があるように見えます。この乖離は学生側だけの問題ではなく，理工学マインドをもつ履修者に適した生物学の教材が十分には用意されていないという，教育側の問題もあります。基礎生物学を充実させる余裕がなく，「生物の知識は付け足しだから他流試合で学んで来い」というニュアンスが今でも濃厚です。

　その結果，たとえ専門課程の研究テーマで生物学の知識が必要になっても，当座に必要な事項を部分的に勉強するだけで，原理的な核心に触れる機会が乏しくなっています。遺伝子工学を例にとると，できあいの便利なキットが多数市販されている現状も，期せずしてそのような断片的知識獲得の傾向を助長しているようです。

　この教科書は，幅広い理工系の方々に，現代生物学の粋を，本格的でしかもコンパクトに学んでもらうために書きました。この目的のため，次のような特徴を込めて執筆しました。

1）基礎的でオーソドックスな枠組みの中に，最新の研究成果もふんだんに取り入れた。

　分子から細胞を経て器官・個体・生態系にいたる生物学の幅広い分野を，12章×5節＝60節の枠組みに整理しました。しかも**各節2ページにユニット化**し，計画的に勉強できるよう配慮しました。内容的には，伝統的な基礎事項をしっかり押さえた上で，ゲノム科学や発生学・進化学・脳研究・免疫学・がん研究などの新しい知見もたっぷり盛り込みました。ただし雑多な知識を未整理のまま付け加えるようなやり方は避け，最近の進展によって従来より見通しが良くなったような側面に重点を置いたので，**内容の厚みとわかりやすさを両立**できたと思っています。

　酵素は単なる無機触媒の延長ではなく質的なジャンプを含むこと，細胞の膜は静的な境界ではなく動的な機能の場であること，組織や器官の構成様式が解明されてきたこと，遺伝子の決定性と可塑性の均衡が生き生きと見えてきたことなど，新しい観点も取り入れました。

2）幅広いトピックスの計算問題を扱うことで，現代生物学の理数的性格を体得できるようにした。

　各章に「カフェアリス」という欄を設け，集中的に計算問題を取り上げました。「アリス」は算数（arithmetic，アリスメティック）の略であり，コーヒー店のテーブルの上でも気軽に問題を解いてほしいという意図を込めました。コーヒーカップのアイコン ![カフェアリス] をそのシンボルにしています。電卓も存分に活用して，気楽に計算してください。

カフェアリスの目的は，理数系の読者の好みを満足させたいということだけではありません。現代生物学の対象は幅広く，空間的には nm（ナノメートル）以下の分子から Mm（メガメートル）以上の地球生態系まで，時間的には光化学反応の ps（ピコ秒）から生物進化の数十億年まで，またがっています。またシステム（身体）を構成する要素（分子）の数は膨大で，ゲノム情報が発現しうる表現型の潜在的な組み合わせは無限です。したがって生命現象をきちんと把握するためには，言語による「物語」とともに**定量的なスケール感**も理解の助けになるわけです。

　ただし，本文の「物語」だけでも十分な読み応えがあるように書いたつもりです。数学はやはり苦手だという読者は，遠慮なくカフェアリスを飛ばして，好きなテクストから楽しんでください。

3）多彩な手段で項目間を密に結びつけ，多重・多層の相互関連を明示する。

　多数の**側注**は，難しい学術用語をわかりやすく説明するとともに，他の章や節の事項との関係も解説しています。各章末の**まとめ**は，本文のおさらいであるとともに，別の角度から眺め直す機能も込めました。章末の**問題**と巻末の**解答例**も同様に，本文とは異なる視点にも気づくよう工夫しました。本文中の**引用**や巻末の**索引**も充実させ，ページの離れた事項どうしを縦横に結びつけやすくしました。

　勉強を折り紙にたとえるなら，教科書は平らな千代紙です。関連事項をつなぎ合わせて，立体的な折り鶴を組み立ててください。

　生物学の応用技術には，遺伝子組換えや細胞融合を利用した医薬品の生産があり，それらは現に多くの患者さんを苦しみから救っています。しかしそれだけではなく，人間工学に基づくバリアフリー社会，脳死者の身体からではなく幹細胞工学に基づく臓器移植，砂漠や塩水に耐える農作物の育種による食料不足の克服など，幅広い領域で果実を生み出す可能性が広がっています。したがってここでいう「理工系」は，理学部と工学部だけに狭く限るのではなく，**農学や薬学・コメディカル分野**なども含め幅広く指しています。

　一方で，科学技術が自然や人間を単純に操作できる対象と見なしたことが，社会や人の心にさまざまな弊害をもたらしたとする批判も少なくありません。物理学の硬質な法則性・演繹性に加え，生物学の柔らかい多様性・歴史性・偶有性をみっちり学ぶことは，このような科学技術の問題点を超克する道にも通じるでしょう。そこで，**文明や精神と生物学の関係**とか**生命倫理**などに関心のある法・文・経・芸術系の分野の人にも役立つべく，本文は幅広い読者にリーダブルになるよう心がけました。

　ただし，生物学の全域をコンパクトにまとめたため，微生物に関する事項は前著『微生物学　地球と健康を守る』（裳華房）に譲りました。ミクロの生命体についてはそちらをご参照ください。

　幸い以上のようなねらいは広く好評を博し，改訂版を出す運びになりました。今回の改訂では，エピジェネティクスや調節 RNA，幹細胞，発生，自然免疫など各所に新しい知見を取り入れたほか，すべての図版を多色化した上，一部描き直し，追加もしてさらに理解しやすくなることを目指しました。

　日ごろ知的刺激を与えてくださる同僚と，学会などで各種の議論に応じてくださる研究者の皆さんにお礼申し上げます。また，研究室で熱心に生物とつき合ってくれる学生諸君，とりわけ内容のチェックをしてくれた椛島佳樹くん・日高聖子さん・大崎由里香さん・正木康太くん・年森和明くん・杉山貴彦くん，そして協力してくれた家族に感謝します。さらに，編集・改訂作業の過程で大変なご助力をいただいた裳華房の野田昌宏さんと筒井清美さんに深く感謝いたします。

2015 年 7 月

坂 本 順 司

目　次

1章　生命物質　命と物のあいだ —————————————— 1

- 1・1　元素と化合物 …………… 2
  - 生命の必須元素 …………… 2
  - 宇宙と元素 ………………… 2
  - 有機化合物と水 …………… 3
- 1・2　糖質（炭水化物） ……… 4
  - 単糖 ………………………… 4
  - 少糖 ………………………… 4
- 多糖 …………………………… 5
- 1・3　脂質 ……………………… 6
  - 脂肪 ………………………… 6
  - 不飽和脂肪酸 ……………… 6
  - リン脂質 …………………… 7
  - ステロイド ………………… 7
- 1・4　タンパク質 ……………… 8
  - アミノ酸 …………………… 8
  - ポリペプチド ……………… 8
  - タンパク質 ………………… 9
- 1・5　核酸 ……………………… 10
  - ヌクレオチド ……………… 10
  - 核酸 ………………………… 11

カフェ・アリス 1　分子と日常をつなぐ魔法の数 …… 12

1章のまとめと問題 …… 14

2章　細胞　しなやかな建築ブロック ————————————— 15

- 2・1　生体膜 …………………… 16
  - 真核細胞と原核細胞 ……… 16
  - 流動モザイクモデル ……… 16
  - 膜タンパク質 ……………… 17
- 2・2　単膜構造体；内膜系 …… 18
  - 小胞体 ……………………… 18
  - リボソーム ………………… 18
  - ゴルジ体 …………………… 19
- リソソーム …………………… 19
- 2・3　複膜構造体 ……………… 20
  - 核 …………………………… 20
  - ミトコンドリア …………… 20
  - 葉緑体 ……………………… 21
  - 細胞内共生 ………………… 21
- 2・4　細胞骨格 ………………… 22
  - 微小管 ……………………… 22
- 微小繊維 ……………………… 22
- 中間径フィラメント ………… 23
- 細胞外基質 …………………… 23
- 2・5　細胞周期 ………………… 24
  - 間期 ………………………… 24
  - 分裂期 ……………………… 24
  - 細胞周期の制御系 ………… 24
  - 減数分裂 …………………… 25

カフェ・アリス 2　生命世界のスケーリング …… 26

2章のまとめと問題 …… 28

3章　代謝　酵素は縁結びの神さま ——————————————— 29

- 3・1　酵素 ……………………… 30
  - 代謝経路 …………………… 30
  - 酵素とは …………………… 30
  - 酵素の特徴1；高性能の触媒 30
  - 酵素の特徴2；生命の特異性 31
- 3・2　解糖と発酵 ……………… 32
  - 好気的と嫌気的 …………… 32
  - 発酵 ………………………… 32
  - 解糖 ………………………… 32
- 還元当量と酸化還元電位 …… 33
- 3・3　呼吸 ……………………… 34
  - 内呼吸と外呼吸 …………… 34
  - 解糖系やβ酸化系；C_6, C_{18} etc. → C_2 …………… 34
  - クエン酸回路；$C_2 \to CO_2$ … 34
  - 酸化的リン酸化；還元力→ATP 34
- 3・4　光合成 …………………… 36
  - 明反応；光の吸収 ………… 36
- 暗反応；炭酸固定 …………… 36
- C_3植物・C_4植物・CAM植物 37
- 3・5　生体エネルギー ………… 38
  - 自由エネルギー変化 ……… 38
  - ΔGの意味 ………………… 38
  - 速度と平衡 ………………… 38
  - エネルギー通貨 …………… 39

カフェ・アリス 3　汎酵素的生命観 …… 40

3章のまとめと問題 …… 42

4章 遺伝　情報化された命綱 — 43

- 4・1 染色体と遺伝子 …… 44
  - 染色体 …… 44
  - 遺伝子；実体の粒子性 …… 44
  - 遺伝子；構造の一次元性 …… 45
  - 遺伝子；機能のシステム性 …… 45
- 4・2 複製 …… 46
  - 複製の基本 …… 46
  - 複製の分子機構 …… 46
  - 校正と修復 …… 47
- 4・3 転写 …… 48
  - 転写と翻訳 …… 48
  - RNAポリメラーゼとプロモーター …… 48
  - 開始・伸長・終結 …… 48
  - 転写調節 …… 49
- 4・4 翻訳 …… 50
  - 遺伝暗号 …… 50
  - tRNA …… 50
  - 翻訳のしくみ …… 51
- 4・5 転写後調節と翻訳後の運命 …… 52
  - 転写後修飾 …… 52
  - 翻訳後修飾 …… 52
  - タンパク質の運命 …… 53

カフェアリス 4　遺伝子は計算しないとわからない …… 54

4章のまとめと問題 …… 56

5章 動物性器官　うごくしくみ — 57

- 5・1 組織の種類 …… 58
  - 生体の階層性 …… 58
  - 上皮組織 …… 58
  - 結合組織 …… 59
  - 神経組織と筋肉組織 …… 59
- 5・2 神経系 …… 60
  - 神経系の構成 …… 60
  - 神経細胞とグリア細胞 …… 60
  - 静止電位と活動電位 …… 60
  - シナプス伝達 …… 61
- 5・3 感覚系 …… 62
  - 感覚の意味 …… 62
  - 化学受容器 …… 62
  - 電磁気受容器 …… 62
  - その他の受容器 …… 63
- 5・4 細胞運動 …… 64
  - 鞭毛と繊毛 …… 64
  - 細胞内輸送 …… 64
  - アメーバ運動 …… 64
  - 筋肉運動 …… 64
  - 細菌のべん毛 …… 65
- 5・5 運動系（筋肉-骨格系） …… 66
  - 骨格と硬組織 …… 66
  - 3種の筋肉 …… 66
  - 興奮収縮連関 …… 67

カフェアリス 5　生命力がまとう衣は膜 …… 68

5章のまとめと問題 …… 70

6章 植物性器官　身体という迷宮のトポロジー — 71

- 6・1 消化系 …… 72
  - 上部消化管 …… 72
  - 胃 …… 72
  - 小腸 …… 72
  - 肝臓 …… 73
  - 大腸 …… 73
- 6・2 循環系 …… 74
  - 血管系 …… 74
  - 心臓 …… 74
  - 血液 …… 75
- 6・3 排出系 …… 76
  - 腎臓と尿路 …… 76
  - 腎単位のはたらき …… 76
  - 窒素排出と進化 …… 77
- 6・4 呼吸系 …… 78
  - 気道 …… 78
  - 換気 …… 79
  - ヘモグロビン …… 79
- 6・5 生殖系 …… 80
  - 性と生殖 …… 80
  - 女性生殖器官 …… 80
  - 男性生殖器官 …… 81

カフェアリス 6　数字で探検する人体 …… 82

6章のまとめと問題 …… 84

7章 ホメオスタシス　にぎやかな無意識の対話　―― 85

- 7・1　内分泌系 ………… 86
  - ホルモン ………… 86
  - 視床下部と脳下垂体 ………… 86
  - ペプチドホルモン・タンパク質ホルモン ………… 86
  - アミン ………… 87
  - 脂溶性ホルモン ………… 87
- 7・2　信号変換 ………… 88
  - 細胞間信号伝達 ………… 88
  - サイトカインと気体 ………… 88
  - 細胞内信号変換 ………… 89
- 7・3　自律神経系 ………… 90
  - 二重支配 ………… 90
  - 受容体の種類 ………… 90
  - 受容体のサブタイプ ………… 91
- 7・4　免疫系 ………… 92
  - 3重の生体防御 ………… 92
  - 自然免疫の2つのはたらき ………… 92
  - 免疫グロブリン-ファミリー ………… 92
  - リンパ球成熟の3段階 ………… 93
- 7・5　がん ………… 94
  - 悪性腫瘍 ………… 94
  - がん遺伝子 ………… 94
  - 発がん ………… 94
  - がんの要因と治療 ………… 95

カフェ・アリス 7　受容体と創薬 …… 96
7章のまとめと問題 …… 98

8章 発生　兎が飛び出す手品の帽子　―― 99

- 8・1　胚の初期発生 ……… 100
  - 受精と卵割 ………… 100
  - 胚盤胞 ………… 100
  - 原腸と胚葉 ………… 101
  - 神経管と原体節 ………… 101
- 8・2　発生の機構 ……… 102
  - 発生の共通性 ………… 102
  - 発生運命 ………… 102
  - 位置情報 ………… 103
  - 形成体 ………… 103
- 8・3　ボディープラン …… 104
  - 3軸の形成 ………… 104
  - 体節の決定：ホックス遺伝子 104
  - 器官形成 ………… 105
  - 血管の配置 ………… 105
- 8・4　万能細胞 ……… 106
  - 分化能 ………… 106
  - クローン ………… 106
  - 幹細胞工学 ………… 107
  - iPS細胞 ………… 107
- 8・5　植物の発生 ……… 108
  - 3つの器官 ………… 108
  - 3つの組織系 ………… 108
  - 成長 ………… 109
  - 花の形成 ………… 109

カフェ・アリス 8　核酸語とタンパク語 …… 110
8章のまとめと問題 …… 112

9章 生物の進化と歴史　生物が織りなす三千万世界　―― 113

- 9・1　生物の歴史 ………… 114
  - 化学進化 ………… 114
  - 原核生物 ………… 114
  - 真核化と多細胞化 ………… 115
- 9・2　小進化 ………… 116
  - 突然変異 ………… 116
  - 有性生殖 ………… 116
  - 自然選択 ………… 116
  - 遺伝的浮動 ………… 117
- 9・3　大進化 ………… 118
  - 生殖的隔離 ………… 118
  - 種分化 ………… 118
  - 新奇性の由来 ………… 119
- 9・4　分類と進化 ………… 120
  - 分類学 ………… 120
  - 相同と相似 ………… 120
  - 系統樹 ………… 120
  - 分子系統学 ………… 121
- 9・5　生物の主な系統 …… 122
  - 原核生物 ………… 122
  - 原生生物 ………… 122
  - 植物 ………… 122
  - 真菌 ………… 123
  - 動物 ………… 123

カフェ・アリス 9　悠久の生物進化 …… 124
9章のまとめと問題 …… 126

10章　ヒトの進化と遺伝　涸れざる魅惑の源泉 ——— 127

- 10・1　霊長類への道 …… 128
  - 脊索動物門 …… 128
  - 脊椎動物亜門 …… 128
  - 哺乳綱 …… 128
  - 霊長目 …… 129
- 10・2　ヒトの進化 …… 130
  - 初期の人類 …… 130
  - アウストラロピテクス属 …… 130
  - ヒト属 …… 130
  - ヒト …… 131
- 10・3　ヒトの遺伝子と調節　132
  - 真核生物の遺伝子 …… 132
  - 転写調節 …… 132
  - エピジェネティクス …… 132
  - 転写後調節と非コードRNA …… 133
- 10・4　ヒトゲノム …… 134
  - ミトコンドリアゲノム …… 134
  - 核ゲノム …… 134
  - 反復配列 …… 134
  - 遺伝的多型 …… 135
- 10・5　遺伝病 …… 136
  - 遺伝因子と環境因子 …… 136
  - メンデル遺伝する疾患 …… 136
  - 多因子疾患 …… 136
  - 遺伝子検査 …… 137

カフェ・アリス 10　限りないゲノム情報の豊かさ …… 138
10章のまとめと問題 …… 140

11章　脳と心　脳内動物園の三猛獣 ——— 141

- 11・1　脳の構造 …… 142
  - 脳の基本設計 …… 142
  - 脳幹 …… 142
  - 小脳と間脳 …… 143
  - 大脳 …… 143
- 11・2　感情 …… 144
  - 大脳辺縁系 …… 144
  - 嗅覚と感情 …… 144
  - 感情の影響力 …… 145
- 11・3　知覚と行動 …… 146
  - 大脳新皮質 …… 146
  - 機能の局在 …… 146
  - 機能分化の可塑性 …… 147
  - 行動と錐体路 …… 147
- 11・4　記憶と学習 …… 148
  - 記憶の種類 …… 148
  - 学習の神経機構 …… 148
  - 長期増強 …… 149
- 11・5　知性と意識 …… 150
  - 前頭前野 …… 150
  - 言語野 …… 150
  - 意識の性質 …… 150
  - 意識研究 …… 151

カフェ・アリス 11　科学革命と生物学 …… 152
11章のまとめと問題 …… 154

12章　生物集団と生態系　本当のエコとは多様性の価値 ——— 155

- 12・1　地球と生物圏 …… 156
  - 歴史的要因 …… 156
  - 生物的要因 …… 156
  - 非生物的要因 …… 156
  - バイオーム …… 157
- 12・2　動物の行動 …… 158
  - 行動の要因 …… 158
  - 学習と知性 …… 158
  - 利他行動と道徳性 …… 159
- 12・3　個体群 …… 160
  - 個体の分布 …… 160
  - ロジスティック増殖 …… 160
  - ヒト個体群の増殖 …… 161
  - r戦略とK戦略 …… 161
- 12・4　群集 …… 162
  - 種間相互作用 …… 162
  - 捕食と共生 …… 162
  - 食物連鎖と食物網 …… 162
  - 撹乱と遷移 …… 163
- 12・5　生態系 …… 164
  - エネルギー流 …… 164
  - 生態ピラミッド …… 164
  - 物質循環 …… 165
  - 生物多様性 …… 165

カフェ・アリス 12　分子から地球へつなぐ回路 …… 166
12章のまとめと問題 …… 168

参考文献 …… 169
章末問題の解答例 …… 172
索引 …… 178

1章 生命物質
命と物のあいだ

- 1・1 元素と化合物 ☞ p.2
- 1・2 糖質（炭水化物） ☞ p.4
- 1・3 脂質 ☞ p.6
- 1・4 タンパク質 ☞ p.8
- 1・5 核酸 ☞ p.10

　この宇宙は物質・エネルギー・情報の3要素からなると考えられます。生物もこの3つの側面からとらえることができます。エネルギーについては3章から，情報については4章から詳しく見ていきますが，ここではまず物質から考えてみましょう。

　生物も物質からなることは，岩石や湧き水などの無生物と同じです。しかしおもに特別な種類の有機物からなる点で，無機的な物体とは異なります。生命物質の代表であるタンパク質や核酸などの**生体高分子**（biomacromolecule）は，酸素 O_2 や水 H_2O などの小分子とは異なり，ある種の小分子が複雑かつ厳密な配列でつながった大きな分子です。生物学の分野でも「分子生物学」とか「1分子計測」など「分子」という用語が共通に使われますが，化学の領域で主役を務める小分子と，生物学の領域で活躍する生体高分子は，レベルの異なる概念です。

　動物や植物には多くの種類があり，色や形・大きさなど見かけは様々ですが，分子レベルで見ると非常に共通しています。生命物質の理解は栄養学だけに必要なのではなく，2章以下で学ぶ生物学全体の基礎になります。物質組成の均一性はまた，人類が他のすべての生物と縁の深い仲間だと気づかせてくれます。

1・1 元素と化合物

生命の必須元素

生物も物質（material）からなっており，物質は元素（element）から構成される。100種以上の元素のうち30弱がヒトや哺乳類に必須である。地殻と生物の元素組成を比べると，**酸素**[†]（O）が最も多い点が共通している（図1-1-1）。しかし2番目に多い元素は，生物では炭素（C）なのに対し地殻ではケイ素（Si）と，異なっている。CとOに水素（H）と窒素（N）・カルシウム（Ca）・リン（P）・硫黄（S）を加えた計7つでヒトの体の約99％を占め，限られた種類の元素が体の大部分を構成していることがわかる。

複数の元素が特定の割合で結合した物質を化合物（compound）という。生体に最も多い水と骨の主成分であるリン酸カルシウムは**無機化合物**（inorganic c.）だが，それ以外の生命物質はほとんど**有機化合物**（organic c.）である。上で述べた7元素のうちCa以外の6つは，有機化合物を構成する主要元素である。

これらのうちCは原子価が4と大きい。C原子は他の原子や原子団といろいろな組み合わせで結合できる。Cはこの特徴的な化学的性質のため，有機化合物の骨格となり極めて多種類の物質を構成する。そもそもCを含むことが有機化合物の定義であり，二酸化炭素（CO_2）と一酸化炭素（CO）および炭酸塩（CO_3^{2-}を含む化合物）など単純な酸化物のみがそこから除外される。

宇宙と元素

この大宇宙は138億年前にビッグバンとよばれる大爆発で誕生した。誕生直後の宇宙は超高温超高密度で，クォークや反クォークが激しくぶつかり合い，生成消滅をくり返していた。クォークと反クォークは衝突し合うと消滅するので，両者が同じ数だと宇宙が空っぽになってしまうが，宇宙の対称性は崩れていたので，クォークの方がわずかに多く宇宙に残った。宇宙が膨張するにつれ温度が下がり，0.1 ms（ミリ秒）たったとき，陽子（proton）すなわち水素原子核がつくられた。ビッグバンから38万年たったときに陽子は電子（electron）を捕まえることができ，最初の元素として水素原子が誕生した。今でも宇宙の原子の3/4は水素である。初期の宇宙では，あとヘリウム（He）とリチウム（Li）を加えた3つの元素しかできなかった。

さらに宇宙が冷えて数億年が経過したころ，原子はみずからの重力で寄り集まり，恒星が形成された。中心部の密度と温度が高まると核融合が始まり，次々に新たな元素がつくられた。したがって恒星は元素合成装置であり，生命を構成するOやC・Caなどもつくられた。しかし核融合でできるのは鉄（Fe）までであり，恒星の中心部にFeがたまると核融合は停止した。こうなると恒星はさらに縮み上がり，高温過密の度を高めた。とうとうFeの原子核も崩れると小さな中性子星に変化する。このとき莫大な重力エネルギーが放出され，星の外層部の物質を猛烈な勢いで吹き飛ばした。これが超

[†] **酸素（oxygen）**；酸素 O_2 がないとヒトは窒息死するので，ごく有益な物質と見られているが，生物界一般ではむしろ基本的に毒物である。酸素は反応性が高く，生命物質を酸化分解する。地球初期の大気には O_2 がなかったおかげで生命が誕生できた。当初の生物は嫌気性だった。光合成生物が出現し大気に O_2 が増えると，生物はそれを解毒するしくみを進化させた。さらには O_2 の反応性を逆手にとって，呼吸（3・3節）でエネルギーを獲得するしくみまで獲得した（9・1節）。もはや O_2 なしでは短時間さえ生きられなくなった好気性生物の末席にヒトがいるが，今でも老化や各種不調は活性酸素の仕業である。生物界は逆説に満ちている。

[†] **水素結合（hydrogen bond）**；非共有結合の一種。水素結合は，個々の力は共有結合よりずっと弱いが，数が多いので水や生体分子間の相互作用や生体高分子の立体構造を支える力として主要である。生体分子間の非共有結合としては他に，静電結合やファンデルワールス力，疎水的相互作用がある。

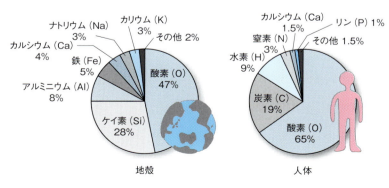

図 1-1-1　地殻と人体の構成元素（重量％）

新星爆発である。これによって Fe より重い銅（Cu）や亜鉛（Zn）などの元素も形成されたので、超新星爆発は元素合成の総仕上げだといえる。

生命を構成する元素はこれら恒星の核融合と超新星爆発で誕生したので、私たち生物はみな星の子だといえる。

有機化合物と水

生物に最も多い化合物は水（H_2O）である。動植物の体全体でも細胞の構成でも、約7割以上は水である（図1-1-2）。

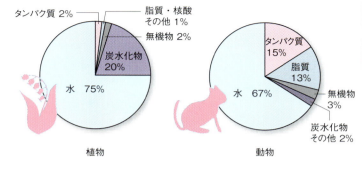

図 1-1-2　植物と動物の構成成分（重量%）

水は無機化合物だが生物に深く貢献している。他の無機物質とは異なる水の際立った特徴が、地球に生命が誕生する上でも、現在の生物が生きていく上でも、必須だと考えられる。

H_2O 分子の全体は電気的に中性だが、O 原子は H 原子より電気陰性度が高いため、H は $δ+$、O は $2δ-$ と部分的に帯電しているので**極性**（polarity）をもつ。O や N など負に帯電する原子は一般に、2原子間で H をはさんで結合する。そのうち一方の原子は H と共有結合しているが、他方の原子との結合は**水素結合**†という。水の際立った4つの特徴は、水分子間の水素結合に由来する。

まず水は液体のうちでも特に多くの物質を溶かす優れた溶媒であり、多彩な生命現象を可能にしている。第2に水の比熱や蒸発熱が大きいことは、温度の変化を緩和し生物の生育条件を穏やかにする。第3に水分子どうしの凝集力や表面張力と細胞壁など他の物質への粘着力が高いことは、樹木が頂上まで水を吸い上げることを可能にし、丈高く成長できるようにする。第4に水は凝固すると密度が低まるまれな物質の1つであり、氷は液体の水に浮かぶ。冬に湖沼が凍結しても氷は表層にとどまり断熱材として働くため、その下の液体部分で生物は越冬できる。

生体を構成する重要な有機化合物には糖質（炭水化物）、脂質、タンパク質、核酸の4群がある（次節以下）。動物の体にはタンパク質が最も多く、脂質もこれに並ぶほど多いのに対し、植物体には糖質が圧倒的に多い（図1-1-2）。この違いは、おもなエネルギー貯蔵物質が動物では中性脂肪などの脂質であるのに対し、植物ではデンプンなどの糖質であることによる。貯蔵物質を除いた細胞質では、生物の種類によらずタンパク質が最も多い（図1-1-3）。

糖質の多くが C, H, O の3元素からなるのに対し、タンパク質と核酸では N も主要な元素として加わる。さらにタンパク質では S が、核酸では P が、主要元素として含まれる。脂質の構成元素は種類によって異なる。中性脂肪は C と H がほとんどで O も少し含むが、細胞膜にはさらに P も含むリン脂質が多い。C と H からなる炭化水素は極性がほとんどなく**疎水的**†だが、O などの比率が高いと極性を帯びたり解離したりして**親水的**†になる。

† **疎水的**（hydrophobic）、**親水的**（hydrophilic）、**両親媒的**（amphipathic）：正味の電荷や電荷の偏りがあるため水になじみやすいことを親水的という。逆に電荷もその偏りもないため水になじみにくく油になじみやすいことを疎水的という。これらの語句は分子の部分構造についても使うが、分子全体が親水的あるいは疎水的であれば、それぞれ**水溶性**あるいは**脂溶性**となる。疎水的な部分と親水的な部分を兼ね備えていることを**両親媒的**という。

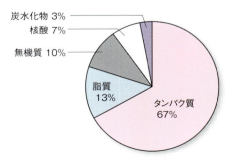

図 1-1-3　細胞質の構成元素（乾燥重量%）

1・2 糖質（炭水化物）

糖質[†]すなわち炭水化物[†]はエネルギーと構造保持に重要な物質である。小さな単糖のほか，単糖が複数結合した分子も含む。単糖のように構成単位となる小分子を一般に単量体（monomer）といい，多数重合した高分子（macromolecule）を多量体（polymer）という。その中間で2個から数十個くらいまでの重合体は，一般にオリゴマー（oligomer）とよばれる。

単 糖

単糖（monosaccharide）はアルデヒド基かケトン基をもつ多価アルコールで，一般式は $(CH_2O)_n$ である。もっとも代表的な単糖は $n=6$ のグルコース（glucose，ブドウ糖，$C_6H_{12}O_6$）であり，生物学で中心的な物質である。血液中のグルコースを血糖（blood sugar）といい，その濃度である血糖値は健康状態の代表的な指標である。

グルコースをはじめ $n=6$ の単糖を六炭糖（hexose）と総称する。同様に $n=3, 4, 5, 7$ の糖はそれぞれ三炭糖（triose），四炭糖（tetrose），五炭糖（pentose），七炭糖（heptose）である。グルコース以外の代表的な単糖のうち，乳糖（次項）に含まれるガラクトース（galactose）はアルドヘキソース，果物に多いフルクトース（fructose，果糖）はケトヘキソース，核酸の構成成分のリボース（ribose）はアルドペントースである。

六炭糖や五炭糖の多くは，アルデヒド基（-CHO）やケトン基（>C=O）が分子内でヒドロキシ基（-OH）と結合して環状構造をとる（図 1-2-1）。アルデヒド基の環化には2通りの立体配置がありうるので，環化グルコースには $α$ と $β$ の2形がある。

少 糖

単糖2分子が結合した糖を二糖（disaccharide），3分子結合したものを三糖（trisaccharide）とよび，以下四糖（tetrasaccharide），五糖（pentasaccharide）などという。これらをまとめて少糖（oligosaccharide）と総称する。糖の結合は水酸基どうしの脱水反応でおこり，グリコシド結合（glycoside bond，配糖体結合）とよぶ（図 1-2-2）。

代表的な二糖には，多糖のデンプン（次項）が2単位ずつに分解したマルトース（maltose，麦芽糖）・砂糖の主成分であるスクロース（sucrose，ショ糖）・哺乳類の乳のおもな栄養素であるラクトース（lactose，乳糖）などがある。このうちスクロースは，緑色植物の葉から維管束を通って非光合成器官に送られる糖であり，いわば植物の「血糖」である。糖分子には水酸基がたくさんあるので，そのうちどの水酸基が結合に預かるかによって異なる少糖ができる。たとえば同じ2分子のグルコースでも α1-4 結合した二糖はマルトースだが，α1-α1 結合した二糖はトレハロースとよばれ，菓子など食品の天然保存料として重用されている。

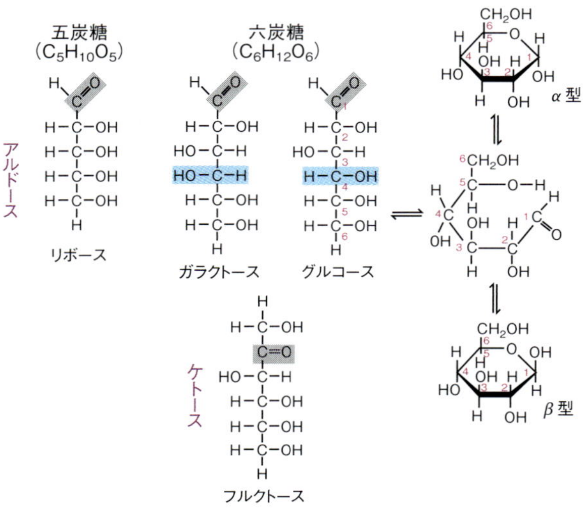

以上のような二糖は天然の動植物にも多く含まれ，昔から知られる代表的な少糖である。三糖以上の少糖は天然には少ないが，寒天や食物繊維などを酵素や微生物で分解して作った少糖には，腸内細菌叢を

[†] 糖質（saccharide）；単糖を構成成分とする有機化合物の総称。分子の一般式は $C_mH_{2n}O_n$ だが，$C_m(H_2O)_n$ と表すとCに H_2O が化合した形になるので，炭水化物（carbohydrate）ともよばれる。しかし栄養表示の面では，炭水化物のうちヒトで消化されるものだけを糖質と称し，カロリーに寄与しないものは食物繊維（dietary fiber）として区別される。糖（sugar）も生物学では同義語ながら，日常的には甘いものだけを指す。

図 1-2-1　単糖と環化

整えるなど保健上の特別な付加価値があるとして，とくに**オリゴ糖**とよぶこともある。

糖のアルデヒド基やケトン基の炭素が置換を受けていなければ還元力をもつ。そこで単糖やマルトースは還元糖とよばれる。スクロースやトレハロースでは2つの官能基がともにふさがっているので非還元糖である。

多　糖

単糖が数百から数千も結合した多量体が天然に存在し，これを**多糖**（polysaccharide）という。多糖には，エネルギーを貯えるための**貯蔵多糖**と，細胞や体を支える建材としての**構造多糖**とがある（図 1-2-3）。

デンプン（starch）は植物の代表的な**貯蔵多糖**であり，米や小麦などの穀物やイモ類の主成分として人類の主要なエネルギー源でもある。グルコースが α1-4 結合で重合しており，その結合角かららせん構造になる。単純な直鎖構造のアミロース（amylose）と分枝したアミロペクチンからなる。穀物のアミロース合成酵素の遺伝子に変異があるとアミロース含量が低くなり，デンプンの粘りが強くなる。**もち米**[†]はアミロース含量が0％である。動物のおもな貯蔵多糖は**グリコーゲン**（glycogen）で，脊椎動物では**肝臓**と筋肉の細胞内に顆粒状で貯えられている。構造はアミロペクチンに似ているが，分枝が密である。しかしエネルギー量としては脂肪（次節）より乏しい。

セルロース（cellose）は植物の**細胞壁**を形づくる主要な**構造多糖**であり，地上で最も大量に存在する有機物である。年に約 10^{17} g 生産される**バイオマス**であり，木材や紙，綿の主成分でもある。デンプンと同じくグルコースの重合体だが，β1-4 結合している。デンプンとは結合の角度が違うため三次元構造も異なりまっすぐで，分枝もしない。らせん状のデンプンが分子内で水素結合するのに対し，まっすぐなセルロースは，並行している隣りの分子と水素結合し，細胞壁では約 80 本が集合して微繊維を作る。動物の消化酵素**アミラーゼ**[†]はデンプンを分解できるが，結合の異なるセルロースは分解できない。干し草を食べるウシや木材を栄養源にするシロアリは，セルラーゼという酵素をもつ微生物が消化管に共生しているため，セルロースも分解できる。

地球上で2番目に多い多糖類である**キチン**（chitin）は，昆虫など節足動物の外骨格やキノコやカビなど真菌類の細胞壁を構成する主要成分である。窒素（N）を含むグルコース誘導体の *N*-アセチルグルコサミン（$C_6H_{15}NO_6$）の重合体である。生体適合性がいいので手術の縫合糸や創傷の被覆材として用いられる。

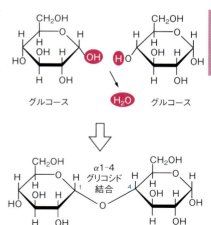

図 **1-2-2**　グリコシド結合と少糖

[†]**もち米とうるち米**；粘りがあり餅をつくるのに適したもち米に対し，通常の米をうるち米という。両者の性質の差はアミロース含量に由来し，もち米では0％，通常のうるち米は17〜23％である。この含量の差はアミロース合成酵素の遺伝子変異に基づいており，もち米の性質が潜性（4・1節）で遺伝する。「もち性」は小麦やトウモロコシなどにもあるが，「もち文化」は東アジアとオセアニアの島々に限られている。最近この含量が5〜15％の低アミロース米の品種がうるち米から新たに作出され，冷めてもおいしい米として注目されている。

[†]**アミラーゼ**（amylase）；代表的なデンプン分解酵素。その遺伝子 AMY1 は，穀物をよく食べる日本人など農耕民族ではゲノムに平均6.7コピーあるが，狩猟採集や牧畜を主とする民族では5.45コピーしかない。チンパンジーは1つだけである。

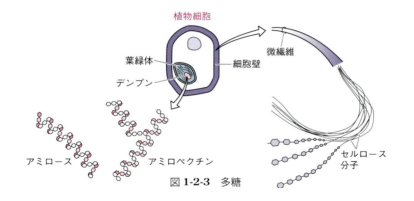

図 **1-2-3**　多糖

1・3 脂 質

4大生体物質のうち**脂質**(lipid)の分子は小ぶりであり，高分子でも多量体でもない。**疎水性**（1・1節）が高く，脂肪酸**残基**[†]を含むものが多い。しかし脂肪酸残基を含まなくても，疎水性の物質を広く脂質と総称することも多い。脂質にも多糖類と同様，エネルギー貯蔵の役割をもつ疎水性の脂肪などもあるが，リン脂質のように細胞の膜を構成する**両親媒性**のリン脂質などもある。

† **残基**（residue）；小さな分子の一部が除かれて大きな分子の一部になったもの。たとえばグルコースが脱水縮合してできたデンプン分子において，その中のグルコース単位をグルコース残基という。

脂 肪

脂肪（fat）は動物の脂肪組織や植物の種子にエネルギー源として蓄えられている。多糖類と同じくC, H, Oの3元素からなるが，Oの比率は低い。そのためガソリンの主成分である炭化水素（carbohydrate）と同じくエネルギーに富み，酸化によって放出するエネルギー量はデンプンに比べ単位質量あたり2倍以上である。脂肪はこのように効率的なエネルギー源であるとともに，機械的な衝撃に対するクッションや，冷気・冷水に対する断熱保温材の役割も兼ね備える。

脂肪分子ではグリセロールと**脂肪酸**（fatty acid）が結合している（図 1-3-1）。脂肪酸の多くは炭素数 16 か 18 の長い直鎖状の炭化水素鎖の一端にカルボキシ基（-COOH）が結合している。カルボキシ基は解離して -COO$^-$ に荷電して水素イオン（H$^+$）を遊離するので，脂肪酸は**酸性**[†]である。

† **酸性**（acidic）；「酸」という漢字はまったく異なる2つの意味に用いられており，混乱の元になっている。第1にアルカリ（base, 塩基）に対する酸（acid）の意味であり，水溶液中における水素イオン（H$^+$）のやり取りに関わる。第2に還元（reduction）に対する酸化（oxidation）の意味であり，酸素（oxygen）原子や電子のやり取りに関わる。しかしこれは日本語訳で初めて生じた問題ではなく，1774年フランスのラヴォアジエ（Lavoisier, A.）が酸素の欧語をギリシャ語のoxys（酸）と gennan（生む）から作ったことに発する。

グリセロールは3つの水酸基をもつため3価のアルコールである。アルコールの水酸基と酸の官能基が脱水結合したものを**エステル**（ester），その結合をエステル結合という。グリセロールに3つの脂肪酸が結合したものをトリアシルグリセロール（triacylglycerol）という。2つや1つだと，それぞれ接頭辞がジ（di-），モノ（mono-）に換わる。

化学的には脂肪酸が基本単位で脂肪が複合体だが，自然界では脂肪が基本物質で，脂肪酸はそれを分解して派生する物質である。この事情は，"fat" が "fatty acid" より単純な名称にも表れている。そこで脂肪のような脂質を**単純脂質**（simple lipid），脂肪酸のような物質を**誘導脂質**（derived l.）という。

不飽和脂肪酸

炭化水素鎖に二重結合がある脂肪酸は，水素がもっと結合しうる余地があるという意味で**不飽和脂肪酸**（unsaturated f. a.）という。対して単結合ばかりの脂肪酸は**飽和脂肪酸**（saturated f. a.）という。天然の脂肪酸の二重結合はほとんど**シス形**である（図 1-3-2）。単結合ばかりだと分子が密に詰まりやすいため固化しやすいのに対し，シス形二重結合があると分子が折れ曲がり，集合が不規則になるため，不飽和脂肪酸は融点が低く常温で液体である。植物や魚には不飽和脂肪酸，哺乳類には飽和脂肪酸が多いため，同じ「あぶら」でも植物油や魚油は常温で液体，ブタ脂肪からとるラードや牛乳からつくるバターは固体である。油脂とは，前者を油（oil），後者を脂（fat）と区別した上での総称で

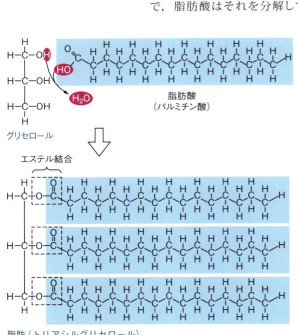

図 1-3-1　脂肪

ある。

　炭化水素鎖に二重結合が5つあるエイコサペンタエン酸（**EPA**）や6つあるドコサヘキサエン酸（**DHA**）のような高度不飽和脂肪酸はイワシやアジ・サバ・サケなどに多く含まれ，動脈硬化など心血管系疾患の予防に効果がある。しかし一般には不飽和脂肪酸より飽和脂肪酸の商品価値が高いため，植物油に人工的な水素添加で飽和させた脂肪酸がマーガリンやショートニング，ファストフード店の揚げ物などに使われている。この水素添加の過程で飽和脂肪酸だけではなく**トランス形**の不飽和脂肪酸ができると，動脈硬化の誘因となる。このため，食品でのトランス脂肪酸含量を減らすことが求められている。

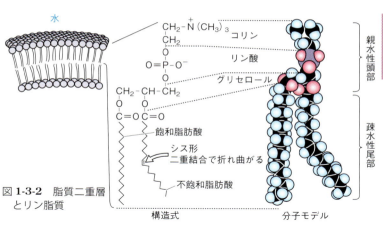

図 **1-3-2**　脂質二重層とリン脂質

リン脂質

　リン脂質 (phospholipid) は細胞の膜の主成分であり，膜の基本構造を決める（2・1節参照）。リン脂質は脂肪に似ているが，グリセロールに結合している脂肪酸残基は2つだけであり，3番目の水酸基にはリン酸基が結合して負電荷を与えている（図1-3-2）。リン酸基のさらに先には，電荷や極性をもついろいろな小分子が結合している。それが**コリン**ならホスファチジルコリン，セリンならホスファチジルセリンというリン脂質になる。

　したがってリン脂質は，疎水性の2本の尾（脂肪酸残基）と**親水性**の頭（リン酸基＋小分子）を含む両親媒性の物質である（p. 3，側注）。疎水性の尾は水相から排除され，水溶液中では結局球殻状に閉じた二重層の構造をとる。物理化学的に安定で自発的に集合してできるこの**脂質二重層**（lipid bilayer）が**細胞膜**の基本構造となっている。

　リン酸基の代わりに糖残基をもつ脂質を糖脂質（glycolipid）という。リン脂質や糖脂質のように構造がやや複雑で両親媒性の脂質を，単純脂質に対比して複合脂質（complex l.）と総称する。

ステロイド

　ステロイド（steroid）は，細胞膜の成分や各種ホルモンとして重要な一群の疎水性物質である。ステロイド分子は，連結した4つの環を基本骨格とし，側鎖の違いで多くの種類がある（図1-3-3）。そのうちで最も代表的な**コレステロール**（cholesterol）は，動物の細胞膜で脂質の2割を占める主要成分である。ステロイドホルモン合成の出発材料でもある。その血中量や存在様式は，ヒトの健康の重要な指標でもある。

　動物の性ホルモンや副腎皮質ホルモンもステロイドである（7・1節）。これらのホルモンやその誘導体は，抗炎症外用薬を含む各種医薬品としても重要なほか，タンパク質同化作用の強いステロイド剤は筋肉増強効果があり，スポーツのドーピング薬として用いられることもある。

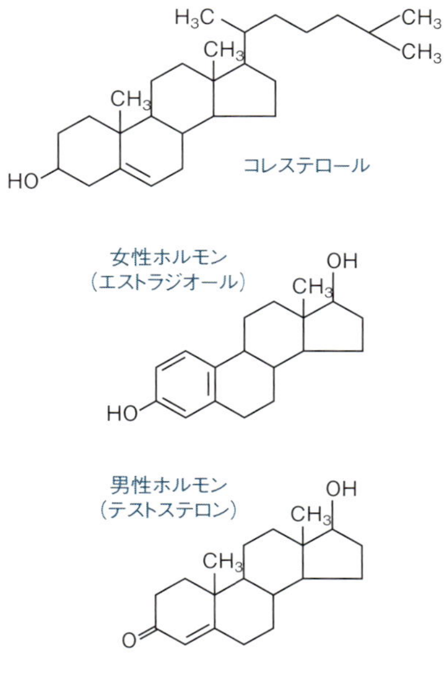

図 **1-3-3**　ステロイド

† α（アルファ），β（ベータ），γ（ガンマ），δ（デルタ），ε（イプシロン）；R 基の中で，$C_α$ の隣りを β位，さらにその隣りを γ 位とよぶ。したがってグルタミン酸の R 基には γ カルボキシ基があり，リシンの R 基には ε アミノ基がある。これらギリシャ文字の小文字はアミノ酸の種類の名称にも使われる。$C_β$ にアミノ基の結合した $H_2N-CH_2CH_2-COOH$ は β アミノ酸の一種の β アラニンである。この記号は脂肪酸（前節）にも使われ，カルボキシ基が結合した $C_α$ の隣りが $C_β$ で，$C_β$ が酸化される代謝を β 酸化とよぶ（3・3 節）。α と β の記号はまったく異なる意味（糖のアノマーやタンパク質の二次構造）にも使われるので注意が必要である。

1・4 タンパク質

タンパク質（protein）は運動・神経活動・消化・輸送・代謝・免疫などほとんどの生命活動で中心的な役割を果たす物質である。その重要性は名称にも表れており，語源のギリシャ語 proteios は「第 1 位」という意味である。タンパク質はアミノ酸の重合した生体高分子である。元素としては，糖質や脂肪と共通な C, H, O のほかに N と S を含む。

アミノ酸

アミノ酸（amino acid）はアミノ基とカルボキシ基（酸）をもつ有機化合物の総称である。そのうちタンパク質を構成する主要アミノ酸は 20 種類あるが，すべてアミノ基とカルボキシ基が同一の炭素原子に結合した α アミノ酸である（図 1-4-1）。この炭素原子を **α 炭素（$C_α$）**†とよぶ。$C_α$ の第 3 の結合相手は水素原子であり，ここまでが α アミノ酸の共通構造である。第 4 の結合相手を R 基とよぶ。R 基だけが多様でアミノ酸の違いを決めるので，R 基の性質によってアミノ酸を分類する。

R 基が非極性で疎水的なアミノ酸のうちバリン・ロイシン・イソロイシンの 3 つは分枝鎖アミノ酸として代謝経路が共通である。プロリンは R 基が α アミノ基とも結合して環状をなすため，立体配置に独特の制約を与える。R 基が**極性**で親水的なアミノ酸のうちセリン・トレオニン・チロシンは共通に水酸基をもつオキシアミノ酸である。システインは，非極性のメチオニンとともに S を含む含硫アミノ酸である。チロシンはフェニルアラニンやトリプトファンとともに芳香族アミノ酸とよばれ，280 nm 付近をピークに紫外線を吸収する。

R 基が**電離性**のアミノ酸も親水性で，中性 pH の水溶液中では電荷をもっている。カルボキシ基をもつ酸性アミノ酸は脂肪酸（前節）と同様に負電荷を，アミノ基（$-NH_2$）やイミノ基（$=NH$）を含む塩基性アミノ酸は正電荷を帯びる。電離性アミノ酸はシステインやオキシアミノ酸とともに，酵素の活性中心で**触媒**作用の主役を務めることが多い（3・1 節）。

ポリペプチド

アミノ基と酸（カルボキシ基）の脱水結合を一般にアミド結合（amide bond）という。アミノ酸どうしがアミド結合してできた化合物を**ペプチド**（peptide）といい，その結合をとくにペプチド結合という（図 1-4-2）。アミノ酸 2 分子からなるペプチドをジペプチド，3 分子からなるものをトリペプチドなどとよぶのは**糖質**の場合と同

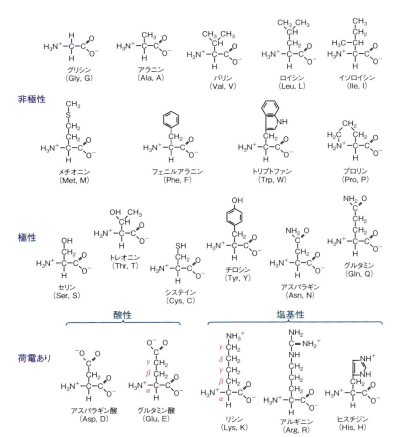

図 1-4-1 20 種類のアミノ酸

様である（1・2節）。数十までを**オリゴペプチド**，それ以上を**ポリペプチド**（polypeptide）と総称する。ペプチド結合と C_α の連なりを**主鎖**（main chain）とよぶのに対し，ペプチド中のR基は**側鎖**（side chain）とよぶ。

大部分のポリペプチドは，**遺伝情報**に基づき厳密な順番でアミノ酸をつないで生合成される（4・4節）。この場合，ペプチド結合には α アミノ基と α カルボキシ基が関与する。ポリペプチドは，一端の α アミノ基と他端の α カルボキシ基が空いており，方向性がある。前者を**N末端**（N terminal），後者を**C末端**（C terminal）という。

オリゴペプチドには，神経ペプチドのように，遺伝情報に基づいて合成されたポリペプチドから切り出されてつくられるものもある。一方で抗生物質グラミシジンのように，直接の遺伝情報にはよらず酵素的に生合成されるものもある。この場合，R基のアミノ基やカルボキシ基がペプチド結合に関わることも多い。まれにはポリペプチドも酵素的につくられる。たとえば，納豆の糸の主成分で**納豆菌**が生合成する γ ポリグルタミン酸は，α アミノ基と γ カルボキシ基のペプチド結合で重合したポリペプチドである。抗菌作用があるため保存剤に利用される ε ポリリシンは，**放線菌**がやはり酵素的に産生する。

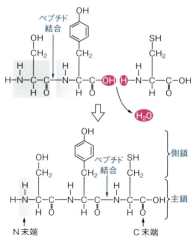

図 1-4-2　ペプチド

タンパク質

タンパク質†はポリペプチドが特定の立体構造をとった物質である。1本だけではなく複数のポリペプチド鎖からなる場合が多い。その場合それぞれのポリペプチド単位を**サブユニット**（subunit）という。アミノ酸以外の有機分子や金属原子・糖鎖などをもつものも多い。これらがタンパク質の機能に必要な場合，**補欠分子族**（prosthetic group）とか補因子（cofactor）とよばれる。アミノ酸以外の成分も含むタンパク質を複合タンパク質，アミノ酸のみからなるものを単純タンパク質という。

タンパク質の構造には4つの階層が考えられる。一次構造はアミノ酸配列である。20種類のアミノ酸が様々に複雑な配列をとることで多様なタンパク質ができる。その配列は基本的に遺伝子DNAの塩基配列によって厳密に決められる。

ポリペプチドの主鎖にあるカルボニル基（>C=O）とイミノ基（>N-H）の間の水素結合で形成される局所的な規則的構造を二次構造という。主な二次構造は**αらせん**（α helix）と **β シート**（β sheet）の2つである。β シートを構成する短い単位鎖を β ストランド（β strand）という。

1本のポリペプチド鎖全体の立体構造を三次構造という。これは側鎖の間の結合によって形づくられる。この結合には，2つのシステイン残基が酸化的に共有結合するジスルフィド結合（-S-S-）のほか，水素結合などの非共有結合もある（1・1節）。

複数のポリペプチド（サブユニット）が集合したタンパク質全体の構造を四次構造という。たとえば**赤血球**の中で O_2 を結合して運ぶ**ヘモグロビン**は，2種類のペプチドが2つずつ集合している（図1-4-3）。それぞれのペプチド鎖を α 鎖，β 鎖とよぶ。ゆえにヘモグロビンは $\alpha_2\beta_2$ のヘテロ四量体（heterotetramer）である。またこの両鎖とも，テトラピロール環構造の中心に鉄原子を結合した**ヘム**（heme）を補欠分子族としており，ヘモグロビンは複合タンパク質である。

† **タンパク質**（protein）の4分類；タンパク質は物理化学的性質や形状，細胞内分布などから4つに分類できる。溶質として水に溶けている**水溶性タンパク質**・細胞の膜に結合する**膜タンパク質**（3・4節）・繊維状に集合する**細胞骨格関連タンパク質**（3・4節）と細胞外マトリクスタンパク質・核酸（次節）に結合する**核酸結合タンパク質**である。

多くのタンパク質では分子表面には親水性残基，内部には疎水性残基が主に分布する。しかし膜タンパク質が脂質二重層を貫通する領域は表面にも疎水性アミノ酸がある。

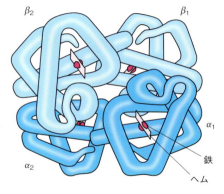

図 1-4-3　ヘモグロビン

1・5 核酸

核酸 (nucleic acid) は遺伝情報を格納する「情報分子」である。タンパク質と共通に C, H, O, N の元素を含むが，S はなく代わりに P を含む。3 大栄養素とされる前節までの糖質・脂質・タンパク質より複雑な構成であり，正確な化学的組成が明らかにされた歴史も新しい。

ヌクレオチド

ヌクレオチド (nucleotide) は，核酸の構成単位として重要であるとともに，単量体のままでもエネルギー運搬などに独自の機能をもつ。ヌクレオチド自体もやや複雑な分子であり，糖 (sugar)，塩基 (base)，リン酸 (phosphate) の 3 成分からなる（図 1-5-1）。この糖には五炭糖の**リボース**（1・2 節）と，その 2 位が還元されたデオキシリボース (2-deoxyribose) の 2 種がある。主な塩基にはシトシン，チミン，ウラシル，アデニン，グアニンの 5 種があり，それぞれ C, T, U, A, G と略記される。このうちはじめの 3 つは共通な六員環を母核とする**ピリミジン**であり，残りの 2 つはより大きな母核の**プリン**である。

ヌクレオチド分子の中では塩基部分に 1, 2, 3, .. の番号をふるため，糖部分は 1′, 2′, 3′, .. と書き分ける。塩基は糖の 1′ 位に，リン酸は 5′ 位に結合する。糖の水酸基とリン酸の結合は，リン酸エステル結合である。

たとえばリボースにアデニンとリン酸基 3 つが結合したヌクレオチドはアデノシン 5′-三リン酸 (adenosine 5′-triphosphate，略して **ATP**) といい，デオキシリボースにチミンとリン酸基 2 つが結合したものは 2′-デオキシチミジン 5′-二リン酸 (2′-deoxytymidine 5′-diphosphate，略して dTDP) という。

このうち ATP は，生物界に普遍的な**エネルギー通貨** (energy currency) であり，細胞内で化学エネルギーを運搬する分子である（3・5 節参照）。すなわち，細胞内のエネルギー利用系では ATP が加水分解され，エネルギー獲得系ではその逆方向で ATP が合成され，この両方向の反応がくり返される。

$$\text{ATP} + \text{H}_2\text{O} \rightleftarrows \text{ADP} + \text{P}_i^\dagger$$

これはちょうど電池の充電と放電や燃料の補給と消費にたとえられる。

† **P$_i$（ピーアイ）**：正リン酸 (H_3PO_4) を表す略号。"i" は "inorganic（無機の）" の略であり，ATP など有機化合物に結合したリン酸基と区別するための添字である。ピロリン酸 ($H_4P_2O_7$) は PP$_i$ と書く。

† **DNA**：DNA 自体は単なる無毒な物質であり，化学的に合成しても酵素的に増幅しても，青酸カリのような毒物や硫酸のような劇物と違い法的規制の対象にはならない。しかしこれを細胞や生物などの宿主 (host) に導入すると，安定に増殖しうる遺伝子組換え生物 (genetically modified organism，略して **GMO**) となり，法的規制を受ける。とくに導入する DNA が毒素の遺伝子だったり宿主が病原微生物だったりすると具体的な危険性が高まる恐れがあり，前もって生物学と法律を慎重に勉強しておかなければならない。

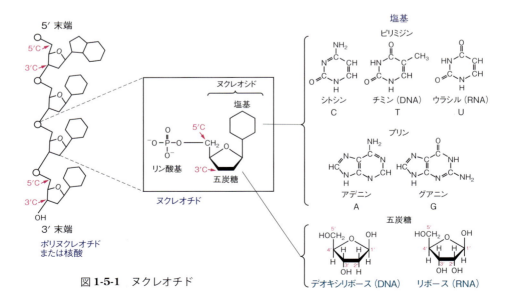

図 **1-5-1** ヌクレオチド

核酸

ヌクレオチド（モノヌクレオチド）のリン酸基が，他のヌクレオチド分子の 3′ 位の水酸基とエステル結合すると，ジヌクレオチドが形成される。同様にヌクレオチドが 3 つ結合するとトリヌクレオチド，4 つだとテトラヌクレオチドという。ペプチドの場合と同じく，重合度が数十個以内のものを**オリゴヌクレオチド**という。核酸の化学的実体はポリヌクレオチド（polynucleotide）である。リン酸基は 2 つのヌクレオチド残基の 5′ 位と 3′ 位を橋渡しすることから，核酸には方向性がある。核酸分子の両端をそれぞれ **5′ 末端**（5′ terminal），**3′ 末端**（3′ terminal）とよぶ。

核酸には，リボヌクレオチドからなるリボ核酸（ribonucleic acid，略して **RNA**）とデオキシヌクレオチドからなるデオキシリボ核酸（deoxyribonucleic acid，略して **DNA**†）の 2 種がある。DNA は遺伝子の物質的実体であり，**遺伝情報**の安定な格納にはたらく。RNA は遺伝情報の機敏な発現のために活躍する。DNA の塩基は A, T, G, C の 4 種であり，RNA ではこのうち T が U に置き換わった 4 種である。核酸の塩基は厳密かつ複雑に配列しており，**遺伝暗号**を構成する。生命情報の豊かさのかなめにこの塩基配列がある。

天然の DNA はらせん階段状の**二重らせん**（double helix）構造をとる（図 1-5-2）。これはポリヌクレオチドの鎖（strand）2 本が逆平行（antiparallel）に並び，らせん状にねじれている。糖リン酸骨格が外側に，塩基は内側に配置する。それぞれの塩基は相対する鎖の塩基と水素結合し，**塩基対**†を形成する。らせんの 2 つの溝は大きさが異なる。塩基対になれるのは A-T と C-G の組み合わせのみである。したがって DNA の片方の鎖の塩基配列が決まれば相手の鎖の塩基配列も一通りに決まる。DNA のこの性格を**相補的**（complementary）であるという。細胞や生物が性質を保ったまま増殖できるのは，この DNA の相補性にもとづく。核酸の増幅にはこの二重らせんが一時的に解かれる必要がある（4・2 節）が，塩基配列の認識は，らせんを巻いたままでも 2 つの溝を覗けば可能であり，転写因子は実際そうしている（4・3 節）。

天然の RNA の多くは一本鎖である。ただし二次構造として，短い逆平行の対になっている部分も多い。RNA の場合，A に対合するのは T の代わりに U である。RNA ウイルスの**ゲノム**†は多くの場合，一本鎖だが，増殖の過程で二本鎖 RNA を形成する。小児に下痢をおこすロタウイルスがゲノムに二本鎖 RNA をもつのは珍しい例である。

† **塩基対**（base pair，略号 **bp**）；DNA の二本鎖間で**水素結合**する一対の塩基。DNA の長さの単位としても使われ，4,000,000 bp ＝ 4,000 kb ＝ 4 Mb である。k や M などの補助単位は カフェ アリス 1 参照。

† **ゲノム**（genome）；生物がもつ一そろいの**遺伝子**の集合。ウイルスや細胞小器官がもつ 1 セットの遺伝子もそうよぶ。物質的には，多くの場合は DNA だが，RNA ウイルスは例外。詳しくは 4・1 節参照。

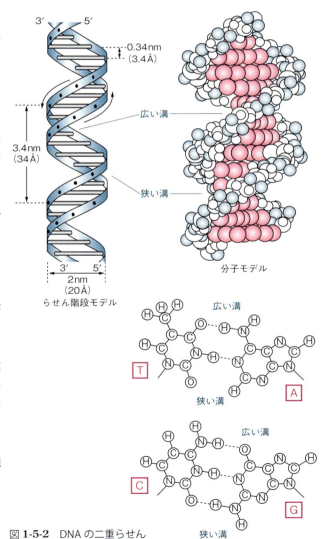

図 1-5-2　DNA の二重らせん

分子と日常をつなぐ魔法の数

　生命現象の科学的なしくみは，本章で学んだような分子のレベルに基盤がある。20世紀中頃以降の現代生物学の中核となる領域が「分子生物学」とよばれるのも，20世紀の終わり頃から「一分子計測」が盛んになったのも，そのような事情による。したがって分子のレベルと肉眼的なレベルを自由に定量的につないで考えられることが必要である。

　日常的な世界では，重さはgやkgで測り体積はLやmL(cc)で測るが，分子の世界の重さや体積はその1000垓分の1，つまり1兆分の1のさらに1000億分の1くらいのスケールである。この2つの世界をつなぐマジックナンバーを**アボガドロ定数**といい，N_Aで表す。N_Aの値は$6.02 \times 10^{23}\,\mathrm{mol^{-1}}$である。

　このmol（モル）とは，物質の量の単位であり，物質がその分子量（や原子量）にg（グラム）をつけた重量だけ存在していれば，それを1 molとよび，そこには6.02×10^{23}個の分子（や原子）が含まれている。すなわち，60カラット（12 g）のダイヤモンドにはC原子（原子量12）が6.02×10^{23}個含まれており，コップ1杯（180 g）の水（10 mol）にはH$_2$O分子（分子量18）が$(6.02 \times 10^{23}) \times 10$個含まれている。

問1　日用品の原子・分子数　この本は重さ約560 gである。これがすべてセルロースの重量だとすると，この本に含まれるグルコース残基の数はいくつか。

解答例　グルコースの分子式は$C_6H_{12}O_6$だが，セルロースはそれが脱水縮合した分子なので，そのグルコース残基は$C_6H_{10}O_5$と表される。

(本のグルコース残基数) = (本のグルコース残基のモル量) × N_A
　　　　　　　　　　　 = {(本の重量)/(グルコース残基の分子量)} × N_A
　　　　　　　　　　　 = {560 g / (12 × 6 + 1 × 10 + 16 × 5)} mol × $6.02 \times 10^{23}\,\mathrm{mol^{-1}}$
　　　　　　　　　　　 = $(560 \times 6.02 / 162) \times 10^{23} = 2.08 \times 10^{24}$

日常で目にする物体には二十数桁の数の原子や分子が含まれているわけである。ただし，セルロースやタンパク質・DNAなどの生体高分子は単量体が数百から数万以上も重合した多量体なので，その分だけ桁数は変わる。

　次に，細胞1個のレベルだと，どれくらいの数の分子が含まれているだろうか。

問2　細胞中の分子数　細胞1つにATPは何分子含まれているか。半径10 μmの球状の細胞にATPが一様に1 mM含まれていると仮定する。

ヒント　大文字のM（モラーと読む）は物質の濃度の単位で，高校の化学で習うmol/L（モル毎リットル）の意味である。また，Mやm（メートル）の前についているm（ミリ）やμ（マイクロ）などの接頭辞は，基本の単位を千分の1倍する（$\times 10^{-3}$）とか百万分の1倍する（$\times 10^{-6}$）とかを表す。

　ここで，次章以後にも出てくるM（メガ，$\times 10^6$）やn（ナノ，$\times 10^{-9}$）などの接頭辞もまとめておこう。

10^{-18}	10^{-15}	10^{-12}	10^{-9}	10^{-6}	10^{-3}	10^{-2}	10^{-1}	10^{1}	10^{2}	10^{3}	10^{6}	10^{9}	10^{12}	10^{15}	10^{18}
アト	フェムト	ピコ	ナノ	マイクロ	ミリ	センチ	デシ	デカ	ヘクト	キロ	メガ	ギガ	テラ	ペタ	エクサ
a	f	p	n	μ	m	c	d	da	h	k	M	G	T	P	E

解答例
$$\begin{aligned}
(\text{細胞のATP分子数}) &= (\text{細胞のATPのモル量}) \times N_A & \cdots \text{式1)} \\
&= (\text{細胞の体積}) \times (\text{ATPのモラー濃度}) \times N_A \\
&= (4/3)\pi r^3 \times 1\,\text{mM} \times N_A \\
&= (4/3) \times 3.14 \times (10\,\mu\text{m})^3 \times 1\,\text{mmol/L} \times 6.02 \times 10^{23}\,\text{mol}^{-1} & \cdots \text{式2)} \\
&= (4/3) \times 3.14 \times (10 \times 10^{-4}\,\text{cm})^3 \times 10^{-3}\,\text{mol}/(10\,\text{cm})^3 \times 6.02 \times 10^{23}\,\text{mol}^{-1} & \cdots \text{式3)} \\
&= (4 \times 3.14 \times 6.02)/3 \times 10^{-3 \times 3 - 3 - 3 + 23} = 25.2 \times 10^8 = 2.52 \times 10^9 & \cdots \text{式4)}
\end{aligned}$$

この細胞に含まれるATPは約25億分子という計算になる。10桁に近い大きな数字ではあるが，日用品に含まれる分子の数が20桁程度もあったのに比べれば，かなり小さな中間的な値である。

さてここで，計算問題を解く一般的な手順も学んでおこう。

式1) まず，計算の方針を式の形で立てる。言葉でもいいし，$S = \pi r^2$ のような公式でもいい。上のようにその両者の組み合わせでもいい。

式2) そこに数値を代入する。ここでは**数字だけではなく単位もつけたまま計算する**のがコツである。数字だけで計算するとかえって計算間違いが増える。

式3) 次に接頭辞もベキ乗の数値に直す（n → 10^{-9} など）。

式4) 数字と単位をそれぞれ集め計算する。上の例は単純だが，今後のもっと複雑な例では，1.7などの数字，10^8 などのベキ乗の数字，単位の3部分に分ける方が計算しやすい。単位も μM × mL = (μ × m) × (M × L) = nmol などと計算できる。

次も似たような問題だが，細胞の部分構造についても考えてみよう。

問3　細胞小器官のイオン数　細胞の中のpHはほぼ中性だが，細胞の中で区画された構造体の1つ**ミトコンドリア**（詳しくは次章）の内部はややアルカリ性になる。さて，半径1μmの球状ミトコンドリアの内部pHが8.0だとすると，そこには何個の水素イオンH^+が含まれているか。

ヒント　pHの定義は $\text{pH} = -\log_{10}([H^+]/M)$ である。[X] とは一般に，物質Xの濃度を意味する。それを単位のMで割るのは，対数の引数（中身）を無名数（単位のない裸の数値）にするためである。$\text{pH} = -\log_{10}([H^+]/M)$ が8.0だということは，$[H^+] = 10^{-8.0}\,\text{M}$ である。

解答例
$$\begin{aligned}
(\text{ミトコンドリアの}H^+\text{イオン数}) &= (\text{ミトコンドリアの}H^+\text{のモル量}) \times N_A \\
&= (\text{ミトコンドリアの体積}) \times (H^+\text{のモラー濃度}) \times N_A \\
&= (4/3)\pi r^3 \times 10^{-8.0}\,\text{M} \times N_A \\
&= (4/3) \times 3.14 \times (1\,\mu\text{m})^3 \times 10^{-8.0}\,\text{mol/L} \times 6.02 \times 10^{23}\,\text{mol}^{-1} \\
&= (4/3) \times 3.14 \times (10^{-4}\,\text{cm})^3 \times 10^{-8}\,\text{mol}/(10\,\text{cm})^3 \times 6.02 \times 10^{23}\,\text{mol}^{-1} \\
&= (4 \times 3.14 \times 6.02)/3 \times 10^{-4 \times 3 - 8 - 3 + 23} = 25.2 \times 10^0 = 25.2
\end{aligned}$$

たった25個という計算になる。このように濃度が低い物質は，文字どおり数えるほどしかない場合もある。

1章のまとめと問題

まとめ

1. 宇宙の元素は，それぞれ次の3つの過程で生まれた。
    1) ビッグバン以来の初期宇宙の膨張；H, He, Li の3つ。
    2) 恒星の中心部の核融合；C, N, O, Ca, Fe など，生物を構成する多くの元素。
    3) 超新星爆発；Cu, Zn など，Fe より原子量の大きな元素。

2. 生物の体を構成する物質で最も多いのは，無機化合物の H_2O であり，約7割を占める。H_2O には，生物の出現や生存に適した次の4つの特徴がある；溶解性が高い，比熱・蒸発熱が大きい，凝集力・表面張力・粘着力が強い，凝固すると密度は下がり氷は水に浮かぶ。これらはいずれも H_2O 分子間の水素結合による。
    生物の体を構成するおもな有機化合物には，次の 3.～6. の4大群がある。

3. 糖質は C, H, O からなり，次の3群に分類できる。
    1) 単糖，2) 少糖（オリゴ糖），3) 多糖
    少糖や多糖は単糖が重合してできている。単糖で代表的なグルコースは，血中で最も多い糖（血糖）であり，その濃度（血糖値）は健康の指標でもある。多糖には，グリコーゲンやデンプンなど，動物や植物の体内にエネルギーを貯蔵する貯蔵多糖と，セルロースなど，生物の体を支える丈夫な構造多糖とがある。

4. 脂質は次の3群に分類できる。
    1) 単純脂質，2) 複合脂質，3) 誘導脂質
    単純脂質のトリアシルグリセロールは，動物の脂肪組織に多く，エネルギーを貯蔵する。複合脂質のリン脂質は，自発的に脂質二重膜を形成し，細胞の膜の基本構造になっている。単純脂質や誘導脂質は C, H, O からなり，複合脂質にはそれに P, N が加わる。

5. アミノ酸は，アミノ基とカルボキシ基を含む物質である。タンパク質は，おもに20種類のアミノ酸が重合してできたポリペプチドからなり，元素として C, H, O, N, S を含む。ただしポリペプチドのほかに，金属原子の補因子や有機化合物の補欠分子族などが結合していることが多い。ほとんどの生命現象で中心的な役割を果たす。

6. ヌクレオチドは糖・塩基（プリンやピリミジン）・リン酸の3部分からなる。ヌクレオチドで代表的な ATP は，細胞内でエネルギーを運ぶなどの役割を果たす。核酸は，4種類のヌクレオチドが重合してできている。糖としてリボースをもつ RNA と，デオキシリボースをもつ DNA とがある。DNA は遺伝情報の安定な貯蔵に，RNA は遺伝情報の機敏な発現に，それぞれ中心的な役割を果たす。

問題

1. 生物は「星の子」とよばれることがある。その理由を述べよ。
2. 生体物質を構成するおもな元素を8つ挙げよ。
3. 単糖・二糖・多糖として代表的な糖を，それぞれ2つずつ挙げよ。
4. 単純脂質と複合脂質それぞれについて，代表例とおもな役割を挙げよ。
5. タンパク質の構造を，4つのレベルに分けて簡潔に説明せよ。
6. モノヌクレオチドとポリヌクレオチド（核酸）の代表例を1つずつ挙げ，その役割を化学構造に関連づけて説明せよ。

物質名の語尾；グルコースやリボースなど，糖の語尾は共通に -ose（オース）になっている（1・2節）。同様な共通語尾に次のようなものがある；アルカン（単結合のみの炭化水素）は -ane・アルケン（二重結合のある炭化水素）-ene・アルキン（三重結合のある炭化水素）-yne・アルコール（水酸基 -OH をもつ脂肪族炭化水素）やフェノール（水酸基をもつ芳香族炭化水素）-ol・アルデヒド -al・配糖体（1・2節）-oside・糖アルコール（糖の還元誘導体）-itol・酵素（3・1節）-ase など。語尾を把握しておくと，初めて聞く物質名でもその分類が推測でき，認識が深まる。

2章 細胞
しなやかな建築ブロック

2·1 生体膜 ☞ p.16
2·2 単膜構造体；内膜系 ☞ p.18
2·3 複膜構造体 ☞ p.20
2·4 細胞骨格 ☞ p.22
2·5 細胞周期 ☞ p.24

　あらゆる生物は細胞で構成されています．細胞は，まわりの細胞膜や細胞壁と中身の細胞質からなりますが，単なる「水溶液の袋」ではなく，膜も中身も柔軟ながら精密な微細構造を組んでいます．小宇宙とよんでもいいような細胞の複雑な構造が，生物の精妙な行動のもとになっています．

　生物学における細胞は，化学における原子に当たるような基本単位です．原子がさらに素粒子やクォークからなるように，細胞もタンパク質や脂質や核酸などから構成されていますが，生命の最小単位は細胞であり，細胞より下位に生命は宿りません．

　生物の定義は3つの条件にまとめられます．代謝によって自己保存すること，遺伝によって自己複製すること，細胞構造をもつことの3つです．代謝は次章，遺伝は4章で学ぶので，この章では細胞のしくみを詳しく見ていきましょう．

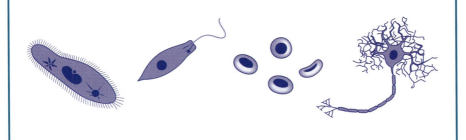

2·1 生体膜

真核細胞と原核細胞

細胞（cell）は生物の構造と機能の基本単位である。細胞では**細胞質**（cytoplasm）が**細胞膜**（cell membrane）につつまれている。生物界には大きく異なる2種類の細胞がある。核膜に包まれた明確な**核**の構造があり，そこにDNAが格納されている**真核細胞**（eukaryotic cell）（図 2-1-1）と，核構造がなくDNAが細胞質に露出している**原核細胞**（prokaryotic cell）（図 2-1-2）である。動物や植物・カビなどはすべて真核細胞からなり，大腸菌や納豆菌などの細菌は原核細胞である。細胞の大きさには広い幅があるが，典型的なサイズは真核細胞で数十 µm 程度，原核生物では 1 µm 程度であり，体積としてはクジラとヒトのように千倍以上の開きがある。

生物には1個の細胞が独立して生存する**単細胞生物**（unicellular organism）と，複数の細胞からなる**多細胞生物**（multicellular o.）とがある。細菌など目に見えない微生物の多くは単細胞生物で，ヒトを含め日常生活で接する動植物は多細胞生物である。ただしヒトも受精卵という1個の細胞から発生することを忘れるわけにはいかない。細胞やその内部構造を観察する手段に**顕微鏡**（microscope）がある。ガラスのレンズで可視光線に焦点を結ばせる光学顕微鏡（optic m.）はなじみ深いが，光の波長以下（0.2 µm 程度以下）の構造を見ることはできない。そこで磁場で電子線に焦点を結ばせる電子顕微鏡（electron m.）が開発され，約千倍の分解能を誇っている。

顕微鏡で観察すると，真核細胞の細胞質には様々な構造体が浮かんでおり**細胞小器官**（organelle）と総称される。細胞質の液状部分を**細胞質ゾル**（cytosol）という。原核細胞は，サイズの面でも進化的起源の面（2·3 節）でも，真核細胞全体に比べるよりはむしろこの細胞小器官に対応させる方がふさわしいかもしれない。

流動モザイクモデル

細胞全体だけではなく細胞小器官も多くは膜に包まれており，内部にも複雑な膜構造をかかえている。膜の機能は多様だが基本構造は共通であり，**生体膜**（biological membrane, biomembrane）

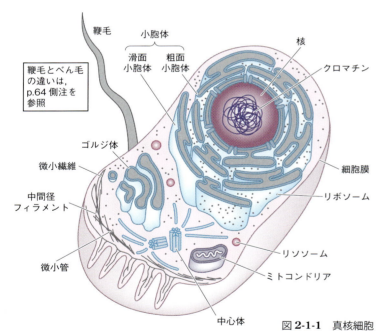

図 2-1-1 真核細胞

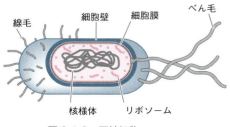

図 2-1-2 原核細胞

とよばれる。生体膜はおもにリン脂質（1·3 節）とタンパク質（1·4 節）からなり，**脂質二重層に膜タンパク質**（membrane protein）が結合している（図 2-1-3）。

リン脂質や膜タンパク質の分子は，疎水的相互作用やイオン結合など非共有結合で集合しているだけなので，膜面に水平な方向にはげしく流動している。これら分子の配列に固定的な一般則はなく，膜タンパク質もモザイク状に分布する。ただし垂直方向に並進

したり，表裏方向にひっくり返ったりはほとんどしないので，生体膜は**二次元流体**（two-dimensional fluid）とよばれる。以上のような生体膜の性格づけを**流動モザイクモデル**（fluid mosaic model）という。ただし，細胞質側表面に繊維状タンパク質が網の目のように張り巡らされていることがある。そのような構造は細胞の強度を高めるほか，膜タンパク質の分布を固定している場合もある。

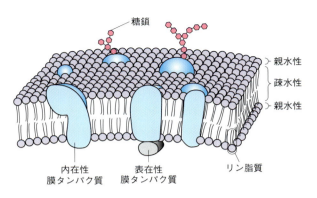

図 2-1-3　生体膜

　膜の疎水的な中心層は，大部分の水溶性物質の透過を拒むバリアーになっている。一方，膜タンパク質の一部は，特定の物質を認識して通過させる機能をもつ。したがって生体膜は隔壁と選択的透過性の二重の性格をもつ。

　細胞は水中の工房である。動物の体も 7 割が水であるし（図 1-1-2），生命の諸機能も水溶液中でおこる。しかし細胞が単に水相だけだと，生物はみな雨に溶けてしまう。細胞も細胞小器官もそれぞれ生体膜で仕切られ，内外の水相が厳密に隔てられている。仲の悪い間柄を「水と油」というが，生体膜にはその油が採用されている。

膜タンパク質

　膜タンパク質は大きく 2 つに分けられる。脂質二重層に埋め込まれた内在性膜タンパク質（integral m. p.）と，膜の表面に結合した表在性膜タンパク質（peripheral m. p.）である。表在性膜タンパク質は，他の一般のタンパク質と同様，表面に**親水性**アミノ酸，内部に疎水性アミノ酸が多く分布する（p.9 側注）。しかし内在性膜タンパク質は，脂質二重層を貫通する中心部分には**疎水性**アミノ酸が多く，水相に接する両表面には親水性アミノ酸が多い（1・4 節側注）。

　細胞の動的な機能の多くは内在性膜タンパク質が担っている。**輸送体**（transporter）は，特定の栄養分を取り込んだり不要物を排出したりする。イオンを輸送する**イオンポンプ**（ion pump）は，膜を隔てたイオンの不均一分布をつくりだし，膜電位を形成する（5・2 節）。**イオンチャネル**（ion channel）は膜電位にしたがって特定のイオンを通すことによって，神経伝達を引きおこす。**受容体**（receptor）は細胞外の信号を受け取り細胞内に情報を伝える（カフェのアリス 7）。

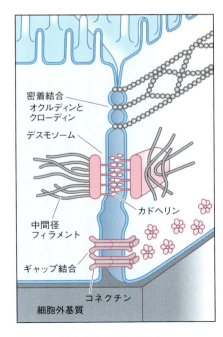

図 2-1-4　細胞間結合

　膜タンパク質はまた，多細胞生物における細胞間結合でもはたらく。おもな細胞間結合が 3 つある（図 2-1-4）。**密着結合**（tight junction）では，隣り合う細胞の細胞膜に埋め込まれた 2 種の内在性膜タンパク質オクルディン（occludin）とクローディン（claudin）が互いに強く結合し，水も漏らさぬ細胞シートを形成する。**ギャップ結合**（gap junction）では，膜タンパク質コネクチン（connexin）が形成する土管のような中空の構造体どうしが結合し，イオンや糖・アミノ酸が通過する。**デスモソーム**（desmosome，接着斑）では，細胞膜を貫通するカドヘリン（cadherin）が両細胞内の円盤状構造を結合している。

2・2　単膜構造体；内膜系

真核細胞にある細胞小器官のうち，小胞体とゴルジ体・リソソームなどは共通に一重の**生体膜**に包まれている。これらは互いに関係が深いので，**内膜系**（endomembrane system）としてまとめられる。膜が融合や分裂をくり返しながらタンパク質や脂質をダイナミックに受け渡し合う。

小胞体

小胞体（endoplasmic reticulum，略して ER）は細胞質に広がる大量の膜でできた網状の構造で，核の外膜にもつながっている。生合成と解毒の工場である。小胞体には，表層構造の異なる2つの領域があり，粗面小胞体・滑面小胞体とよばれる。ただし両者は互いに連続している。粗面小胞体（rough ER）は，膜の外側表面にリボソームという小粒を結合しているため，顕微鏡像では膜がざらついて見える。リボソームはタンパク質合成の場である（次項）。滑面小胞体（smooth ER）にはそれが結合していないため，膜が滑らかに見える。こちらでは様々な代謝が行われるとともに，細胞内信号伝達の場でもある。

滑面小胞体の酵素群は，**脂肪**や**リン脂質・ステロイド**などの脂質（1・3節）を合成する。したがってステロイドホルモンを合成し分泌する**精巣**や**卵巣**の細胞は滑面小胞体に富んでいる。また，解毒器官である**肝臓**の滑面小胞体では，毒物や薬物などの外来物質に対して酸化・還元・**抱合**[†]などの修飾を行い，毒性を低下させたり薬効を変化させたりする。これらの代謝のうち酸化還元反応の多くは，**シトクロム P450**[†]という一群の酵素が行う。滑面小胞体はまた，細胞内化学信号としてはたらく Ca^{2+} イオンを濃縮して蓄える貯蔵庫でもある。何らかの刺激を感知して**細胞質ゾル**に Ca^{2+} を遊離し，反応を引きおこす。たとえば筋肉では，細胞膜の**興奮**が筋小胞体に伝えられると Ca^{2+} が急激に放出され，筋収縮の引き金を引く。

リボソーム

リボソーム（ribosome）はタンパク質の合成工場であり，RNAとタンパク質からなる超分子複合体である。この RNA はリボソーム RNA（ribosomal RNA，略して rRNA）とよばれる。リボソームは大小2つの**サブユニット**からなる。真核細胞の 80S[†] リボソームは 60S と 40S のサブユニットからなり，原核細胞の 70S リボソームは 50S と 30S のサブユニットからなる。これら2種のリボソームは大きさだけでなく構造も異なる。このことは医学的に重要である。すなわち多くの**抗生物質**は，70S リボソームだけに結合してタンパク質合成を阻害し 80S リボソームに作用しないため，病原細菌を殺しながらヒトには害を及ぼさないという**選択毒性**（selective toxicity）を示す。ただし真核細胞の中でも**ミトコンドリア**と**葉緑体**がもつ独自のリボソームは 70S であり，原核細胞のものに近い（次節）。

リボソーム自体は膜構造をもたないが，前項の粗面小胞体のように，小胞体膜や核膜に結合したものもある。膜結合リボソームも物質的には遊離リボソームと同じものであり，供給の必要なタンパク質の種類が変動するのに応じて両者の割合が調節される。膜結合リボソームで合成されるのは，膜に埋め込まれる**膜タンパク質**や，リソソームなど細胞小器官の内側ではたらくタンパク質，および**インスリン**などペプチドホルモンのように細胞外に分泌されるタンパク質である。これに対し遊離リボソームは，細胞質ゾルで使われる水溶性タンパク質を合成する（4・4節参照）。

[†] **抱合**（conjugation）；毒物や薬物に硫酸基やグルクロン酸基，グルタチオン基などを結合させて**親水性**を高めること。毒性や薬効が変化するほか，排泄されやすくなったりする。**酸化・還元**とともに薬物代謝の主な様式の1つ。

[†] **シトクロム P450**（cytochrome P450）；補欠分子族として色素ヘムをもち酸化還元反応を行うタンパク質をシトクロムという（3・3節で詳述）。シトクロムのうち，波長 450 nm をピークとして光を吸収するものを P450 とよぶ。"P" は，色素（pigment）の頭文字。シトクロム P450 を中心とする小胞体の酸化還元反応の代謝経路は，呼吸（3・3節）と光合成（3・4節）に並ぶ第3の電子伝達系ともよばれる。

[†] **S（エス）；スベドベリ単位**（Svedbery unit）。超分子構造体のサイズを表す指標。溶液を遠心すると，溶質のサイズと比重が大きいほど速く沈降する。その沈降速度の指標である沈降係数の単位であり，1S は 10^{-13} s（小文字の s は秒）。超遠心機を用いた分析などで生化学に大きな影響を与えたスウェーデンの化学者の姓にちなむ。60S と 40S のサブユニットが結合したリボソームが 100S ではなく 80S であることからもわかるように，単純な加算が成り立たないことに注意。

ゴルジ体

ゴルジ体（Golgi body）は扁平な膜が密に積み重ねられた構造であり，物質の細胞内輸送の配送センターとしてはたらく（図2-2-1）。

粗面小胞体で合成されたタンパク質のうち，膜タンパク質はそのまま膜に埋め込まれ，水溶性タンパク質は合成されつつ小孔を通り抜けて内腔に入り，立体的に折りたたまれる（図4-5-2も参照）。細胞膜タンパク質や分泌タンパク質の多くは糖鎖が共有結合した糖タンパク質（glycoprotein）だが，この糖鎖も小胞体内腔で結合される。粗面小胞体では自身のリン脂質も合成されるので，小胞体膜自体が拡張する。この小胞体の一部は出芽し，くびり切られて膜小胞となり，ゴルジ体に移動し融合する。これにより膜の脂質と膜タンパク質および水溶性タンパク質など内腔の物質がまとめて運ばれる。このような小胞を**輸送小胞**（transport vesicle）という。

ゴルジ体の積層構造には方向性があり，小胞体からの受け取り面を**シス**（*cis*）面，細胞表層などへの送り出し面を**トランス**（*trans*）面とよぶ。ゴルジ体の中ではタンパク質の糖鎖がさらに修飾されたり，分泌される**多糖類**が合成されたりする。トランス面では新たな小胞が出芽して，それぞれの目的地へ移動していく。これら全体の輸送体系を**細胞内トラフィック**（intracellular traffic）とよぶ。

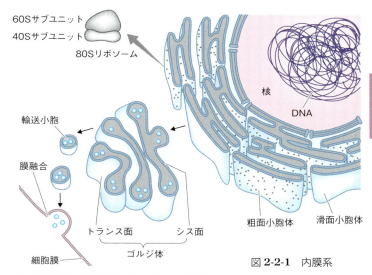

図 2-2-1　内膜系

リソソーム

リソソーム（lysosome）は小球状の袋で，あらゆる種類の高分子を消化する廃棄物処理工場である（図2-2-2）。リソソーム膜にはH^+イオンを汲み入れるV_oV_1-**ATPアーゼ**とよばれる**イオンポンプ**があり，内部のpHは酸性に保たれている。ここには多くの加水分解酵素が蓄えられている。その至適pHが酸性であることは，分解工場の安全性を高めている。すなわち，たとえリソソームの膜が破れて中身が漏れても，中性pHの細胞質ゾルで自己消化がおこる危険性を低くしている。

アメーバなどの原生生物や動物の白血球などは，細胞膜を貫入させることによって食物の顆粒や外敵の微生物を取り込む。これを**食作用**（phagocytosis）とよぶ。膜は内側にくびれて小胞となり，リソソームと融合して内容物は消化される。リソソームはまた，細胞が自らの物質を分解し再利用する**自食作用**（autophagy，オートファジー）でもはたらく。損傷を受けた細胞小器官などが細胞質ゾルで膜につつまれ小胞が生じる。これもリソソームと融合し，分解物は再利用される。

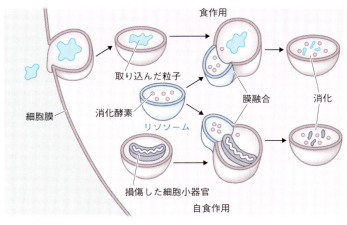

図 2-2-2　リソソームのはたらき

2・3 複膜構造体

核

　核は真核細胞の中で最も目立つ大きな**細胞小器官**であり，遺伝情報の図書館である。遺伝情報を担う **DNA** のほとんどは核の中にある。残りはミトコンドリアや葉緑体にある。核膜は，約 30 nm 離れた二重の生体膜である。核膜には直径約 100 nm の核孔が貫通している。孔を縁取る複雑なタンパク質複合体が内膜と外膜をつなぎ，mRNA をはじめ巨大分子や粒子を選択的に出入りさせている。

　DNA は**ヒストン**（histone）などのタンパク質と結合して，直径約 10 nm の数珠状の繊維構造をなし，**クロマチン**（chromatin，染色質）を構成する（図 2-3-1）。5 種 9 分子のヒストンを約 200 残基長の DNA が巻きついた単位構造を**ヌクレオソーム**（nucleosome）とよび，数珠玉にあたる。**間期**[†]のクロマチンの大部分は，この数珠状繊維がコイル状に巻き上げられた直径 30 nm のクロマチン繊維からなる。**分裂期**[†]には多くの非ヒストンタンパク質がさらに結合し凝集して，光学顕微鏡でも見える太さの染色糸（chromonema）になり，さらにおなじみの**染色体**（chromosome）になる。染色体は，**核酸**という酸を主成分としているため，塩基性の色素によく染まることからこの名でよばれる。

　核の中には，核小体（nucleolus，仁）という，濃く染まり目立つ構造がある。ここは rRNA（前節）が合成される場である。また細胞質で合成されたリボソームタンパク質が核孔を通って運ばれてきて rRNA と会合する。できた 2 種のサブユニットは核孔を通って細胞質に戻り，結合してリボソームになる。

ミトコンドリア

　ミトコンドリア（mitochondrion，複数形が -ia）は呼吸の場であり，細胞の発電所（エネルギー生産プラント）といえる（3・3節）。顕微鏡下の静止像から，直径 0.5 ～ 1 μm で長さ数 μm の桿状構造体と見られることもあるが，実際には形を変え動き回り，融合と分裂をくり返す動的な細胞小器官である。真核細胞でも微生物にはミトコンドリアをもたないものや 1 個だけのものもあるが，動物細胞はふつう数百から数千個もある。その数は運動性や収縮性の細胞には多いなど，代謝の活発さと相関がある。ヒト成人では全身に約 1 京個も存在し，体重の 10 % を占める。

　ミトコンドリアは，核の染色体 DNA とは異なる独自のゲノムとして環状二本鎖 DNA をもち，70 S リボソーム（前節）を含む複製・転写・翻訳系も備えた半自律的増殖体である。ただしゲノムサイズは小さく，動物では 14 ～ 18 kb（単位は 1・5 節側注）で遺伝子も 36 ～ 37 個しか含まない。ミトコンドリアには数百から数千種のタンパク質を含むため，大部分は細胞質ゾルから移入される。

[†] **間期**（interphase）と**分裂期**（mitotic phase）；細胞分裂がおこっている時期を分裂期，それがおこっていない時期を間期という。2・5 節で詳述。

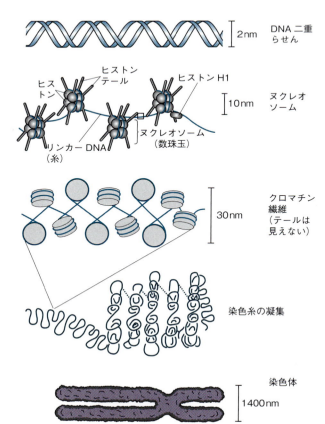

図 2-3-1　染色体の階層構造

二重の生体膜で包まれ，**外膜**（outer membrane）は滑らかだが，**内膜**（inner m.）は**クリステ**（cristae）とよばれる複雑なひだ状の陥入構造が発達している。内膜はミトコンドリアを2区画に分けており，内側を**マトリックス**（matrix），外膜とのすきまを**膜間腔**（intermembrane space）という。

　外膜には**ポリン**（porin，名称は"pore（孔）"に由来）という短管状の膜タンパク質が存在し，分子量5000以下の物質を非特異的に通過させる。内膜は外膜とは対照的で，O_2やCO_2を例外としてほとんど物質を通さず，H^+に対しても障壁になっている。ただし有機酸やアミノ酸，ヌクレオチドなどに対する特異的輸送体が存在し，厳密に制御された透過が行われる。マトリックスには脂肪酸や有機酸の分解系およびアミノ酸合成系などの酵素群が集積している。内膜には細胞呼吸の膜酵素群も局在して，活発なエネルギー変換を行っている（3・3節）。

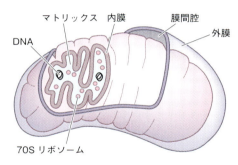

図 **2-3-2**　ミトコンドリア

葉 緑 体

　ミトコンドリアが有機物を燃料とする火力発電所なのに対し，葉緑体（chloroplast）はクリーンエネルギーをつくる太陽光発電所である。厚さ2μm，直径5μmくらいのレンズ状で，植物と藻類に含まれ**光合成**を行う。葉緑体もやはり形を変え移動し成長し，くびれて自己増殖する動的な細胞小器官である。根や塊茎でデンプンを貯蔵するアミロプラスト，および花や果実に黄や橙の色彩を与える有色体などとも起源が共通なため，**色素体**（plastid）と総称される。葉緑体も独自のゲノムとしての環状二本鎖DNAと，遺伝情報発現系とをもつ。陸上植物の場合，ゲノムサイズは120～160 kbで百数十個の遺伝子を含む。

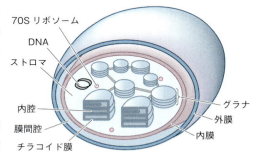

図 **2-3-3**　葉緑体

　周囲の外膜と内膜に加え内側に**チラコイド**（thylakoid）とよばれる膜系が発達した三重の膜構造をとり，内部を3区画に分けている。外から順に膜間腔，**ストロマ**（stroma），チラコイド内腔（rumen）である。チラコイド膜の一部は積み上げた硬貨のように密に重層し，**グラナ**（granum，複数形が-a）を形成する。

細胞内共生

　葉緑体はミトコンドリアとともに，原核生物の**細胞内共生**[†]によって生じたと考えられる。すなわち何億年もの昔，大きな祖先細胞の中に入り込み消化されないまま共生した細菌が，これら細胞小器官の進化的起源とされる（図 9-1-1 も参照）。共生起源の証拠として，二重の膜構造をもつこと，独自のゲノムDNAをもち，しかも細菌と同じく環状であること，リボソームが70Sであることなどが挙げられる。

　葉緑体は**藍色細菌**（cyanobacteria）という**光合成細菌**，ミトコンドリアは**αプロテオバクテリア**[†]とよばれる好気性細菌に性質が近い。ゲノム遺伝子のアミノ酸配列の類似度の比較も，この系統関係を支持する。ただし祖先細菌のゲノムに由来する遺伝子の多くが，共生成立後に宿主染色体ゲノムに移った。陸上植物と緑藻・紅藻の葉緑体は藍色細菌の共生で直接生じたが，その他の褐藻や珪藻・ミドリムシなどの葉緑体は，それら緑藻や紅藻がさらに二次共生や三次共生してできたものと考えられ，周囲の膜が三重や四重のものもある（図 9-5-1 も参照）。

[†] **細胞内共生**（endosymbiosis）；共生説はわれわれの進化的生命観に，荒涼たる「弱肉強食」の風景でなく穏健な「吸収合併」の基調を与えてくれる。共生説はミトコンドリアや葉緑体の性質はみごとに説明してくれるが，宿主側である細胞本体の特性についてはほとんど洞察を与えてくれない。

[†] **αプロテオバクテリア**（alpha proteobacterium，複数形 -a）；プロテオバクテリアは細菌のうち最も大きな分類群（門）の1つ。それをさらに5つの綱に分類し，ギリシャ文字$α\sim ε$をつける。αプロテオバクテリアには，酢酸菌 *Acetobacter* や土壌細菌の *Paracoccus*，病原菌のリケッチアなどが含まれる。ゲノム解析から，現存種のうちリケッチアが最もミトコンドリアに近縁とされている。

2・4　細胞骨格

真核細胞の細胞質に張り巡らされた繊維状のネットワーク構造を**細胞骨格**（cytoskeleton）という。細胞骨格の機能は，まずこの名称から連想されるように，細胞を力学的に支えて外部形態を保ち内部配置を決めることである。細胞壁のない動物細胞ではとくにこの機能が重要である。しかしもう1つ動的な機能もあり，細胞の形態変化や運動および内部構造体の輸送も司っている。細胞骨格には次の3種がある。

<u>微　小　管</u>

最も太い微小管（microtubule）は，外径25 nmの中空の管状であり，圧縮に抗する力が強い（図 2-4-1）。α**チューブリン**（α tubulin，分子量5.7万）とβ**チューブリン**（同5.3万）という，互いによく似た2つの球状タンパク質がヘテロ二量体（1・4節）を構成し，縦に長く連なったプロトフィラメントが13本集合して管を形成する。微小管には極性があり，伸長速度の速い方をプラス端（＋端），遅い方をマイナス端（－端）とよぶ。

多くの細胞では核のそばに**中心体**（centrosome）という構造体があり，微小管はそこから細胞の周辺に向かって伸びる（図 2-4-2）。動物細胞の中心体の中央部には1対の**中心小体**（centriole）がある。これは，三連微小管が9本環状に配列した長さ 0.1〜0.5 μm，直径 0.25 μm の円筒形の構造体である。被子植物には中心体がない。

微小管は細胞の運動にもはたらいている。単細胞のゾウリムシや哺乳類の器官にある**繊毛**や，鞭毛虫や精子にある**鞭毛**は，波状運動やむち打ち運動によって，自分自身を動かしたり細胞外の物体を運んだりする（5・4節）。また細胞内の物質輸送のレールにもなっている。

† **コラーゲン**（collagen）：ゼラチンの主成分で，食品・医薬品・化粧品などに用いられる。コラーゲンには，プロリン（Pro）が O_2 で酸化されたヒドロキシプロリン（Hyp）という特殊なアミノ酸が含まれる。一次構造の大部分は Gly-Pro-Hyp などトリペプチドのくり返し配列であり，これが強固な三重らせん構造を形成するのに必須である。生物進化の上で，約6億年前に大気の O_2 濃度が上昇しコラーゲンが生合成できるようになったため，エディアカラ生物群（9・1節）のような大きな多細胞生物が出現したと考えられる。コラーゲンの生合成に必要なビタミンCが欠乏すると結合組織（5・1節）がもろくなり，出血が多発する壊血病になりやすい。

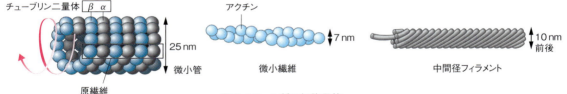

図 2-4-1　3種の細胞骨格

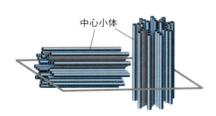

図 2-4-2　中心体

<u>微 小 繊 維</u>

最も細い微小繊維（microfilament）は直径7 nmで，**アクチン**（actin，分子量4.2万）という球状タンパク質が13個分 72 nm のピッチでよじれた二重らせん構造をとる。微小繊維は微小管よりはるかに柔軟であり，圧縮より張力に耐える力が強い。この繊維にも極性があり，－端より＋端での伸長速度が速い。微小管と同じく，ダイナミックに会合と解離をくり返すことが細胞における機能に重要である。

微小繊維は直鎖状だが，単独に存在することはほとんどない。アクチン結合タンパク質で架橋され，網状や束状の構造を形づくることが多い。細胞膜直下の細胞皮層（cell cortex）に三次元のネットワーク構造を形成し，準固体的なゲルとして細胞の形を保持する。微小繊維は微小管よりずっと多く，長さの総計は30倍以上である。

細胞運動には，鞭毛・繊毛運動よりむしろ微小繊維の重合と脱重合による**アメー**

バ運動が多い。また筋肉運動では，アクチンと相互作用する**ミオシン**というモータータンパク質がはたらく（5・4節）。

中間径フィラメント

中間径フィラメント（intermediate filament）の名称は，直径が10 nm前後で微小管と微小繊維の間であることからつけられた。微小管と微小繊維がともに重合と脱重合をダイナミックにくり返すのに対し，これはより永続的な構造体である。微小管や微小繊維より頑丈で，この2つが壊れるような濃い塩と**界面活性剤**（洗剤）の溶液中でも溶けずに残る。細胞が死んだ後にもこの網目構造だけが長く残る。

微小管や微小繊維より多様なメンバーからなり，上皮細胞の**ケラチン**類や神経細胞のニューロフィラメントなど5群に分類される。しかし構成タンパク質の構造は互いに共通性が高い。N，C両末端の球状構造を，αらせんからなる長い桿部がつなぐ。桿部で寄り集まった四量体が縦に連結し，さらにそれが8本よじれて高次の繊維を構成する。ヒトの皮膚（表皮）の最外層はケラチン繊維が詰まった死細胞からなっている。髪・爪・獣毛・羽毛・くちばしの最外層・爬虫類のうろこなども主成分はケラチンである。大空で風を切る鳥の翼でも，綿花と並び天然繊維を代表する羊毛でも，硬いケラチンが主役を務めている。

細胞外基質

細胞を機械的に支える構造として，細胞内には上述の細胞骨格があるのに対し，細胞の周囲には細胞から分泌された**細胞外基質**（extracellular matrix）がある。細胞外基質は動物の骨や樹木を堅牢にしているだけでなく，動物の柔組織には弾力を与え，草本類にはしなやかさを付与している。

植物のおもな細胞外基質は**細胞壁**（cell wall）で，その主要構成成分は**構造多糖**の**セルロース**である（1・2節）。木部にはグルコース以外の単糖成分を含む多糖もあり，**ヘミセルロース**とよぶ。さらに高度に架橋されて網目構造をとる芳香族高分子化合物の**リグニン**（lignin）も存在する。これら3者の存在比は樹種によるが，約4：3：2である。

植物の多糖に対し，動物ではタンパク質と糖タンパク質が細胞外基質の主要成分である。タンパク質の**コラーゲン**†は骨や腱・皮膚（真皮）の主成分で，哺乳類では全タンパク質の25％がコラーゲンである。3本のポリペプチドが形成する三重らせんがさらに集合して丈夫な高次の繊維をなしている（図 2-4-3）。糖タンパク質の**プロテオグリカン**（proteoglycan）は，眼のガラス体や軟骨などに多い。少量のコアタンパク質を中心に多糖**グルコサミノグリカン**（**GAG**）†が大量に結合した分子で，網目構造をとってコラーゲンと絡まっている（図 2-4-4）。コラーゲンは張力が強いが弾性はないのに対し，GAGは吸水性が高く弾性が強い。

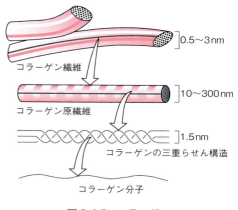

図 2-4-3　コラーゲン

†**グルコサミノグリカン**（**glucosaminoglycan**，略して**GAG**）；負電荷が多く親水性の高い多糖類で，ムコ多糖ともよばれる。ヒアルロン酸やコンドロイチンなど酸性の二糖のくり返し長鎖構造をとり，硫酸基を結合したものも多い。陽イオンを引き寄せ，ひいては水分を吸い寄せることによって膨潤圧を高め，組織に弾力を与える。圧縮や衝撃にも強い。

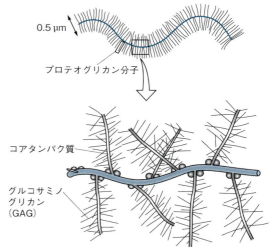

図 2-4-4　プロテオグリカンの巨大集合体

2・5　細胞周期

生物は増殖し，また多細胞生物としての身体を構築するために，細胞を複製する必要がある．細胞が親細胞の分裂で生じてから，みずからも二分裂して娘細胞を生み出すまでの一生を**細胞周期**(cell cycle)という．細胞周期は分裂期と間期からなる．哺乳類の場合，前者は1時間ほどだが，後者は1日から年単位まで様々である．

間　期

分裂がおこっていない時期を間期（interphase）という（2・3節）．間期はさらに3つの時期に分けられる（図 2-5-1）．ゲノム DNA の複製がおこる **S 期**（synthesis phase）をはさんで G_1 期（first gap phase）と G_2 期（second gap phase）がある．タンパク質の合成や細胞小器官の増殖，体積の増加などはこれら3つの時期を通じておこる．ヒトの細胞周期では S 期が 10〜12 時間，G_2 期は 4〜6 時間，分裂期（M期）が1時間ほどで，残りが G_1 期である．永続的な実働状態に入るなど，細胞周期を長期間停止した状態は G_0 期とよぶ．

光学顕微鏡で見える形態的な変化は分裂期に華々しいので，かつては細胞分裂に関心の重点が置かれていたが，DNA の合成や細胞内信号伝達など分子レベルの重要な現象はむしろ間期に盛んであることがわかり，分子生物学の進展にともない細胞周期という包括的なとらえ方が主流になった．

分　裂　期

分裂期（mitotic phase）すなわち **M 期**には核の分裂である**有糸分裂**[†]と細胞質分裂（cytokinesis）がおこる．分裂期は伝統的に次の5つ（ないし4つ）の時期に分けられる．

1) 前期（prophase）には**クロマチン繊維**（2・3節）が**染色体**へと凝集していき，紡錘体も形成し始める．**紡錘体**（mitotic spindle）とは，2つの中心体を結ぶ微小管が形成する構造である（図 2-5-2）．染色体は，同一の DNA 分子を含む1対の染色分体（chromatid）すなわち姉妹染色分体が並行して密着した形態をとる．
2) 前中期（prometaphase）には姉妹染色分体は中央近くの**動原体**[†]で微小管に結合して活発な運動を始める．核膜は分散するが，破れるのではなく閉じた小胞として断片化する．
3) M 期で最も長い中期（metaphase）には，紡錘体の両極から等距離の赤道面に染色体が集合する．
4) 次の最も短い後期（anaphase）には，姉妹染色分体が分裂して独立し，両極に向かって移動する．
5) 終期（telophase）には，染色体が両極に到達し，それぞれの周りに核膜が形成され，染色体の凝縮度が下がっていく．

細胞質分裂は後期後半に進む．収縮環が出現して細胞を締めつけ細胞質をくびる．収縮環は**アクチン**と**ミオシン**（2・4節）からなり，細胞質が完全に分割されると，核を1つずつもった2つの娘細胞が完成する．

細胞周期の制御系

細胞周期の制御についてはかつて2つの考え方があった．ある時期の現象がおこることで次の現象が可能になり，その現象がおこることでさらに次の現象の引き金を引くというドミノ説と，化学反応の振動のような「細胞内時計」があり，そこからの指令でそれぞれの現象がおこるという時

[†] **有糸分裂**（mitosis）；真核生物の核分裂の一般的な様式で，染色体や紡錘体など糸状の構造が現れることから名づけられた．この語と対になる無糸分裂（amitosis）は病的あるいは退行中の細胞の特殊な分裂様式である．有糸分裂には，体細胞有糸分裂と減数有糸分裂とがあるが，後者は単に減数分裂とよばれることが多い．

[†] **動原体**（kinetochore）；有糸分裂において紡錘体が付着する染色体上の領域．**セントロメア**（centromere）も同義語のように使われるが，動原体が DNA とタンパク質の複合体を指し，セントロメアは DNA だけを意味することもある．ヒトでは染色体の中央からやや外れた位置にあり，染色体を短腕（short arm, p arm）と長腕（long arm, q arm）に分ける．マウスでは染色体末端付近にあり，線虫や一部の植物では染色体全体に分散する．

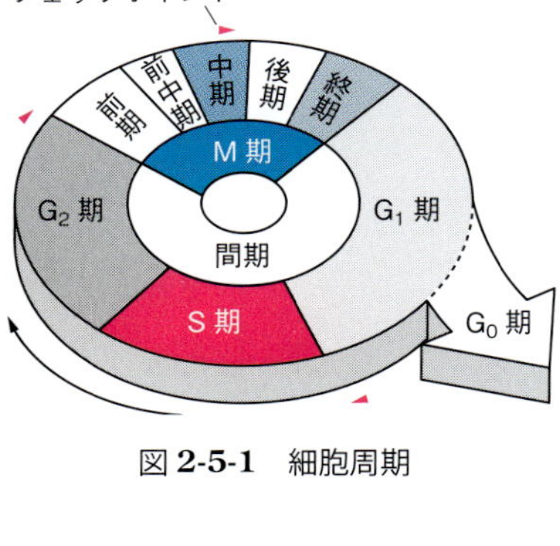

図 2-5-1　細胞周期

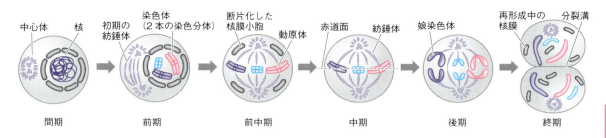

図 2-5-2 体細胞有糸分裂

計説である。最近の研究で，実態はその折衷であることがわかってきた。

細胞周期の各期のタイミングは，それぞれに特異的なサイクリン（cyclin）というタンパク質の量と，サイクリン依存性タンパク質**キナーゼ**[†]（cyclin-dependent protein kinase, 略して CDK）の活性によって基本的に規定される。これを細胞周期エンジン（cell cycle engine）という。サイクリンの生合成が進み蓄積して CDK に結合するとその酵素活性が高まり，標的となるタンパク質群をリン酸化して各期の諸現象が進行する。一方，前の期の工程が完成していなければ次の期の開始を一旦停止する負の制御系として**チェックポイント**（checkpoint）がある。おもなチェックポイントとして，G_1 期で細胞の大きさやヌクレオチドの量などを検閲する G_1/S チェックポイント，DNA の損傷を検閲する G_2/M 期チェックポイント，染色分体と紡錘糸の結合状態などを検閲する M 期チェックポイントがある。

[†] **キナーゼ**（kinase）；ヌクレオチドからリン酸基を他の分子に転移する化学反応を促進する酵素の一般名。「X 依存性 Y キナーゼ」とは，X が存在する場合に Y をリン酸化する酵素という意味。酵素一般については次章とくに 3・1 節参照。

減数分裂

精子と卵を**配偶子**（gamete）あるいは**生殖細胞**（germ cell）という。生殖細胞以外の体のすべての細胞を**体細胞**（somatic cell）という。配偶子は体細胞（$2n$）の半分の数の染色体しかもたない（n）が，両配偶子が受精で合体すると染色体数ももと通り（$2n$）に回復する。父親と母親から同数の染色体すなわちほぼ同量の遺伝情報を受け継ぐわけである。体細胞の染色体は多くの場合，偶数で，よく似た染色体が 1 対ずつある。これを**相同染色体**（homologous chromosome）という。

1 個の受精卵から細胞分裂によって新しい生物が形づくられる道程において，一部の細胞で染色体の数が半減して配偶子が形成される。この半減は**減数分裂**（meiosis）とよばれる特別な細胞分裂による（前ページ側注参照）。減数分裂も多くの素過程は上で述べた体細胞分裂と同様だが，1 回の染色体複製の後に 2 回の細胞分裂が続くため，親細胞の半数の染色体をもつ 4 つの娘細胞（n）ができる点で異なる（図 2-5-3）。

第 1 分裂の前期で相同染色体どうしが全長にわたって横並びし，物理的に密着する。この対合（synapsis）の段階で，相同染色体間で対応する DNA 領域が入れ換わる**遺伝子組換え**（genetic recombination）がおこる。これを交差（乗換え crossing over）とよび，一時的に X 字型の**キアズマ**（chiasma）という領域が生じる。赤道面に並ぶ中期にキアズマは解消され，後期には染色分体が両極へ分かれていく。

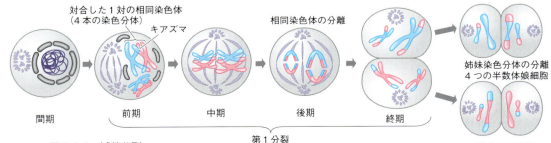

図 2-5-3 減数分裂

生命世界のスケーリング

　生物の体は階層的に形づくられている。すなわち前章で学んだような分子が組み合わさって超分子構造がつくられ，それらがさらに組み合わさって本章の細胞小器官や細胞が形成される。細胞はさらに集合して，組織や器官（5章以下）・個体を経て個体群や群集（12章）を構成する。生物はきわめて複雑ではあるが，これら階層のスケール感覚を身につけることが，それを重層的に理解する助けになる。

　まず，タンパク質のような生体高分子にはいろいろな大きさのものがあるが，典型的には10 nmくらいのものが多い。このような分子レベルのスケールは，肉眼で見える世界とどれくらいかけ離れているだろうか。

問1　分子の大きさ　長さ10 nmのタンパク質分子を170 cmに拡大するとする。このとき，身長170 cmの人も同じ比率で拡大するといくらになるか。

解答例　（拡大後の身長）＝（拡大前の身長）×｛（拡大後の分子）/（拡大前の分子）｝
　　　　　　＝ 170 cm ×（170 cm / 10 nm）＝ 1.7 m ×（1.7 m / 10 × 10^{-9} m）
　　　　　　＝（1.7 × 1.7）× 10^8 m ＝ 2.89 × 10^5 km

約30万kmになる。地球の半径が約6400 kmだからその約45倍もある。38万kmの距離にある月にも届きかけるほどの巨大さである。タンパク質は「巨大分子」ともよばれるが，分子がいかに小さなスケールかがわかる。

　生物の構造と機能の基本単位である細胞の大きさは，分子と動植物個体との中間のレベルである。細胞の大きさは種類によって様々だが，ヒトでの典型的な大きさは10 μm程度である。ヒトがいくつの細胞からなるか，概算してみよう。

問2　ヒトの細胞数　ヒトの平均的な細胞が一辺10 μmの立方体だとすると，ヒトの体には何個の細胞が含まれているだろうか。体重は60 kg，密度は1.1 g・cm^{-3}だと仮定する。

解答例　（ヒトの細胞数）＝（ヒトの体積）/（ヒトの細胞の体積）
　　　　　　＝ ｛（ヒトの体重）/（ヒトの密度）｝/（ヒトの細胞の体積）
　　　　　　＝（60 kg / 1.1 g / cm^3）/（10 μm）^{3} ＝ 60 × 10^3 g / ｛1.1 g /（10^{-2} m）^{3}｝/（10^{-5} m）^{3}
　　　　　　＝（60 / 1.1 × 10$^{3-2×3}$ g・m^3）/（10$^{-5×3}$ g・m^3）＝ 55 × 10^{-3+15} ＝ 5.5 × 10^{13}

約60兆個という計算になる。

　一方，ヒトの腸の中には単細胞の腸内細菌が共生している。ひとり当たりの細菌数はいくらか，概算してみよう。宿主であるヒト自身の細胞数に比べ，何分の1くらいだろうか。
　細菌の細胞は，動植物の細胞より1桁小さなスケールである（2・1節）。一辺が1/10だと体積は1/1000になるから，これは大きな違いである。この差は，細菌のような原核細胞と動植物のような真核細胞の基本的な性格が異なることに関係している。
　ヒトとゾウを比べるような肉眼的なスケールだと，サイズの数倍の違いがとても強い印象を与えるのに対し，目に見えない細胞や分子のレベルだと，大きさの違いを実感しにくい。生物のしくみを生

き生きと把握するには，微視的な構造を日常的なスケールに拡大しなぞらえて考えることが役に立つ．

<u>問 3　腸内細菌の数</u>　腸の内容物が 1 kg でそのうち 1/5 が細菌だとすると，そこにはいくつの細菌が含まれているか．腸内細菌を 1 µm × 1 µm × 2 µm の直方体に近似し，密度を 1.1 g・cm^{-3} と仮定する．

解答例　（細菌数）＝（細菌総重量）/（1 細菌の重量）
$= 1 \text{kg} \times 0.20 / (1 \text{µm} \times 1 \text{µm} \times 2 \text{µm} \times 1.1 \text{g/cm}^3)$
$= 0.2 \times 10^3 \text{g} / 2.2 \times (10^{-4} \text{cm})^3 \text{g/cm}^3 = 0.0909 \times 10^{3+4\times 3} = 9.1 \times 10^{13}$

約 90 兆個という計算になる．つまり，ヒトのからだ自体の細胞数より多いことになる．一般に広く言われている数値も，ほぼここでの概算値くらいである．微生物は目に見えないのでふだん意識することはないが，ヒトの体内にも相当な数が生きている．

　では，生物世界を定量的に把握するセンスを身につけることを目指している．定量的な世界認識になじむためには，基本的な量のおよその値を念頭においておくとともに，**すでにもっている常識的な知識を異なる文脈でも知的に利用できる**ことも大切である．その一例として，上に出てきたヒトの密度を考えてみよう．

　息を吸い込んで止め，水泳プールの水面に静かに身を投げ出すと，浮く．しかしそのまま動かず息だけ吐くと沈むだろう．すなわち人体は，肺活量分の空気（密度≒0）が加わるか否かで，比重の平均が水を上回ったり下回ったりするような密度をもつということである．体重 60 kg の人の肺活量が 3 L だとすると，この人の体積は 57〜60 L の間であり，したがって密度は 1.00〜1.05 g・cm^{-3} の間だとわかる．日常生活の常識だけからこの程度のことは推定できる．

　実際多くの生命物質の密度は，水和タンパク質の 1.27 g・cm^{-3} をはじめ水より少し重く，脂質だけは水より少し軽い（純脂質で 0.93 g・cm^{-3}）．

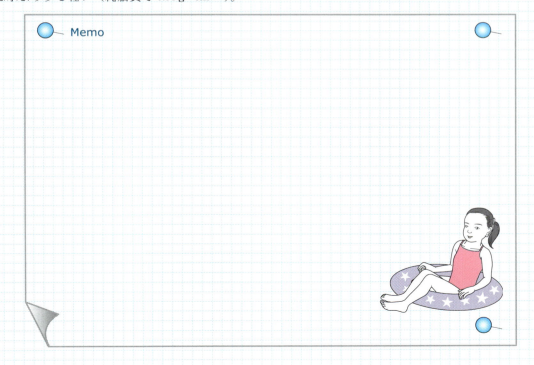

Memo

2 章のまとめと問題

まとめ

1. **細胞**は生物の基本単位であり，細胞質と細胞膜からなる。
2. 細胞には，真核細胞と原核細胞の2種類がある。
   1) **真核細胞**；核膜に包まれた明確な核構造があり，発達した種々の細胞内構造体（細胞小器官）がある。動物・植物・真菌類・原生生物などは，すべてこちらの細胞からなる。典型的には数十μmの大きさ。
   2) **原核細胞**；核構造がなく，DNAが細胞質に露出している。細菌はすべてこちら。典型的にはμm程度の大きさ。
3. 真核細胞の**細胞小器官**の多くは，一重あるいは二重以上の生体膜からなる。
   - 一重　1) 小胞体；タンパク質・脂質の合成，毒物・薬物代謝，信号物質 Ca^{2+} の貯蔵。
   - 　　　2) ゴルジ体；タンパク質・脂質・糖鎖の修飾と配送のセンター。
   - 　　　3) リソソーム；老廃物・異物・病原体の分解処理工場。
   - 二重　4) 核；遺伝物質（ゲノムDNA）の格納庫。
   - 　　　5) ミトコンドリア；火力発電所。呼吸や脂質の酸化的分解によるエネルギー獲得の場。
   - 三重　6) 葉緑体（色素体）；太陽光発電所。光合成によるエネルギー獲得の場。
   - 膜なし　7) リボソーム；タンパク質の合成工場。タンパク質とRNAからなる粒子。
4. 細胞小器官の膜や細胞膜などをまとめて**生体膜**とよぶ。生体膜は脂質二重層を基本に，膜タンパク質が貫通したり表面に結合したりする。膜脂質と膜タンパク質の分子は共通に，水相に接する表層部分は親水性で内側部分は疎水性である。
5. 細胞内外には，タンパク質や多糖を主とする繊維状構造体が網の目状や束状の構造をとり，細胞を支える。
   - 内；**細胞骨格**　1) 微小管；チューブリンからなる，圧縮に強い外径25μmの管。
   - 　　　　　　　　2) 微小繊維；アクチンからなる，柔軟で張力に強い太さ7μmの繊維。
   - 　　　　　　　　3) 中間系フィラメント；ケラチンなど硬タンパク質の，太さ約10μmの頑丈な繊維。
   - 外；**細胞外基質**　4) 植物（細胞壁）；セルロース・ヘミセルロース・リグニンなど。
   - 　　　　　　　　　5) 動物；コラーゲン・グルコサミノグリカンなど。
6. **細胞周期**は分裂期と間期からなり，サイクリンなどからなる制御系で進行を精密に調節されている。体細胞分裂では，親細胞と染色体数が同じ娘細胞が増える。減数分裂では，染色体数が半減した生殖細胞（卵と精子）をつくり出す。

問 題

1. 生体膜の2つの主要成分を挙げよ。また，それぞれの役割を簡潔に説明せよ。
2. 一重の生体膜に包まれた細胞小器官を3つ挙げよ。
3. 二重の生体膜に包まれた細胞小器官を3つ挙げよ。
4. 動物や植物の細胞骨格と細胞外基質の主成分を，タンパク質・多糖・両者の複合物質・その他の4群に分類せよ。
5. 真核細胞のリボソームは，合計3か所に存在する。どことどこに存在するか。また，それらのリボソーム自体に違いはあるか。
6. 細胞1個あたりの染色体DNAの量を，体細胞分裂と減数分裂について，細胞周期の段階ごとに示せ。G_1 期のDNA量を「$2n$」と表現する。

3章 代 謝
酵素は縁結びの神さま

3・1 酵 素 ☞ p.30
3・2 解糖と発酵 ☞ p.32
3・3 呼 吸 ☞ p.34
3・4 光合成 ☞ p.36
3・5 生体エネルギー ☞ p.38

　細胞は生きている化学工場です。生物は食物に含まれる栄養物質を化学的に分解してエネルギーを獲得し，またそのエネルギーを使って必要な様々な物質を合成しています。しかし細胞には，実際の化学工場とは全然違う点があります。それは，細胞そのものも日々作り変えているという点です。これはまるで，建築資材を生産する工場が，製品の生産と同時にその工場自体を徐々に建て替えているようなものです。細胞は，そして私たちの身体は，その構成成分を数日から数か月単位で入れ換えながら，ただし自己同一性は保っています。私は一生私のまま，ポチは死ぬまでポチのまま。

　いずれにせよ，このように動的な物質とエネルギーの流れを支えているのは，酵素というタンパク質です。酵素は共役や調節のしくみによって，生命現象を押し進めています。この章では，無機的世界の地平から生物が離陸するために代謝が果たす役割を見ていきましょう。

3・1 酵素

代謝経路

生物の化学反応の総体を**代謝**[†]という。代謝は**異化**(catabolism)と**同化**(anabolism)の２つに分けられる。異化は分解，同化は合成を意味する。異化はしかし単に不要な物質や有害な毒物をこわして捨てる反応だけではなく，有機物を酸化的に分解してエネルギーを獲得する過程を含んでおり，生命活動の基盤となっている。同化は生物に必要な物質を還元的にみずから組み立てる反応であり，生合成（biosynthesis）ともよばれる。

細胞の中では数百・数千の化学反応がおこっている。ある分子が別の分子にまで変わる一連の化学反応の組を代謝経路（metabolic pathway）という。たとえば牛乳に含まれる C_6 **化合物**[†]のグルコースを，ヨーグルトに含まれる C_3 化合物の乳酸2分子に変える乳酸発酵という代謝経路は，11段階の化学反応からなる。

酵素とは

これらの化学反応を促進する**触媒**（catalyst）を**酵素**（enzyme）という（図 3-1-1）。酵素は多くの場合タンパク質だが，一部の RNA にも触媒活性があり，これはとくに**リボザイム**（ribozyme）とよぶ。酵素の名称は語尾を「アーゼ（-ase）」とすることが多い。たとえば乳酸発酵の1段階目はヘキソキナーゼの反応である。

酵素反応における反応物のことを**基質**（substrate）という。酵素は基質と結合して酵素基質複合体（enzyme-substrate complex, ES 複合体）を形成する（図 3-1-2）。酵素分子の表面には基質が結合するのに適したくぼみがあり，それを結合部位（binding site）という。ただし，基質（や阻害剤）が結合すると，酵素の構造は変化する（図 3-1-4）。反応物が化学変化をおこすには，一時的に不安定な（つまりエネルギー準位の高い）**遷移状態**（transition state）を経なければならない（図 3-1-3）。酵素の結合部位では，基質がその遷移状態をとりやすいようにアミノ酸残基や補欠分子族が配置されている。言い換えると，この最適化された反応場では遷移状態のエネルギー準位が下げられており，乗り越えるべき障壁が低いため，反応がはやく進むわけである（図 3-1-2）。その意味でこの部位を触媒部位（catalytic site）ともいう。

酵素の特徴１；高性能の触媒

このように酵素は，基質を一時的に結合してその変化を促すが，自分自身はもとに戻り消費はされない。この点は無機的な触媒と同じだが，次のような点では異なる。

[†] **代謝**（metabolism）；「メタボ」という言葉が最近よく使われている。代謝の異常でおこる病気，とくに肥満や動脈硬化に関係した生活習慣病をさす。狭くてしかも悪い意味でこの言葉が流通しているのは残念だが，本来「メタボリズム」とは，生命の根幹を支える大事で広範な過程である。

[†] C_n **化合物**（C_n compound）；炭素原子 n 個を分子内に含む有機化合物。たとえば $C_5H_{10}O_5$ は C_5 化合物で，H_2N-$CH_2CH_2CH_2$-COOH は C_4 化合物である。単に C_n と略記することも多い。有機化合物は炭素原子が骨格となるので，炭素数に着目すると代謝のおおまかな理解に役立つ。

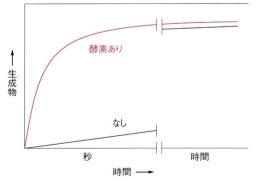

図 3-1-1　酵素による反応の促進

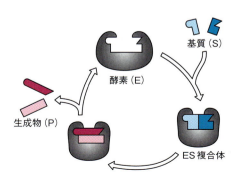

図 3-1-2　酵素と基質の結合

1) 反応をさらに強く促進する。

たとえば過酸化水素 H_2O_2 の分解反応は，白金コロイドも触媒するが，酵素のカタラーゼはさらに強く促進する。これは，酵素は無機触媒分子より大きくて複雑なので，反応場を最適化しエネルギー障壁をさらに下げうることによる。

2) 基質の構造や反応の種類の**特異性**（specificity）が高い。

たとえばグルコースやガラクトースなど六炭糖はどれも化学式（$C_6H_{12}O_6$）が共通で，立体構造だけがわずかに違う。ふつうの化学試薬はこれらをほとんど区別せず同じように反応する。ところが酵素はそれらの構造の微妙な違いを識別するので，反応速度が大きく異なる。また基質にどのような化学変化をもたらすかも厳密に決まる。

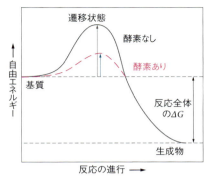

図 3-1-3　酵素のエネルギーダイアグラム

3) 常温常圧中性 pH など穏やかな条件でおこる。

一般の化学反応は温度や圧力が高いほど反応速度が高まるので，化学工場の反応炉はそのような激しい条件で運転されている。H^+ や OH^- イオンが関わる反応では pH も極端な酸性やアルカリ性がふさわしい。ところが生物体内の酵素は常温常圧で最もよくはたらく。pH も中性付近が最適な酵素が多い。

酵素の特徴 2；生命の特異性

以上の 3 点は，酵素が無機触媒より量的に優れている化学的特徴である。そこで酵素は一般的な触媒の延長として，バイオリアクターでの工業生産などにも利用される。しかし酵素には，無機触媒とは質的にかけ離れた生物学的特徴もあり，生命現象のユニークさを醸し出している。

4) 単独ではおこりえない反応を共役によって引きおこす。

化学反応は，系の**自由エネルギー**（G）†が減少する方向には進むが，増加する方向には自発的には進まない（図 3-1-2）。上の 1) のような促進作用だけでは，そもそも進行し得ない反応を進めることはできない。しかし酵素の一部には，単独ではおこりえない反応（$\Delta G_1 > 0$）を自発的におこる反応（$\Delta G_2 < 0$）と固く組み合わせて進行可能にするものがある。この連結を**共役**（coupling）という。物理化学的世界から隔絶した生物学的世界の特質は，酵素のこの性質によるところが大きい。

5) 基質とはまったく異なる物質によって反応速度が調節される。

代謝経路の最終産物 X が増え過ぎると，それが代謝経路のはじめの出発物質 A にはたらく酵素に結合して反応の進行を抑制するという調節がある。このタイプの調節を**フィードバック阻害**（feedback inhibition）という。X が過剰に蓄積することを，初期の A の段階から防ぐという合目的的なしくみである。そのような酵素分子には，基質 A の結合部位とは別に，構造がまったく異なる物質 X を結合する調節部位（regulatory site）が存在する。このような酵素を**アロステリック酵素**（allosteric enzyme）という。このようなしくみも，酵素分子が大きくて複雑だからこそ可能になった。酵素の調節には，そのほかリン酸化によるものなどもある。

† **自由エネルギー**；熱力学における物理量の 1 つ。記号は G で単位は $kJ \cdot mol^{-1}$。その変化は ΔG，標準自由エネルギー変化は $\Delta G^{0'}$ で表す。孤立系での変化はエントロピーが増大する方向に進むが，生物にとってより一般的な定圧定温系での変化は，自由エネルギーが減少する（$\Delta G < 0$ の）方向に進む。3・5 節で詳述。

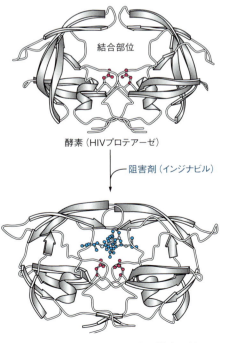

図 3-1-4　酵素分子の立体構造の例

3・2 解糖と発酵

好気的と嫌気的

ヒトは酸素 O_2 がないと窒息して死ぬのに対し，密閉された発酵槽でもはたらく酵母や腸内にすむ大腸菌などの微生物は，O_2 がなくても生きられる。ヒトのように O_2 がないと生きられない性質を好気的（aerobic），O_2 がない所で生きられる性質を嫌気的（anaerobic）という。

酵母や大腸菌は，O_2 を利用する好気的な代謝と O_2 を用いない嫌気的な代謝を兼ね備えているのに対し，破傷風菌やメタン生成古細菌は嫌気的な代謝経路しかもたず O_2 があると死滅する。好気性生物でもヒトのように複雑な多細胞生物だと，一部の組織で一時的に**嫌気的代謝**[†]が行われることもある。

† **嫌気的代謝**（anaerobic metabolism）；ヒトでも，たとえば 200 m を全力疾走すると筋肉には O_2 が不足し，エネルギーの多くは嫌気的代謝で獲得する。これに対し，運動量を制御して全身に十分な O_2 が行き渡るように考案された体操をエアロビクス（aerobics）という。

発 酵

嫌気的代謝の代表は，**酵母**によるアルコール発酵や**乳酸菌**による乳酸発酵などの**発酵**[†]である。これらは次のように，それぞれ 1 つの反応式で表すことができる：

アルコール発酵；　$C_6H_{12}O_6 \rightarrow 2CH_3CH_2OH + 2CO_2$　　$\Delta G^{0'} = -167\ \text{kJ·mol}^{-1}$
乳酸発酵；　　　　$C_6H_{12}O_6 \rightarrow 2CH_3CH(OH)COOH$　　$\Delta G^{0'} = -197\ \text{kJ·mol}^{-1}$

しかし実際の細胞の中では，それぞれ 12 段階と 11 段階の酵素反応の連鎖で行われる（図 3-2-1）。これら 2 つの代謝経路の大部分，**ピルビン酸**が生じるまでの 10 段階は互いに共通な反応であり，最後の 1～2 段階だけが異なる。

発酵では重要な**補酵素**[†]として，**ATP**（1・5 節，図 3-2-2）とニコチンアミドアデニンジヌクレオチド（nicotinamide adenine dinucleotide, 略して **NAD**，図 3-2-3）の 2 つが用いられる。ATP は発酵の初期（1, 3 段階）で糖分子をリン酸化するのに 2 分子が使われるが，後半（7, 10 段階め）で計 4 分子が生成される。差し引き 2 分子が増え，エネルギー通貨として細胞のいろいろな活動に使われる。一方 NAD は，**酸化と還元**[†]をくり返しながらはたらく還元力運搬体である。中頃（6 段階め）で還元型 NADH になるが，終末（11' ないし 12 段階め）で酸化型 NAD^+ にもどり，発酵の代謝経路全体としては正味の変化はない。

† **発 酵**（fermentation）；発酵という語は狭義と広義の 2 様に用いられる。ここで説明したのは生化学的な厳密な意味であり，微生物が嫌気的に（O_2 なしで）有機物を分解してエネルギーを獲得する異化反応である。一方，日常生活や産業で使われる広義には，微生物が酒類やアミノ酸などの有用物質を産生したり廃棄物を分解したりする過程の総称である。広義の発酵は微生物が有害物質や悪臭を発生する**腐敗**（putrefaction）に対比する語であり，ヒトにとっての有用性という価値観を含む概念である。

解 糖

上で述べた発酵におけるピルビン酸までの 10 段階の酵素反応は，微生物だけではなく動物の筋肉などの嫌気的代謝でもやはり共通である上，さらには次節で説明する好気的代謝（細胞呼吸）の前段階としてもはたらく。この一連の反応を**解糖**（glycolysis）系とよぶ。"glyco-" は「糖」，"lysis" は「分解」の意味である。解糖は原核微生物から単細胞**真核生物**・陸上植物・哺乳類まで普遍的にはたらく重要な代謝経路である。

解糖系で補酵素 NAD は還元型の NADH になる。この NADH の還元力はエネルギー獲得に利用しうる。したがってグルコース 1 分子から解糖系で得られる正味のエネルギー収量は，ATP 2 分子ぶんと NADH 2 分子ぶんである。

しかし細胞にある**補酵素**分子の量は限られているので，解糖系でグルコースを次々に分解するためには，NADH を NAD^+ にもどす必要がある。実際，前の項で見た通り，発酵経路の終末でピルビン酸をアルコールや乳酸に還元するのにともなって NADH を再酸化する（図 3-2-3）。ただしこれでは，せっかくグルコースから収集した還元力を無駄に消費しているともいえる。次節の好気的代謝（呼吸）では，さらに多くのエネルギーを獲得するためにこの NADH を利用する。

† **補酵素**（coenzyme）；酵素本体のポリペプチド部分を**アポ酵素**（apoenzyme）というのに対し，酵素活性に必要なそれ以外の有機化合物を指す。両者の結合した完成型の酵素をとくに**ホロ酵素**（holoenzyme）という。補酵素には，固く結合したまま補欠分子族（1・4 節）としてはたらくものと，酵素反応 1 回ごとに基質として結合し生成物として解離して，複数の酵素の間を仲介するものとがある。ATP と NAD はいずれも後者であり，次節に出てくる FAD は前者である。

還元当量と酸化還元電位

代謝を考える上で，還元力は重要な概念である．物質の還元力は，量に関わる還元当量と，強さに関わる酸化還元電位の2つの数値で表される．

酸化還元反応は電子e^-の授受と定義されるので，還元剤がe^-を放して酸化型に変わる反応と，酸化剤がe^-を受け取って還元型になる反応という，2つの半反応（half reaction）に分けて考えられる．たとえば，

$Cu^{2+} + Fe^{2+} \rightarrow Cu^+ + Fe^{3+}$ ⇒ $Cu^{2+} + e^- \rightarrow Cu^+$ および $Fe^{2+} \rightarrow Fe^{3+} + e^-$

$CH_3CHO + NADH + H^+ \rightarrow CH_3CH_2OH + NAD^+$ ⇒

$CH_3CHO + 2H^+ + 2e^- \rightarrow CH_3CH_2OH$ および $NADH \rightarrow NAD^+ + H^+ + 2e^-$

このとき受け渡される電子の数を**還元当量**（reducing equivalent）という．二番目の反応では，NADHからアセトアルデヒドに2還元当量が渡されて，NAD^+とエタノールができている．

また，それぞれの物質の酸化力の強さは，還元方向の半反応のおこりやすさ，すなわちe^-の受け取りやすさ（奪いやすさ）だから，電極をはさんだ2物質間の電子の授受を考えると，電位として表すことができる．H^+/H_2を基準（ゼロ）とし，酸化力の強いものを正方向にとったこの電位を**酸化還元電位**（redox potential, E）という．標準状態（ただしpHは7.0）のEをE_0'と表す．たとえば還元力の強いNAD^+/NADHのE_0'は-0.320 Vと小さく，酸化力の強いO_2/H_2OのE_0'は$+0.815$ Vと大きい．

† **酸化**（oxidation）と**還元**（reduction）；酸化という語は，素朴には酸素Oが結合する現象を指すが，実際には酸素が関わらない酸化現象も多い．そこで「酸化」は厳密には，物質が電子e^-を失うことと定義される．酸素O_2が強い酸化剤として働くのは，化学的な意味で電子に飢えていて，ブドウ糖や金属原子から電子を強く引き寄せるためである．逆に物質がe^-を受け取る現象を還元という．酸化と還元は必ず複数の物質の間で同時におこるので，合わせて酸化還元反応（redox reaction）ともいう．

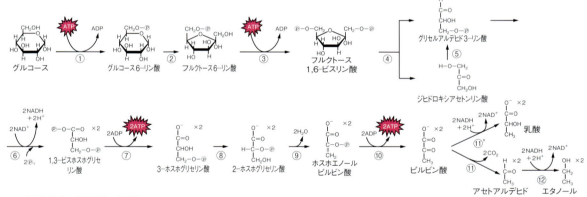

図 3-2-1　解糖系と発酵
①ヘキソキナーゼ，②ホスホグルコイソメラーゼ，③ホスホフルクトキナーゼ，④アルドラーゼ，⑤トリオースイソメラーゼ，⑥トリオースリン酸デヒドロゲナーゼ，⑦ホスホグリセロキナーゼ，⑧ホスホグリセロムターゼ，⑨エノラーゼ，⑩ピルビン酸キナーゼ，⑪ピルビン酸デカルボキシラーゼ，⑪'ラクテートデヒドロゲナーゼ，⑫アルコールデヒドロゲナーゼ

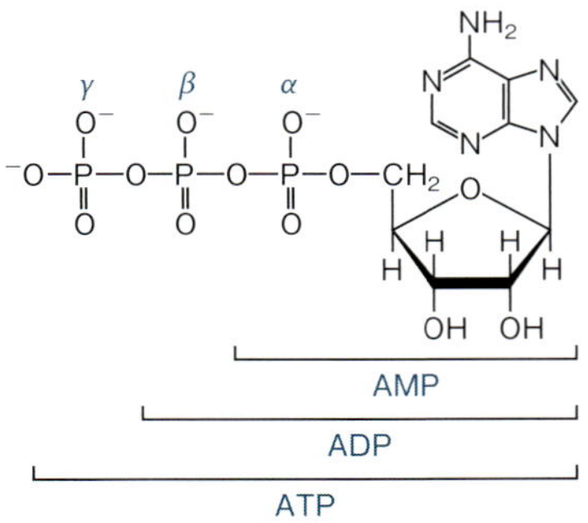

図 3-2-2　エネルギー通貨 ATP

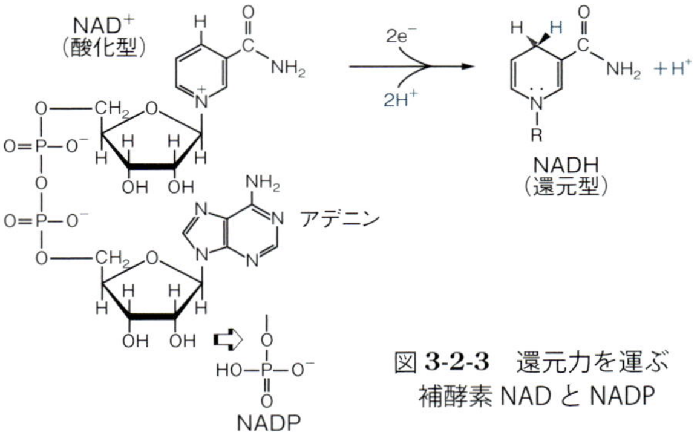

図 3-2-3　還元力を運ぶ補酵素 NAD と NADP

3・3 呼吸

内呼吸と外呼吸

呼吸（respiration）という語はふだん，鼻や口から空気を出し入れする換気運動を意味するが，酸素 O_2 を取り込み二酸化炭素 CO_2 を吐き出す気体交換は，肺も鰓もない植物や微生物も共通に行っている。そこでこのように普遍的な細胞レベルの呼吸を内呼吸（細胞呼吸）とよび，肺や鰓などの働きである外呼吸（6・4節）から区別する。内呼吸は細胞内でゆっくりおこる燃焼である。すなわちグルコースなどの有機化合物を酸素 O_2 で二酸化炭素 CO_2 にまで酸化して，エネルギーを取り出す活動である。

$$C_6H_{12}O_6 + 6O_2 \rightarrow 6CO_2 + 6H_2O \qquad \Delta G^{0\prime} = -2.870 \text{ kJ} \cdot \text{mol}^{-1}$$

細胞呼吸は次の3段階の代謝経路で構成される（図 3-3-1）。

解糖系や β 酸化系；C_6，C_{18} etc. ⇨ C_2

グルコース（C_6）をはじめとする糖は解糖系でピルビン酸（C_3）に分解され（前節），さらにピルビン酸脱水素酵素によってアセチル CoA（C_2）に変えられる。解糖系は細胞質ゾルに局在する。

もう一つの主要なエネルギー源である脂肪酸（C_{18} など）は，β 酸化（β oxidation）系とよばれる代謝経路によってやはりアセチル CoA に分解される。β 酸化系の酵素群はミトコンドリアのマトリックス（2・3節）に局在する。β 酸化という語は，脂肪酸の β 位の炭素原子が酸化されることに由来する（p.8 側注）。β 酸化によって多数の NAD^+ が NADH に還元され，3段階めの代謝経路である酸化的リン酸化に供給される。

クエン酸回路；C_2 ⇨ CO_2

糖や脂肪酸に由来するアセチル CoA は，**クエン酸回路**（citric acid cycle）で CO_2 にまで酸化分解される。クエン酸はこの代謝経路の主要な中間代謝物（intermediate）で C_6-トリカルボン酸† であり，この回路はまたトリカルボン酸回路（tricarboxylic acid c.，略して TCA 回路）ともよばれる。さらに発見者クレブス（H. A. Krebs）の名にちなんでクレブス回路（Krebs c.）ともいう。この経路の酵素群もミトコンドリアのマトリックスに局在する。

アセチル CoA のアセチル基（C_2）はまず，オキサロ酢酸（C_4）と結合してクエン酸（C_6）を生じる。その後，合計8つの酵素反応を経ながら分解されて2分子の CO_2 が発生する（図 3-3-2）。最後にもとのオキサロ酢酸となり，反応をくり返す。この C_2 化合物の酸化的分解の過程で，やはり還元型の補酵素 NADH などが生成され，次の酸化的リン酸化に渡される。この代謝経路のように一連の反応をくり返す代謝経路を一般に回路とよぶ。ほかにもたとえば窒素化合物の異化の経路に**尿素回路**とよばれる回路状経路がある。

クエン酸回路はまた，糖や脂肪酸以外の様々な有機化合物の生合成と分解の要でもある。クエン酸回路の中間代謝物は，各種アミノ酸を生合成する際の炭素骨格として利用される。また逆にアミノ酸の分解の際には，脱アミノ化された炭素骨格がこの回路に流入してきてさらに処理される。

酸化的リン酸化；還元力 ⇨ ATP

上の2段階の経路で生成された NADH など還元型物質は，次に O_2 で酸化される。これに伴い ADP がリン酸化されて **ATP** が再生される。この代謝経路は**酸化的リン酸化**（oxidative phosphorylation）とよばれる。前半の酸化還元

---

† C_6-トリカルボン酸（C_6-tricarboxylic acid）；カルボキシ基 -COOH を3つ含む C_6 化合物。イソクエン酸も C_6-トリカルボン酸である。クエン酸回路の中間代謝物にはほかに，C_5-ジカルボン酸の 2-オキソグルタル酸や C_4-ジカルボン酸のコハク酸などがある。

† **シトクロム** (cytochrome)；補欠分子族としてヘムをもち，酸化還元反応を行うタンパク質。ヘモグロビンもヘムをもつが，O_2 分子をそのまま結合・解離するだけなのでシトクロムではない。吸収する光の波長やヘムの側鎖の違いから *a*, *b*, *c*, *d*, *o* などに分類され，さらに添字で細分されることもある。シトクロム *a* は呼吸鎖の複合体Ⅳに，シトクロム *b* は複合体Ⅲに含まれ，シトクロム *c* はこの両複合体間を仲介する。ほかに，光合成（次節）や小胞体（2・2節）の電子伝達系にもシトクロムはある。

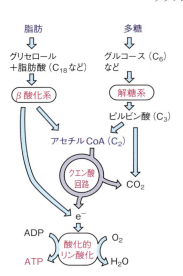

図 3-3-1 細胞呼吸

反応は呼吸鎖とよばれる一群の酵素が触媒し，後半の ATP 合成反応は F_oF_1 型 ATP 合成酵素が行う（図 3-3-3）。これらの酵素はいずれもミトコンドリアの内膜に局在する膜タンパク質である。

呼吸鎖（respiratory chain）は，連鎖的に電子 e^- を受け渡す 4 つの酵素群からなり，**電子伝達系**（electron transport system）ともよばれる。いずれの酵素も多くのポリペプチド（サブユニット）と**補欠分子族**からなる複雑な内在性膜タンパク質であり，複合体（complex）Ⅰ～Ⅳと名づけられている。これらの酵素複合体の間で e^- の授受を仲介する分子に，**補酵素ユビキノン 10**（ubiquinone-10，略して UQ_{10}）と**シトクロム c**† がある。UQ_{10} は脂溶性の有機化合物で，別名コエンザイム Q_{10}（coenzyme Q_{10}，略して CoQ_{10}）ともよばれ，美容や健康に効果的な添加物として栄養補助食品に使われている。シトクロム c は表在性膜タンパク質である。

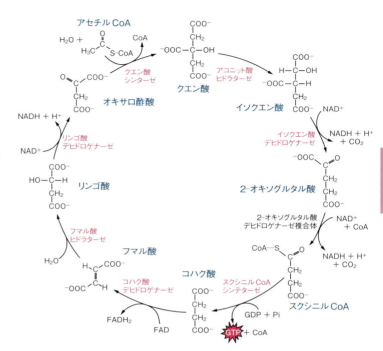

図 3-3-2　クエン酸回路

これら酸化還元反応に**共役**（3・1 節）して，酵素複合体は H^+ イオンをマトリックス側から膜間腔側に輸送する。その結果，内膜を隔てた H^+ 勾配ができる。この勾配を H^+ が下って**マトリックス**に流入するときに仕事をしうるので，この H^+ 勾配のエネルギーをプロトン駆動力（proton-motive force，H^+**駆動力**）という（カフェブレイク 5）。H^+ 駆動力は次段落の ATP 合成にも使われるほか，膜を隔てた物質輸送にも用いられるし，また細菌の呼吸では**べん毛**運動も駆動する（5・4 節参照）。

酸化的リン酸化の後半の ATP 合成反応を触媒する **F_oF_1-ATP 合成酵素**（F_oF_1-ATP synthase）は，膜を貫通する H^+ の通路をうがたれた内在性部分 F_o と，ADP をリン酸化する触媒部位をもつ表在性部分 F_1 からなる。F_o 部分を通って流入する H^+ の駆動力によって，F_1 部分で ATP が合成される。名称の "F" は酸化還元反応と ATP 合成反応を共役する因子（factor）の頭文字で，添え字の "o" は，抗生物質オリゴマイシン（oligomycin）で阻害されることから，"1" は通し番号の 1 番からつけられた。

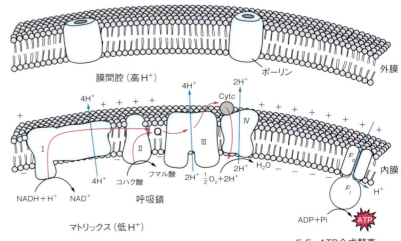

図 3-3-3　酸化的リン酸化

3・4 光合成

生物の大部分は活動のエネルギーを太陽の光に頼っている。太陽光を直接利用するのは，植物や藍色細菌など光合成（photosynthesis）を行う生物に限られる。しかし，動物や真菌類も光合成生物がつくりだす有機物を食べて生きている。光合成は，二酸化炭素と水を原料とし光エネルギーを駆動力として有機物を合成する代謝であり，それにともなって酸素も発生する。

$$6CO_2 + 12H_2O \rightarrow C_6H_{12}O_6 + 6O_2 + 6H_2O \quad \Delta G^{0'} = +2.870 \text{ kJ·mol}^{-1}$$

前節の呼吸とは裏返しの反応であり，系のエネルギーは増加する（$\Delta G^{0'} > 0$）。H_2O の項が左右両辺に出てくるのは，光合成が次の2つの反応からなることを暗示するためである。

$$明反応；12H_2O \rightarrow 6O_2 + 24[H]$$
$$暗反応；6CO_2 + 24[H] \rightarrow C_6H_{12}O_6 + 6H_2O$$

明反応；光の吸収

明反応（light reaction）は，光エネルギーで H_2O を分解し還元力を抜き出す反応である。この光分解の産物の片方は気体の O_2 であり，他方の [H] で表した還元力は，具体的には還元型補酵素の **NADPH**† という形になる。

植物の光合成は**葉緑体**でおこる（2・3節）。明反応はその中の**チラコイド膜**で行われる（図 3-4-1）。光合成の明反応は呼吸の酸化的リン酸化と対比できる。**電子伝達系**と **ATP** 合成酵素の2つの過程からなり，**光リン酸化**（photophosphorylation）とよばれる。ただし光合成の電子伝達系は，光エネルギーで駆動される点が異なる。

明反応の電子伝達系は，3つの大きな内在性膜タンパク質複合体といくつかの表在性膜タンパク質および疎水性補酵素からなる（図 3-4-2）。3つの複合体のうち2つは光化学系（photosystem, 略して PS）とよばれ，それぞれ光反応中心（photoreaction center）とそれを取り巻く集光複合体（light-harvesting complex）からなる。集光複合体は**クロロフィル**（chlorophyll, 葉緑素）や補助色素のカロテノイド（carotenoid）を多数結合しており，光エネルギーを吸収して中心に集める。

2つの PS にはそれぞれ特別なクロロフィル二量体がある。これらはふだん**酸化還元電位** E（3・2節）の高い基底状態にあるが，光で励起されると E が下がり，強力な電子供与体（還元剤）に変身する（図 3-4-3）。その結果，近傍の他の色素に e^- を渡し**正孔**†が残る。この e^- はさらにとなりの分子へと，E の低い順に伝達される。e^- は最後に $NADP^+$ を還元する。一方，1つめの PS に残された正孔は，水分解酵素で H_2O が O_2 と H^+，e^- に分解されて生じる e^- で埋められる。

以上の電子伝達の過程で H^+ がチラコイド内腔に輸送され，**H^+駆動力**が形成される。H^+ が **CF_0CF_1-ATP 合成酵素**を通過してストロマ側に戻るのに共役して，ATP が合成される。この ATP 合成酵素もやはり呼吸鎖のそれと同類で，"C" は chloroplast（葉緑体）に由来する。

暗反応；炭酸固定

暗反応（dark reaction）は，ストロマの可溶性酵素群で触媒される**炭酸同化**反応である（図 3-4-4）。明反応で合成された ATP と NADPH を使って，CO_2 から三炭糖のグリセルアルデヒド 3-リン酸を合成する。CO_2 を固定するのは**ルビスコ**（rubisco）と略称されるカルボキシラーゼ（ribulose 1,5-bisphosphate carboxylase/oxygenase）で，地上で最も多い酵素とい

---

†**NADP**（nicotinamide adenine dinucleotide phosphate）；**NAD**（3・2節）にリン酸基が1つ結合しただけのよく似たジヌクレオチド（図 3-2-3）で，やはり還元力の運搬体としてはたらく補酵素。ただし代謝経路ごとでかなり特異的に区別して利用される。2電子の授受により，酸化型 $NADP^+$ と還元型 NADPH の間で変わる。

† **正孔**（positive hole）；原子の価電子（多くの場合，最外殻電子）が励起され，その原子や分子から失われると，価電子帯には抜け穴が生じる。価電子が満ちた状態で原子は電気的に中性なので，その欠如は正電荷の存在と同等である。そこでその抜け穴を正孔とよぶ。半導体でよく使われる用語。

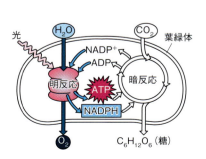

図 3-4-1　光合成の全体像

われている。その後、還元と再生を経る回路状の代謝経路をなす。発見者にちなんで**カルビン回路**（Calvin cycle）とよばれる。暗反応の直接の産物は三炭糖だが、**維管束では二糖（ショ糖）**の形で輸送され、貯蔵は**多糖**

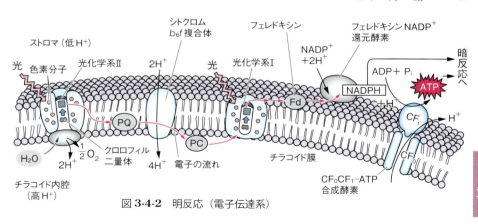

図 3-4-2　明反応（電子伝達系）

（デンプン）の形で行われる。これらを代表して便宜的に六炭糖 $C_6H_{12}O_6$ と表記される。

C_3 植物・C_4 植物・CAM 植物

暑く乾燥した時期には、植物は水分の蒸発を防ぐため**気孔**を閉じる。穀物や豆類を含む多くの植物では、このとき葉緑体が CO_2 不足になる。ルビスコにはカルボキシラーゼ活性のほかにオキシゲナーゼ（oxygenase）活性もあるため、CO_2 の代わりに O_2 を取り込み、三炭糖ではなく C_2 化合物ができる。この C_2 化合物は結局分解され CO_2 に変わるため、この現象を**光呼吸**（photorespiration）という。光呼吸では ATP や NADPH が無駄に消費される。ルビスコの基質特異性が甘すぎるための浪費である。

サトウキビやトウモロコシなどでは、高温乾燥時にも光呼吸がおこらないよう、CO_2 濃縮回路が進化した。この回路は葉肉細胞にあり、維管束鞘細胞のカルビン回路に CO_2 を供給する。CO_2 はまず C_4 化合物として固定されるため、このような植物を **C_4 植物**（C_4 plant）という。これに対し、はじめから三炭糖のできる通常の植物を C_3 植物（C_3 plant）とよぶ。C_4 植物で炭酸固定を行う酵素は CO_2 に対する親和性が高く O_2 とは反応しないため、気孔が閉じ気味でもしっかりはたらく。ただし、この CO_2 濃縮回路の駆動には余分の ATP を消費するので、湿潤で穏やかな気候ではかえって非効率になる。

パイナップルやサボテン類は、乾燥に対するもう１つの対処法を進化させた。これらはふつうの植物とは逆に、暑い昼間には気孔を閉じて水の蒸発を防ぎ、夜に気孔を開いて CO_2 を固定して、いろいろな有機酸を生成し**液胞**に蓄える。昼間、明反応によって ATP と NADPH が供給されると、前夜の有機酸から CO_2 が遊離され、カルビン回路に供給される。この代謝は、最初に見つかった植物にちなんで、ベンケイソウ型有機酸代謝（crassulacean acid metabolism、略して CAM）とよぶ。

CAM 植物（CAM plant）では、カルビン回路と CO_2 濃縮回路が時間的に隔てられているのに対し、C_4 植物では空間的に離れている。

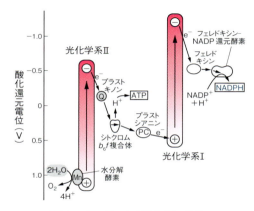

図 3-4-3　明反応と酸化還元電位

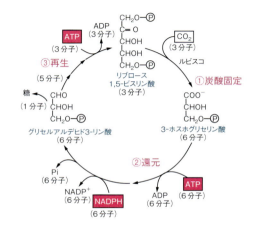

図 3-4-4　暗反応（カルビン回路）

3・5 生体エネルギー

生命現象を理解するためには，生物を構成する物質（material）の種類（1章）とその変化（本章）を把握する必要がある．20世紀を通してこの認識が進み，分子生物学（molecular biology）が現代生物学の主流を占めている．しかし，結果としての生体分子の離合集散という現象だけではなく，その原因や駆動力を解明するには，エネルギー（energy）の働きを定量的に理解する必要がある．生物におけるエネルギー変換のしくみを研究する分野を，生体エネルギー学（bioenergetics）とよぶ．

自由エネルギー変化

一般に系（system）のエネルギー（内部エネルギー）は，利用可能な**自由エネルギー**[†]と利用不能な束縛エネルギー（bound e.）の2成分に分けて考えられる．生物学では自由エネルギーの絶対値 G が登場することはほとんどなく，ふつうは反応に伴う変化 ΔG が用いられる．たとえば**細胞質ゾル**を含む水溶液中での化学反応の ΔG は，次のように表される．

$$\mathrm{aA + bB} \underset{k_{-1}}{\overset{k_{+1}}{\rightleftarrows}} \mathrm{cC + dD} \qquad \Delta G = \Delta G^{0\prime} + RT \ln \frac{[\mathrm{C}]^c [\mathrm{D}]^d}{[\mathrm{A}]^a [\mathrm{B}]^b} \qquad (3.5.1)$$

ΔG の単位は $\mathrm{J \cdot mol^{-1}}$ あるいは $\mathrm{kJ \cdot mol^{-1}}$ である．R は気体定数で T は絶対温度，$[\mathrm{X}]$ は X の濃度，$\ln$ は底が e の自然対数 $\log_e$ を示す．反応物や生成物がすべて 1M のときの ΔG を標準自由エネルギー変化（standard free energy change）とよんで ΔG^0 で表す．しかし，$\mathrm{H^+}$ や $\mathrm{OH^-}$ が関与する反応で極端な酸性やアルカリ性の条件を「標準」とするのは，中性付近の細胞の穏やかな生命現象には合わない．また水溶液中での反応に $\mathrm{H_2O}$ が関与する場合も，毎回 $[\mathrm{H_2O}]$ に約 55M を代入するのは煩雑である．そこで，pH = 7 を標準にし，$[\mathrm{H_2O}]$ を 1 として修正した値 $\Delta G^{0\prime}$ を用いる．

ΔG の意味

ΔG には 2 つの意味がある．第 1 に ΔG の符号は，反応が自発的に進行する方向を表す．ΔG が負であれば反応は右方向（正方向）に進行し，正であれば左方向（逆方向）に進行する．ちょうど 0 であれば正味（net）の反応はおこらない．この最後の場合を反応の**平衡**（equilibrium）状態という．第 2 に ΔG の絶対値は，その反応から利用しうるエネルギーの最大値，あるいはその反応を駆動するために注入することが必要なエネルギーの最小値である．

たとえばアルコール発酵の ΔG は $-167\,\mathrm{kJ \cdot mol^{-1}}$ なので（3・2節），この反応は自発的に進行しうるものであり，そこから最大 $167\,\mathrm{kJ \cdot mol^{-1}}$ のエネルギーを利用しうる．実際酵母は，そのエネルギーで生存し増殖する．また ATP 合成の ΔG が $+55\,\mathrm{kJ \cdot mol^{-1}}$ であるなら（次項参照），この反応は自発的には進行しない．これを駆動するには，最小でも $55\,\mathrm{kJ \cdot mol^{-1}}$ のエネルギーを注入する必要がある．実際光合成では（前節），光エネルギーを利用して ATP を合成している．

自発的にはおこらない反応（$\Delta G_1 > 0$）も，自発的におこる反応（$\Delta G_2 < 0$）と密接に組み合わせるしくみがあれば進行可能になる．このような連結を**共役**（coupling）という（3・1節）．ΔG_2 の絶対値が ΔG_1 の値より大きい場合に反応は進みうる．

速度と平衡

さて，(3.5.1) 式の k_{+1} と k_{-1} は**速度定数**（rate constant）である．右方向と左

[†] **自由エネルギー**（free energy）；自由エネルギーには，**ヘルムホルツ**（H. von Helmholtz）が提唱し等温等積下で有益な概念と，**ギブズ**（W. Gibbs）が導入し等温等圧下で有用な概念がある．生命現象はほぼ一定の大気圧と穏やかな気温のもとで展開することが多いので，生物学的にはギブズの自由エネルギー（G）の方がおもに用いられる．その厳密な導出は熱力学の教科書に譲り，ここではその生物学的な意義に絞って学ぶ．

方向の反応の速度（rate）をそれぞれ v_{+1}, v_{-1} とすると，$v_{+1} = k_{+1}[A]^a[B]^b$，$v_{-1} = k_{-1}[C]^c[D]^d$ と表せる。反応の右方向の速度と左方向の速度が等しくなったとき（$v_{+1} = v_{-1}$），この反応は平衡に達する。平衡状態での物質Xの濃度を $[X]_{eq}$ と表すと，反応の**平衡定数**（equilibrium c.）は次のように定義できる。これはまた，2つの速度定数の比として表せる。

$$K_{eq} \equiv \frac{[C]_{eq}^c [D]_{eq}^d}{[A]_{eq}^a [B]_{eq}^b} = \frac{k_{+1}}{k_{-1}} \tag{3.5.2}$$

ただし H^+ や OH^-，H_2O が反応に関与する場合は，前項の $\Delta G^{0\prime}$ の場合と同じ修正を加えて K'_{eq} を定義する。平衡状態では，その反応の ΔG は 0 である。これと (3.5.2) 式を (3.5.1) 式に代入すると，次の関係が得られる。

$$\Delta G^{0\prime} = -RT\ln\frac{[C]_{eq}^c [D]_{eq}^d}{[A]_{eq}^a [B]_{eq}^b} = -RT\ln K'_{eq} \tag{3.5.3}$$

すなわち標準自由エネルギー変化 $\Delta G^{0\prime}$ と平衡定数 K'_{eq} は深い関係にあり，一方から他方を計算できる。

エネルギー通貨

細胞におけるエネルギー変換のかなめにATPがある（図3-5-1）。生体エネルギーの大部分は**ATP**の化学エネルギーの形で流通する。解糖や呼吸によってADPと P_i からATPを合成し，筋肉運動や神経活動などを駆動するときにATPがADPと P_i に分解される（1・5節）。

$$ATP + H_2O \rightleftarrows ADP + P_i \qquad \Delta G^{0\prime} = -30.5 \text{ kJ·mol}^{-1}$$

実際の細胞ではATP濃度はADP濃度より高いし，P_i 濃度も標準条件の1Mよりずっと低いので，ΔG の値は $\Delta G^{0\prime}$ より低い。個別の条件によって異なるが，およそ $\Delta G = -55 \text{ kJ·mol}^{-1}$ である。したがってATPは，1 mol あたり 55 kJ の価値をもつエネルギー通貨であるとたとえられる。

ATP合成のしくみ，つまりエネルギー獲得系には，本章で述べた3つがある。すなわち O_2 を使わない**発酵**（基質レベルのリン酸化，3・2節）・O_2 を使う**呼吸**（酸化的リン酸化，3・3節）・O_2 を発生する**光合成**（光リン酸化，3・4節）である。化学反応とイオン輸送の共役を**化学浸透共役**†という。発酵ではグルコース（C_6）などの有機物を中途半端な C_3 や C_2 までしか分解しないので少量のエネルギー（少ないATP）しか得られないのに対し，呼吸では強力な酸化剤 O_2 を使えるおかげで徹底的に CO_2（C_1）まで分解して大量のエネルギー（多くのATP）を得られる。

他方のエネルギー利用系には，筋肉運動や神経活動のほか，物質輸送・生合成・ホタルの発光・シビレエイの発電など様々なものがある。

†**化学浸透共役**（chemiosmotic coupling）：酸化的リン酸化（呼吸）や光リン酸化（光合成）では，酸化還元（電子伝達）やATP合成という化学反応と膜を隔てた H^+ イオンの輸送とが共役している。これを化学浸透共役という。一方，基質レベルのリン酸化（発酵）では，グルコース分解の中間体などの基質が直接ADPと反応するので，2つの化学反応（酸化的分解とATP合成）が直接共役している。これを化学共役（chemical coupling）という。大規模な生体エネルギー変換には，閉じた膜構造に基づく化学浸透共役が必要である。

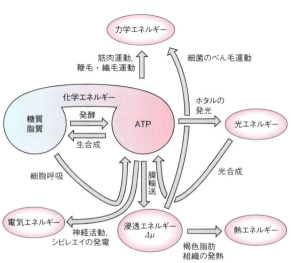

図 **3-5-1** 生体エネルギー変換

汎酵素的生命観

　タンパク質（1・4節）には多くの種類があり，その機能も運動・信号受容・情報伝達・物質輸送・免疫など多岐にわたる。**酵素**（3・1節）はそのうちの一部で，生体物質の化学変化を触媒するもの，すなわち代謝で働くものであると位置づけることができる。

　ところが酵素はより広い概念と見ることもできる。タンパク質を大きく2つに分け，細胞を支持する構造タンパク質に対する機能タンパク質の大部分が酵素（あるいは酵素複合体の構成要素）であるという見方も可能である。たとえば，おもな機能が運動である**モータータンパク質**（5・4節）も ATP を分解する酵素という側面をもつし，情報伝達に働く **G タンパク質**（7・2節）も活性型と不活性型のスイッチングに GTP の加水分解の段階を含む。そのような側面に重点を置いて，酵素が生命現象に中心的かつ普遍的な分子であるという汎酵素的生命観が語られることがある。

　酵素反応の定量的な取り扱いにはおもに，**ミカエリス-メンテンの式**が用いられる。基質（S）の濃度 [S] が低いうちは，反応の初期速度 v_0 は [S] に比例するが，高くなると頭打ちになる。v_0 のこの**飽和**（saturation）現象は，基質が酵素（E）に結合した ES 複合体（3・1節）を経て**生成物**（product, P）がつくられるとするモデルで説明できる。

<u>問1　ミカエリス-メンテンの式</u>　酵素反応の速度定数 k を次のようにおくと，v_0 はどう表せるか。導出の順を追って説明した上で，結論の式を示せ。ただし，酵素の合計濃度を $[E]_\text{total}$ とおく。

$$E + S \underset{k_{-1}}{\overset{k_{+1}}{\rightleftharpoons}} ES \xrightarrow{k_{+2}} E + P \tag{ca.1}$$

解答例　1）まず v_0 を表す式を立てる。　　　　$v_0 = k_{+2}[ES]$

2）酵素の状態は変動してもその合計量は一定であることを示す式（**酵素の恒常式**）を立てる。
　この場合，酵素は E と ES の 2 状態しかないから，$[E]_\text{total} = [E] + [ES]$

3）次に，酵素の各状態の濃度は未知だから消す（ここでは [E] と [ES]）。
　定常状態の条件から $d[ES]/dt = 0$ だから，$k_{+1}[E][S] = [ES](k_{+2} + k_{-1})$ となる。
　変形すると $[E] = [ES](k_{+2} + k_{-1})/k_{+1}[S]$。この式を 2）に代入すると，

$$[E]_\text{total} = [ES](k_{+2} + k_{-1})/k_{+1}[S] + [ES] = [ES]\{(k_{+2} + k_{-1})/k_{+1}[S] + 1\}$$

$$[ES] = [E]_\text{total}/\{(k_{+2} + k_{-1})/k_{+1}[S] + 1\}$$

これを 1）の式に代入すると，

$$v_0 = k_{+2}[E]_\text{total}/\{(k_{+2} + k_{-1})/k_{+1}[S] + 1\} \tag{ca.2}$$

ここで，酵素反応の基本的な 2 つのパラメータ，**最大速度** V_max と**ミカエリス定数** K_m を導入する。[S] を無限大に外挿した極限で $v_0 = V_\text{max}$ となる。このモデルの場合，すべての E が ES 複合体になるときであり，$V_\text{max} = k_{+2}[E]_\text{total}$ である。
　また，$v_0 = (1/2)V_\text{max}$ を与える [S] を K_m とする。この 2 つを (ca.2) 式に代入すると，

$$(1/2)V_\text{max} = V_\text{max}/\{(k_{+2} + k_{-1})/k_{+1}K_\text{m} + 1\}$$

$$(k_{+2} + k_{-1})/k_{+1}K_\text{m} + 1 = 2$$

$$K_\text{m} = (k_{+2} + k_{-1})/k_{+1}$$

この K_m の結果と上の V_max の式を (ca.2) 式に代入すると，

$$v_0 = V_\text{max}/(K_\text{m}/[S] + 1) \tag{ca.3}$$

これがミカエリス-メンテンの式であり，その [S]-v_0 グラフは双曲線（hyperbolic curve）になる。

酵素の反応速度のこのような取り扱いを酵素反応速度論（enzyme kinetics）という。カフェ☕アリス 1と2では実際の数値を用いて生命世界のスケール観を体感してもらったが，この節では文字式の変形を体験してもらう。生物学では適切なモデルにもとづくシミュレーションの数学的な解法も重要な要素技術である。

さて，ミカエリス-メンテンの基本式は ES 複合体という1つの中間体を経るというモデルに基づいているが，実際には複数の反応段階を経る酵素も多い。中間体の数が増えると速度定数も増えて複雑化するが，同様の考え方ができる。

問2　中間体の拡張　酵素反応の中間体を下のように2つに増やすと，v_0 はどう表せるか。

$$E + S \underset{k_{-1}}{\overset{k_{+1}}{\rightleftarrows}} ES \underset{k_{-2}}{\overset{k_{+2}}{\rightleftarrows}} EP \overset{k_{+3}}{\rightarrow} E + P$$

解答例　1）まず v_0 を表す式を立てる。　　　　　$v_0 = k_{+3}[EP]$

2）酵素の状態は変動してもその合計量は一定であることを示す式（酵素の恒常式）を立てる。

$$[E]_{\text{total}} = [E] + [ES] + [EP]$$

3）次に，酵素の各状態の濃度は未知だから消す（[E] と [ES]，[ES]）。

定常状態の条件，$d[ES]/dt = d[EP]/dt = 0$ から，それぞれ $k_{+1}[E][S] + k_{-2}[EP] = [ES](k_{+2} + k_{-1})$ および $k_{+2}[ES] = [EP](k_{+3} + k_{-2})$ となる。変形すると，

$$[ES] = [EP](k_{+3} + k_{-2})/k_{+2} \text{ および}$$
$$[E] = \{[ES](k_{+2} + k_{-1}) - [EP]k_{-2}\}/k_{+1}[S]$$
$$= \{(k_{+2} + k_{-1} - k_{-2})(k_{+3} + k_{-2})\}[EP]/k_{+1}k_{+2}[S]$$

この2つの式を2）の恒常式に代入して，問1の場合と同様に変形すると，(ca.3)と同じ $v_0 = V_{\text{max}}/(K_{\text{m}}/[S] + 1)$ の形になり，S-v_0 グラフも同様な飽和現象を示す双曲線を示す。ただし2つの基本パラメータはずっと複雑になる。：

$$V_{\text{max}} = k_{+2}k_{+3}/(k_{+2} + k_{+3} + k_{-2})$$
$$K_{\text{m}} = \{(k_{+2} + k_{-1})(k_{+3} + k_{-2}) - k_{+2}k_{-2}\}/(k_{+2} + k_{+3} + k_{-2})k_{+1}$$

また，ここでは初期速度 v_0 のみを考えているので代数式におさまるものの，[S] が減少し [P] が影響してくる時間まで計算するには微分方程式が必要になり，さらに複雑化する。この複雑さを回避する方法の1つが，できるだけ速度定数でなく**平衡定数**を使うことである。問1と問2でいえば，

$$E + S \underset{}{\overset{K_1}{\rightleftarrows}} ES \overset{k_{+2}}{\rightarrow} E + P \tag{ca.4}$$

$$E + S \overset{K_1}{\rightleftarrows} ES \overset{K_2}{\rightleftarrows} EP \overset{k_{+3}}{\rightarrow} E + P$$

のように置く。実はミカエリスとメンテンの立てたモデルは (ca.1) ではなく (ca.4) だった。(ca.1) は，のちに施された変形である。

コンピュータの演算速度が急速に高まってきたとはいえ，生物学的モデルでは一般に，漫然と速度定数を用いず，平衡定数を用いる方がシミュレーションのうまくいくことが多い。たとえば10段階の酵素反応からなる解糖系でも，そのうち7段階は ΔG が0に近い準平衡状態である（3・5節）。残り3段階のみが，ΔG が大きな負の値で，実質的に不可逆な律速段階である。

$$A \overset{k_1}{\rightarrow} B \overset{K_2}{\rightleftarrows} C \overset{K_3}{\rightarrow} D \overset{K_4}{\rightleftarrows} E \overset{K_5}{\rightleftarrows} F \overset{K_6}{\rightleftarrows} G \overset{K_7}{\rightleftarrows} H \overset{K_8}{\rightleftarrows} I \overset{K_9}{\rightleftarrows} J \overset{k_{10}}{\rightarrow} K$$

生命のモデル化には画一的な枠をはめるより，生物学の内実を考慮すべきであろう。

3章のまとめと問題

まとめ

1. **酵素**は，生命現象を担うタンパク質性の触媒。一般の触媒との違いは：
   1) **化学的特徴**・量的な違い；反応速度がさらに速い・特異性が高い・穏やかな条件で反応がおこる。
   2) **生化学的特徴**・質的な違い；自発的にはおこりえない反応を，他の反応との共役で駆動する・合目的的に調節される。
2. 生体内でおこる化学反応の総体を**代謝**という。酵素反応の連鎖からなる代謝経路には多くの種類があるが，次の2つに分けられる：
   1) **異化**；有機物を酸化的に分解してエネルギーを獲得する。
   2) **同化**；必要な有機物を還元的に生合成する。
3. 生物の**エネルギー獲得系**には，次の3つがある：
   1) **発酵**；有機物を嫌気的に（O_2なしで）分解。細胞質ゾルの水溶性酵素による解糖系などの代謝経路による。獲得できるエネルギー量は少ない。基質レベルのリン酸化でATPが合成される。
   2) **呼吸**（細胞呼吸）；有機物を好気的に（O_2で）酸化分解。ミトコンドリアのマトリックスの水溶性酵素によるクエン酸回路や，ミトコンドリア内膜の膜酵素による酸化的リン酸化などの代謝経路からなる。発酵より多くのエネルギーを獲得できる。
   3) **光合成**；光エネルギーで，炭酸同化（CO_2固定）反応を駆動し有機物を生合成。葉緑体のチラコイド膜の膜酵素による明反応（電子伝達系，光リン酸化）と，ストロマの水溶性酵素による暗反応（炭酸同化）からなる。
4. 呼吸や光合成では，酸化還元反応とATP合成反応が，生体膜を介したH^+イオンの輸送によって共役されている（**化学浸透共役**）。電気化学ポテンシャル差に基づくエネルギーを**浸透エネルギー**という。
5. **エネルギー利用系**には，獲得系より多様なしくみがある：運動・神経活動・膜輸送・生合成・発光・発電・発熱など。
6. 生体内では，いろいろなエネルギー形態の間で様々な変換がおこっている：化学・力学・電気・光・浸透・熱。

問題

1. 酵素が金属錯体など一般の触媒と異なる特徴をもつのはなぜか。酵素の物質的実体から説明せよ。
2. 解糖系における基質（グルコース）と2つの補酵素の化学変化を簡潔にまとめよ。
3. 呼吸ではO_2が吸収されCO_2が排出される。この2つの気体は，それぞれどの代謝経路に，どう関与しているか。
4. ミトコンドリア・葉緑体・小胞体にはそれぞれ電子伝達系が存在する。3つの電子伝達系を簡潔に比較せよ。
   ヒント　小胞体の電子伝達系については，2・2節側注参照。

酵素の網羅的分類；すべての酵素が国際学術機関により組織的に分類され，ウェブで公開されている。各酵素には，EC番号（enzyme commission number）という4段階の数字が付されている。たとえば解糖系のアルドラーゼはEC:4.1.2.13である。1つめの数字は反応の種類にもとづく主分類，2つめと3つめは副分類，4つめはその中での通し番号である。主分類は6つである：1 酸化還元酵素，2 転移酵素，3 加水分解酵素，4 リアーゼ（脱離・付加酵素），5 異性化酵素，6 リガーゼ（合成酵素）。

4章 遺伝
情報化された命綱

4·1 染色体と遺伝子 ☞ p.44
4·2 複製 ☞ p.46
4·3 転写 ☞ p.48
4·4 翻訳 ☞ p.50
4·5 転写後調節と翻訳後の運命 ☞ p.52

　宇宙の3要素である物質・エネルギー・情報のうち情報は，生命の誕生で初めて深い意味を持ち始めたように見えます。動物の神経系の発達によって脳情報の世界が誕生する何十億年も前に，遺伝情報が出現しました。遺伝によって自己増殖することは，前章の代謝によって自己保存することと，前々章の細胞構造をもつこととともに，生物の定義の3条件の1つです。

　遺伝情報は，下の図式に示されるように，複製・転写・翻訳の3つの過程によってはたらきます。分子遺伝学の**セントラルドグマ**（中心教義）ともよばれるこれらの過程で注目すべき点は，情報の伝達と物質の合成が同一の現象としておこっていることです。複製・転写・翻訳を前章の代謝の用語で言い換えると，DNAの生合成・RNAの生合成・タンパク質の生合成となります。

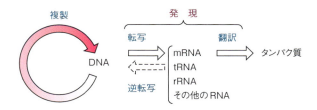

　人間社会での情報伝達では，DVDであれ紙であれメディアという物体は，情報が空っぽの状態で製造業者が作り，そこに載せるコンテンツは映画会社や出版社が作るというように分業がなされていますが，細胞では情報の書き込みは物質の製造と不即不離の一体的過程です。

　この章では，遺伝現象をそのような生命独特の情報の流れとして学びましょう。

4·1　染色体と遺伝子

染色体

ヒトの**体細胞**は 46 本の染色体をもつが，**精子**（sperm）や**卵**（egg, ovum）は半分の 23 本しかもたない（2·5 節）。この 2 つの配偶子は受精で合体し，染色体数も 23 対の相同染色体からなる 46 本に回復する。父親と母親から同数の染色体すなわち，ほぼ同量の**遺伝情報**（genetic information）を受け継ぐわけである。基本的な遺伝情報のセットは 23 本の中にそろっており（ただし性染色体については 10·4，10·5 節参照），それを**ゲノム**（genome）という。配偶子のようにゲノムを 1 セットしかもたないものを半数体あるいは**一倍体**（haploid）といい，体細胞のように 2 セットもつものは**二倍体**（diploid）という。

真核生物の染色体は 1 分子の長い鎖状 DNA を 1 本ずつ含むが（2·3 節），**原核生物**の染色体は環状の DNA である。**細胞小器官**のミトコンドリアと葉緑体も独自の環状 DNA をもち，これらもゲノム DNA に含められる。

遺伝子；実体の粒子性

遺伝子[†]とは遺伝の機能単位である。歴史的には，エンドウの花色や草丈など植物の形質（character）を不連続的（離散的）に決定づける粒子的な遺伝因子として，1860 年代に**メンデル**（Gregor J. Mendel）によって提唱された。その後，遺伝子は，染色体の中で直線的につながっていることもわかった。遺伝子という玉を糸に連ねた長い数珠がゲノムである。20 世紀の中頃には，その数珠の物質的な実体が DNA であることも示された。

相同染色体の同じ位置には，同一かよく似た遺伝子があり，ともに同じ形質に影響を与える。このような遺伝子の場所を**遺伝子座**（locus）といい，同じ遺伝子座にある遺伝子どうしを**対立遺伝子**（allele，アリル）という。1 対の遺伝子座に同一の遺伝子をもつ生物を**同型接合体**（homozygote），異なる対立遺伝子をもつ生物を**異型接合体**（heterozygote）という。

生物の形質すなわち**表現型**（phenotype）は，その生物がもつ遺伝子セットすなわち**遺伝子型**（genotype）に強く影響されるが，単純に 1：1 対応で決定されるわけではない。たとえば草丈を高くする遺伝子 T を 2 つもつ同型接合体（TT）は草丈が高くなり，それを低くする遺伝子 t の同型接合体（tt）は低くなるが，T と t を 1 つずつもつ異型接合体（Tt）の草丈は中間ではなく高くなる（図 4-1-1）。この t のように，同型接合でのみ遺伝子の表現型があらわれることを**潜性**（劣性：recessive），T のように異型接合でも同様にあらわれることを**顕性**（優性：dominant）という。

20 世紀中頃にはまた，遺伝子はそれぞれ 1 つのタンパク質（ポリペプチド）を規定していることが多いことが判明した。たとえば上のエンドウの草丈を決める遺伝子は，茎を正常に伸ばすジベレリンという成長ホルモンを合成するのに必要なタンパク質の遺伝子である。遺伝子が規定

[†] **遺伝子**（gene）；最終的にポリペプチドか RNA の産物を与えるゲノム DNA 上の領域。遺伝情報の基本単位。多くの遺伝子は 1 本のポリペプチドのアミノ酸配列を規定（code）する数百から数千 bp（1·5 節）のコード領域を中核とするが，真核生物では長い非コード領域も含む（4·5 節）。広狭さまざまな含意があるため，本章全体と 10 章の一部が遺伝子の定義に影響する。遺伝情報を文献情報にたとえるなら，DNA は紙やインク，遺伝子はページ，ゲノムは百科事典，染色体はそのうちの 1 巻といえよう。

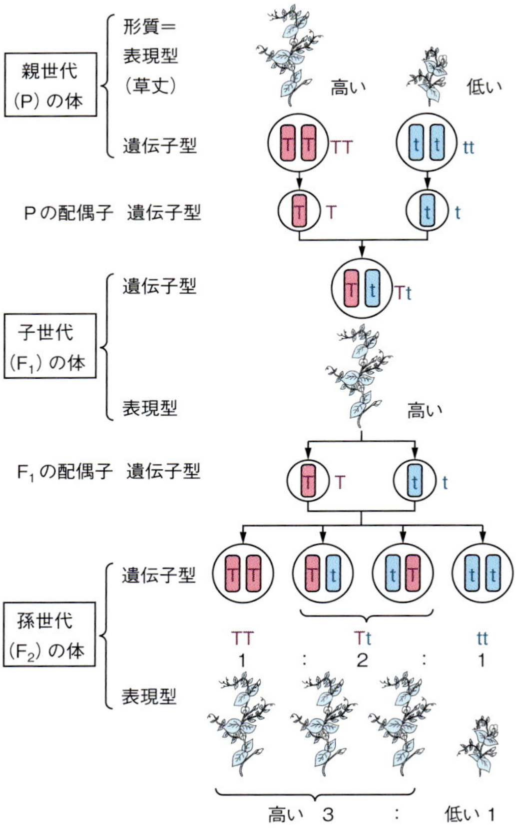

図 4-1-1　エンドウの草丈の遺伝

するものを**遺伝子産物**†という。

遺伝子；構造の一次元性

タンパク質遺伝子では，二本鎖DNAの片方の鎖の5′末端から3′末端（1・5節）に向かう塩基配列が，ポリペプチドのN末端からC末端に向かうアミノ酸配列と順に対応し決定づけている。この関係を，遺伝子がタンパク質を**コード**（code）しているという。このように，遺伝子はDNAの鎖状構造に対応して染色体上に一次元的に並んでいる上，各遺伝子の内部構造（塩基配列）もタンパク質の一次構造（アミノ酸配列）に対応しているわけであり，遺伝情報は二重の意味で一次元的である。

DNAの二本鎖は逆平行なので（図1-5-2），異なる鎖に載っている遺伝子の方向は逆である。それぞれの鎖の5′方向を**上流**（upstream），3′方向を**下流**（down stream）という。

原核生物では，関連する複数の遺伝子が前後にまとまって存在することが多い。たとえば多量体タンパク質のサブユニット群や，代謝経路の一連の酵素群の遺伝子が集合している。このような遺伝子クラスター（gene cluster）は，その上流にある非コード領域で共通に制御されている。このような**調節領域**（regulatory region）と遺伝子群とのまとまりを**オペロン**（operon）という。

遺伝子；機能のシステム性

遺伝子は単独ではたらけず，細胞という場で多数の遺伝子の協力によって機能する。たとえば**ヘモグロビン**の生合成には，2種類のポリペプチド鎖をコードする2つの遺伝子のほかにも，**補欠分子族**であるヘム（p. 34側注）を合成するための多数の酵素の遺伝子も必要である。またポリペプチド鎖の合成にはそもそも多数の分子装置が必要であり（4・4節参照），それらの分子もそれぞれの遺伝子がコードしている。

生物の中で最も単純な単細胞原核生物でさえ，生きていくためには数百以上の遺伝子が必要である。細胞という複雑なシステムの中でそれらが互いに補完し合いながら機能している。生物の形質のほとんどは，多くの遺伝子や**環境因子**が関わり，その影響は複雑である。メンデルによるエンドウの交雑実験では，花色や草丈，**豆の形状**†などの形質がそれぞれ単一の遺伝子座で決まるかのように見えるが，これは利用する株や着目する形質を巧みに選んで設定した希有な実験の例である。

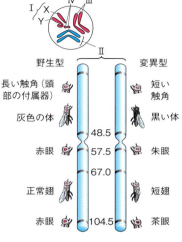

図 4-1-2　ショウジョウバエ第Ⅱ染色体上の対立遺伝子

† **遺伝子産物**（gene product）；複数種のサブユニットからなるタンパク質の場合，1つの遺伝子は1つのサブユニットを規定する。たとえばヘモグロビン（1・4節）のα鎖とβ鎖はそれぞれ別の遺伝子でコードされる。またrRNA（2・2節）やtRNA（4・4節）はmRNAではないのでタンパク質に翻訳はされない（4章扉の図）。翻訳される前者のような遺伝子をタンパク質遺伝子，最終産物がRNA分子である後者のような遺伝子をRNA遺伝子とよんで区別する。

† **豆の形状**；エンドウ豆を丸形にする遺伝子（R）は，種子で単糖からデンプンを合成するのに必要な酵素をコードする。この遺伝子が欠損した株（rr）では種子に糖が蓄積して浸透圧が高まる結果，水分を吸収して膨張するため，乾燥すると収縮してしわ形になる。これに対し，この遺伝子が正常な株（RRあるいはRr）では種子が余分な水分を吸収しないため，乾燥時にも収縮せず丸形を保つ。しかし天然状態では，豆の形状には他の多くの遺伝子も関係している。またこのデンプン合成の酵素遺伝子は，豆の形状以外にも影響を与える。

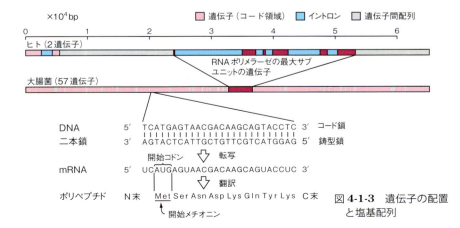

図 4-1-3　遺伝子の配置と塩基配列

4・2 複製

本章の扉の模式図は，分子生物学の中心教義（central dogma）とよばれる。円環は **DNA** の複製である。細胞の二分裂のたび DNA が複製され，同一の**遺伝情報**が染色体に載って 2 つの細胞に渡される。生物の遺伝も，受精卵の多細胞化も，この DNA 複製のおかげでおこる。

複製の基本

DNA の**複製**（replication）の基本原則は，DNA の二本鎖構造そのものに暗示されている（1・5 節）。塩基対は常に A-T か G-C の組み合わせなので，片方の鎖の塩基配列だけわかれば他方の鎖の塩基配列は完全に決まる。したがって**二重らせん**構造がほぐれて**鋳型**（template）となり，この 2 つの鋳型に対して**相補的**なヌクレオチドを当てがって重合させれば，同一構造の二本鎖 DNA が 2 本でき上がる。この 2 つの DNA 娘分子はいずれも，片方の鎖が親分子からそのまま引き継がれ，他方の鎖が新しく作られている。すなわち DNA の複製は**半保存的**（semiconservative）である。

ヒトの細胞には 60 億 bp の DNA が含まれており，細胞分裂の数時間の **S 期**（2・5 節）にすべてが正しくコピーされる。すばらしい速度と精度である。しかし細菌の DNA 鎖の伸長速度が約 500 bp/s なのに比べ，ヒトでは約 50 bp/s と遅い。真核生物の各染色体には数百から数千の**複製起点**（replication origin）が存在し，そこから同時並行で両方向に進むことによって，長い DNA 鎖の完成を大幅に早めている（カフェ・アリス 4，問 4）。

複製の分子機構

DNA の複製では **DNA ポリメラーゼ**（DNA polymerase）が中心的役割をはたす（図 4-2-1）。この酵素は**鋳型鎖**に結合し，その各塩基に相補的な dNTP からピロリン酸（PP_i）を遊離すると同時に，残り 1 つのリン酸残基を新しい DNA 鎖の 3′ 末端の水酸基（-OH）にエステル結合させる。このピロリン酸の遊離と，その後さらに正リン酸（P_i）2 分子に分解する反応が，この重合反応を駆動する。

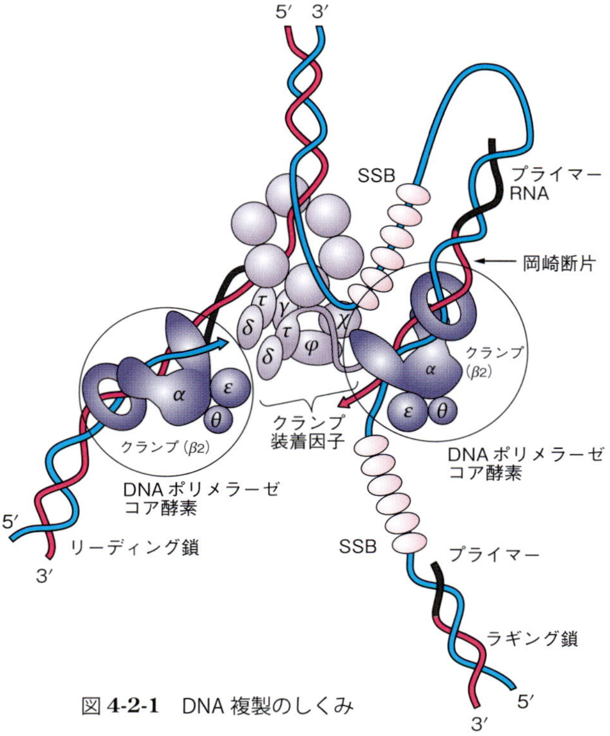

DNA ポリメラーゼは単独でもこの重合反応を触媒でき，**インビトロ**[†]の遺伝子工学などにも応用されるが，**インビボ**[†]の反応には **10 個以上のタンパク質**[†]が参加している。

イニシエーター（initiator）は染色体 DNA の複製起点を特異的に認識する。ヘリカーゼ（helicase）はそこに結合して二重らせんを巻き戻し，2 本の鎖を分離する。二股に分かれた Y 字型の領域を**複製フォーク**（replication fork）という。二重らせんの巻き戻しで高まったひずみはトポイソメラーゼ（topoisomerase）が緩和する。鎖の分離状態は**一本鎖 DNA 結合タンパク質**（single-strand binding protein, SSB）が安定化する。

[†] **インビトロ**（*in vitro*）と**インビボ**（*in vivo*）；*in vitro* はガラス容器内で，*in vivo* は生体内で，を意味するラテン語。酵素反応など本来は生物学的な過程や現象が，試験管内の水溶液など人工的な状況でおこるか，天然の細胞や生物体内でおこるかを区別する一対の語句。ガラス工芸のビードロは vitro と同根のオランダ語 vidro に由来し，スペイン語のはやし言葉 viva（ビバ！）や英語の形容詞 vivid（生き生きした）も vivo を語源とする。

図 4-2-1 DNA 複製のしくみ

DNA は 5′→3′ 方向にのみ伸長するので，複製フォークと同じ向きに伸長する鎖は連続的に伸びていくが，他方の鎖は短い断片ごとに合成され，その後連結される。前者を**リーディング鎖**（leading strand），後者を**ラギング鎖**（lagging strand）とよぶ。後者の断片を日本人発見者にちなんで**岡崎断片**（Okazaki fragment）という。

　DNA ポリメラーゼは，鎖の延長はできるが重合の開始はできない。きっかけとなるオリゴヌクレオチドが前もって存在する必要があり，それを**プライマー**（primer）とよぶ。ポリメラーゼ反応に先行して，プライマーゼ（primase）という別の酵素が合成する。岡崎断片の伸長の最終段階では，1 つ前の岡崎断片の RNA プライマーを削りながら DNA に置き換えていく。最後に **DNA リガーゼ**（DNA ligase）が断片どうしを結合して，DNA 鎖を完成する。

校正と修復

　DNA を化学的に合成する技術が進歩し遺伝子工学に頻用されているが，鎖を 1 残基分伸長する反応のカップリング効率は現在でも 99％程度であり，100〜200 塩基を超える長さの正確な合成は難しい。しかし細胞における DNA ポリメラーゼ反応の複製ミスはその 1/1000 であり，約 100 kb に 1 つの割合に過ぎない。

　しかも DNA ポリメラーゼには校正（proofreading）機能がある。3′ 端に不正確な残基を結合してもすぐにそれを感知して除去し，付加反応をやり直す。これでミスはさらに 1/100 に減る。さらにこの校正を逃れた間違いを正すミスマッチ修復（mismatch repair）というしくみもある。塩基対の不整合でおこる DNA 二重らせん構造の乱れを発見し，特殊な酵素が正しい残基に置き換える。これらのしくみにより，完成した DNA の複製ミスは 1 Gb に 1 個の割合に抑えられる。

　ミスは複製時におこるだけではない。環境中の**電離放射線**や**変異原物質**および細胞中で自然発生する高反応性の化学物質も変異を誘発する（9・2 節参照）。遺伝情報の正確な伝達は生物の生存に非常に重要なため，このほかにも多数の修復機構を備えている。**大腸菌**では約 100 個，ヒトでは約 130 個の DNA 修復酵素が同定されている。結果として，ヒトは 1 世代あたり子に受け渡す変異は約 60 bp であることが，個人ゲノム解析データの蓄積から見積もられている。

　次節からは遺伝子発現（転写と翻訳）に移る（図 4-2-2）。

†**10 個以上のタンパク質**；これら多数のタンパク質は 1 つの大きな複合体としてはたらく。模式的には，電車のようにポリメラーゼが DNA 鎖のレールを滑走しながらはたらくイメージで描かれやすいが，実際にはむしろこの複合体が固定されており，親 DNA 鎖をたぐり寄せながら娘 DNA 鎖を押し出していくらしい。

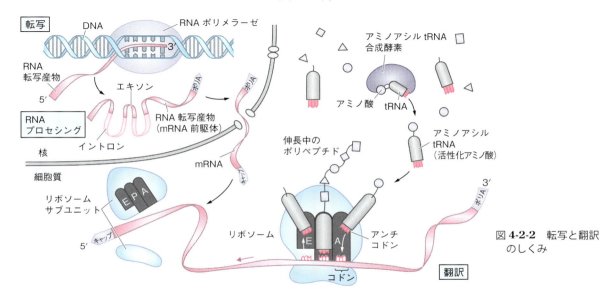

図 4-2-2　転写と翻訳のしくみ

4・3 転写

転写と翻訳

遺伝子はおもにタンパク質の合成を介して機能を発揮する。これをゲノム情報の**発現**[†]という。発現の過程は核の中での**転写**（transcription）と細胞質での**翻訳**（translation）の2段階からなる（図 4-2-2）。ただしミトコンドリアや原核生物では転写と翻訳が同じ区画（それぞれマトリクスと細胞質）で行われる。転写は，遺伝子 DNA の塩基配列に正確に対応した配列の RNA を生合成する段階である。ただし DNA の T（チミン）は RNA で U（ウラシル）にあたる。代表的な RNA には，タンパク質のアミノ酸配列を指定する**伝令 RNA**（messenger RNA，**mRNA**）・リボソーム RNA（**rRNA**，2・2節）・**転移 RNA**（transfer RNA，**tRNA**，次節）がある。

RNA ポリメラーゼとプロモーター

転写で中心的にはたらく酵素は **RNA ポリメラーゼ**（RNA polymerase）である。この酵素は DNA の二本鎖をこじ開けて，片方の鎖を**鋳型**（4・2節）として対合するリボヌクレオチドを順次重合していく（図 4-3-1）。この酵素も DNA ポリメラーゼと同じく 5′→3′ 方向にしか連結できないが，プライマーが不要ではじめから重合できる点が異なる。原核生物では通常 RNA ポリメラーゼは1種類のみであり，すべての RNA を転写する。真核生物には RNA ポリメラーゼⅠ，Ⅱ，Ⅲの3種があり，Ⅰは rRNA，Ⅱは mRNA，Ⅲは tRNA その他を転写する。

転写の過程は開始（initiation）・伸長（elongation）・終結（termination）の3段階からなる。遺伝子の上流と下流にはそれぞれ転写の開始と終結の目印となる配列があり，前者を**プロモーター**（promoter），後者を原核生物では**ターミネーター**（terminator）とよぶ。プロモーターは一般に，実際に転写される配列の最上流ヌクレオチド残基である転写開始点とその上流数十残基までを含み，RNA ポリメラーゼが結合する。プロモーターの中でとくに重要な配列に**タターボックス**[†]（**TATA box**）がある。

開始・伸長・終結

原核生物ではポリメラーゼ単独で転写がおこるのが基本で，調節は**リプレッサー**（次項）がそれを妨げることによってなされる。ポリメラーゼは DNA に沿って移動しながら RNA 鎖を伸長する。DNA の**二重らせん**は巻き戻されて一度に10～20残基が露出する。遺伝子ではない反対側の鎖を鋳型とし，それと正確に対合するリボヌクレオチドが順次 3′ 端に付加されていく。その結果，遺伝子と同じ配列の RNA 鎖ができる。RNA 鎖は鋳型 DNA から引きはがされ，DNA 二重らせんは復活する。**真核生物**では約60残基/s の速さで伸長する。複数のポリメラーゼが1つの遺伝子を同時に多数転写することもできる。

終結のしくみは原核生物と真核生物とで異なる。原核生物のターミネーターはコード領域の下流にあり，数残基のループ配

[†] **発現**（expression）；生殖細胞とは違い直接遺伝に関わらない体細胞でも，生殖の機会を失った個体の体内でも遺伝子の発現はおこる。そういう意味では，遺伝子や遺伝情報という訳語は，gene や genetic information のもつ二面性の一方に偏った用語になっている。Gene には「生成子」など別の訳語がふさわしいし，いわゆる「遺伝情報」は通常「ゲノム情報」とよぶべきだろう。

[†] **タターボックス**（TATA box）；真核生物や古細菌では転写開始点の約25残基上流にある TATAAAAG あるいはこれに類する配列で，ホグネスボックス（Hogness box）ともよばれる。原核生物では開始点の約10残基上流にある TATAATG あるいはこれに近い配列で，プリブナウボックス（Pribnow box）とか −10領域ともよばれる。

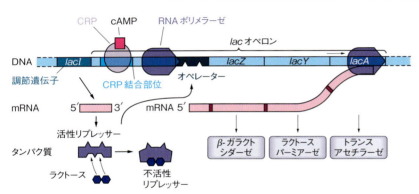

図 4-3-1 *lac* オペロンの正と負の制御 文献2) を参考に作図

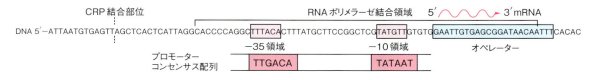

図 4-3-2　*lac* プロモーターの構造

列をはさんだ逆方向反復配列を含む。これが転写されると分子内で対合してヘアピン型のステムループ構造をとる。これをきっかけにポリメラーゼが DNA から解離して転写が終結する。一方真核生物では，mRNA 前駆体の下流域にポリ A 付加シグナルとよばれる配列 AAUAAA がある。RNA ポリメラーゼ II がまだ DNA を転写しているうちに，別のタンパク質がこのシグナルの 10 〜 35 残基下流で RNA 鎖を切断し，その下流にポリ A が付加される。

転写調節

発現の**調節**[†]は転写時・転写後・翻訳時・翻訳後など様々な段階でなされるが（4・5節，10・3節），そのうち転写調節が最も多い。原核生物ではおもに**オペロン**（operon, 4・1節）単位で調節される。**大腸菌**では**ラクトース**（Lac）の代謝に必要な 3 つの遺伝子が *lac* オペロンをなす（図 4-3-1, 2）。培地に Lac が含まれないときには，*lac* プロモーターの一部のオペレーターに *lac* **リプレッサー**（repressor，抑制因子）が結合して転写を妨げる。しかし培地に Lac があると，これがリプレッサーに結合してオペレーターから解離する結果，ポリメラーゼが結合して転写が始まる。その結果発現したタンパク質すなわち β-ガラクトシダーゼなどで Lac が代謝される。

トリプトファン（Trp）の合成に必要な 5 つの遺伝子も *trp* オペロンをなす（図 4-3-3）。*trp* リプレッサーは *lac* リプレッサーとは逆に単独では不活性で，Trp のある時だけオペレーターに結合して Trp 合成が抑制される。すなわち *lac* オペロンは，リプレッサーによる負の制御を Lac という**インデューサー**（inducer）が解除する誘導性オペロン（inducible o.）であるのに対し，*trp* オペロンは，Trp という**コリプレッサー**（corepressor）がリプレッサーによる負の制御を活性化する抑制性オペロン（repressive o.）である。

lac オペロンはリプレッサーによる負の制御（negative control）のほかに，カタボライト活性化タンパク質（catabolite activator protein，略して CAP）による正の制御（positive c.）も受けている。ただしこの CAP による正の制御は，**cAMP**[†]という信号物質が結合しているときに限られる。培地に**グルコース**（Glc）があると，大腸菌では細胞内の cAMP が減るため，*lac* オペロンの転写は低く抑えられる。これは，培地に Lac と Glc がともにあるときは Glc が優先的に利用されるしくみになっている。

> [†] **調節**（regulation）；環境条件や生理的状態によって制御されることを調節的（regulatory）というのに対し，常に一定の水準で発現することを構成的（constitutive）という。構成的遺伝子には，アクチンなど構造タンパク質やエネルギー代謝系の酵素などハウスキーピングタンパク質（housekeeping protein）の遺伝子がある。

> [†] **cAMP**（cyclic adenosine 3′, 5′-monophosphate，環状 AMP）；分子内のリン酸基が環状構造をとる特殊なモノヌクレオチド（1・5節）。大腸菌に限らずヒトを含む幅広い生物で，細胞内の信号物質として種々の機能を調節する。7・2節で詳述。

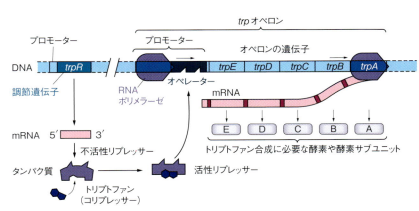

図 4-3-3　*trp* オペロンの負の制御　文献 2）を参考に作図

4·4 翻 訳

遺伝暗号

RNAのうちmRNAの塩基配列にもとづいて**ポリペプチドを生合成する過程を翻訳**（translation）という。翻訳は，4つの**ヌクレオチド**文字でつづられた「核酸語」を20のアミノ酸文字で書かれた「タンパク語」に変換する過程である（カフェオレ⑧参照）。翻訳の辞書はコドン表にまとめられている（図4-4-1）。この表はmRNAについて示されているが，UをTに置き換えれば遺伝子DNAのコドン表になる。

核酸の塩基3つでアミノ酸1つを指定する。この3連塩基（triplet，**トリプレット**）を**コドン**（codon）という。コドンは $4^3 = 64$ 種ある。このうち3つは翻訳の終結を指定する**終止コドン**（stop codon）である。残り61種で20種の**アミノ酸**を指定するので，複数のコドンが1つのアミノ酸に対応するという冗長性（redundancy）がある。とくにコドンの最初の2塩基が同一なら3つめがいずれの塩基でも同じアミノ酸を指定することが多い。メチオニン（Met）に対応するコドンAUGは，翻訳の始まりを示す**開始コドン**（start codon）でもある。核酸分子には3文字ごとに区切りはないので，読み始める文字を間違えると**読み枠**†がずれてしまう（図9-2-1参照）。

遺伝暗号†は細菌からヒトまで広く共通である。しかし同義コドンのどれが主に使用されるか（codon usage）は生物によって大きく異なる。

tRNA

mRNAの意味の解釈はtRNA（**転移RNA**，前節）が行う。tRNAは80残基の短い一本鎖RNAからなる。逆方向反復配列が分子内で3か所対合して3つ葉のクローバ形の二次構造をとり，さらに折りたたまれて小さなL字形の三次構造をなす（図4-4-2）。L字の一端が3′端に当たり，その水酸基にはアミノ酸のαカルボキシ基がエステル結合して，アミノアシルtRNA（aminoacyl tRNA，略してaa-tRNA）となる。L字の他端には，mRNAのコドンに相補的な**アンチコドン**（anticodon）がある。

tRNAの種類は61でも20でもなく，その中間の約45である。すなわち2つ以上のコドンに結合できるtRNAが存在する。mRNAのコドンとtRNAのアンチコドンの対合規則は，DNAとmRNAの対合規則ほど厳密ではない。たとえばtRNAのアンチコドンの5′端がU残基だと，コドンの3′端（第3塩基）がAでもGでも結合する。このゆるみを**ゆらぎ**（wobble）という。

tRNAの両端に位置するアンチコドンとアミノ酸は，直接には相互作用しない。両者の正しい対応はaa-tRNA合成酵素（aa-tRNA synthetase）が認識して結合させる。この合成酵素は20種類あり，それぞれ特定のアミノ酸に対応する数種類のtRNAのすべてを認識する。この酵素はaa-tRNAを合成する際，1分子の**ATP**を加水分解する。できたaa-tRNAは，後にポリペプチド鎖にaaを渡して伸長させる際にはもはやATPを要しないので，別名 活性化アミノ酸ともよばれる。

したがって**ゲノム**情報の正しい翻訳には，2段階の認識過程がはたらくことになる。第1段階はaa-tRNA合成酵素によるアミノ酸とアンチコドンの対応づけであり，第2段階はtRNAのアンチコドンとmRNAのコドンの塩基対形成である。

---

†**読み枠**
（reading frame）；読み枠がずれると，たとえば "The big cat ate the red rat." が "heb igc ata tet her edr" と意味不明になってしまう。意味のない読み枠では平均21個めで終止コドンがあらわれ，翻訳自体も終了する。なお，読み枠が不明な塩基配列が与えられた場合，mRNAでは3通りの読み枠の可能性があり，二本鎖DNAには6つの可能性がある。

†**遺伝暗号**
（genetic code）；暗号の普遍性は生命の起源が単一であることと進化が保守的なことを示す。このことはまた，ヒトのペプチドホルモンを医薬品として大腸菌に生産させるなど，遺伝子工学技術にも利用される。しかしコドンの使用頻度が極端に低いときには，その意味は比較的変わりやすいと考えられる。事実，ゲノムサイズの小さなミトコンドリアや細菌のマイコプラズマには異質な対応関係もある（図4-4-1）。

図4-4-1 コドン表
　赤字の4つのコドンは，哺乳類のミトコンドリアでは下の赤字のアミノ酸（か終止）を指定。

AAA, AAG	Lys	CAA, CAG	Gln	GAA, GAG	Glu	UAA, UAG	終止
AAC, AAU	Asn	CAC, CAU	His	GAC, GAU	Asp	UAC, UAU	Tyr
ACA, ACG, ACC, ACU	Thr	CCA, CCG, CCC, CCU	Pro	GCA, GCG, GCC, GCU	Ala	UCA, UCG, UCC, UCU	Ser
AGA	Arg	CGA, CGG		GGA, GGG		UGA	終止 / Trp
AGG	終止	CGC, CGU	Arg	GGC, GGU	Gly	UGG	Trp
AGC, AGU	Ser					UGC, UGU	Cys
AUA	Ile / Met	CUA, CUG, CUC, CUU	Leu	GUA, GUG, GUC, GUU	Val	UUA, UUG	Leu
AUG	Met					UUC, UUU	Phe
AUC, AUU	Ile						

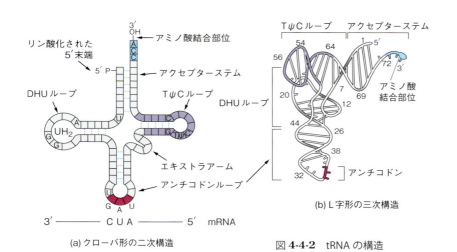

図 4-4-2　tRNA の構造

† 開始因子（initiation factor, IF），伸長因子（elongation f., EF），終結因子（termination f., 解離因子 release f., RF）；いずれも翻訳の各段階を助けるタンパク質。それぞれ複数の種類がある。細胞内信号伝達ではたらく G タンパク質（7・2 節）と同じく GTP の加水分解活性があり，GTP 結合型と GDP 結合型の間で高次構造を変えながらはたらく。終結因子はタンパク質でありながら tRNA の立体構造をまねる **分子擬態**（molecular mimicry）にもとづいて機能する。

翻訳のしくみ

翻訳は転写と同じく，開始・伸長・終結の 3 段階でおこる。翻訳は **リボソーム** という舞台で，mRNA と tRNA が主役になって進行する。

翻訳はまずリボソームの **小サブユニット**（2・2 節）が mRNA と開始 Met-tRNA を結合することで開始される（図 4-4-3）。小サブユニットが mRNA に沿って下流に移動し開始 AUG コドンに達すると，開始 tRNA のアンチコドンはこの AUG と水素結合する。そこにリボソームの大サブユニットが結合して，翻訳開始複合体が完成する。この集合に **開始因子**† が必要である。はじめリボソームの A 部位に結合していた開始 tRNA は P 部位に移動する。

空になった A 部位には第 2 の aa-tRNA が入り込む。P 部位のアミノ酸残基は tRNA から切り離され，そのカルボニル基が A 部位の新しい aa-tRNA のアミノ基に転移されて，ペプチジル tRNA（peptidyl tRNA）が形成される。すなわちリボソームはペプチジルトランスフェラーゼ（peptidyl transferase）活性を発揮する。リボソームが mRNA に沿って 1 コドン分だけ移動すると，ペプチジル tRNA は P 部位に転送され，空の tRNA は E 部位から離れる。空になった A 部位に第 3 の aa-tRNA が入り込み，この段落に書いた反応がくり返される。こうしてペプチド鎖は次々に伸長する。これらの過程に数個の **伸長因子**† が参加する。

リボソームが移動をくり返して，最後に終止コドンが A 部位に到達すると，もはや aa-tRNA は適合せず，代わりに **終結因子**† が結合する。終結因子は伸長中のポリペプチド鎖に，アミノ酸の代わりに水分子を付加するため，伸長は終わり，ポリペプチドは tRNA から解離され，大サブユニットの搬出トンネルを通って放出される。

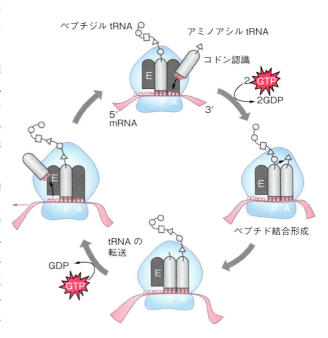

図 4-4-3　翻訳の伸長段階

4・5 転写後調節と翻訳後の運命

転写後修飾

原核生物では転写産物がそのまま mRNA としてはたらくが，**真核生物**の mRNA 前駆体は，核内で 3 つの修飾を受けて**成熟**（maturation）する（図 4-5-1）。第 1 に 5′末端には，特別なグアニン（G）ヌクレオチドが付加され **5′キャップ**（5′ cap）が形成される。第 2 に 3′末端には，50〜250 残基のアデニン（A）ヌクレオチドが付加され，**ポリ A テール**（poly-A tail）が形成される。最も大規模な第 3 の修飾は，イントロンの切り出しであり，**RNA スプライシング**（RNA splicing）とよばれる。

真核生物の遺伝子では，アミノ酸配列に対応する**翻訳領域**（translated region）がアミノ酸配列に対応していない**非翻訳領域**（untranslated r., UTR）で分断されている。その非翻訳領域を**イントロン**（intron）とよび，これをも含む全域を 1 遺伝子とする。細菌にはイントロンがない。イントロン以外でスプライシング後に残って核外に出て行く領域を**エキソン**（exon）とよぶ。エキソンは翻訳領域が主だが，その上流と下流の非翻訳領域，5′UTR と 3′UTR も含む。mRNA 前駆体の平均長は約 8000 残基だが，スプライシングによって数分の一に短縮される。

スプライシングは，リボソームと大きさが同程度で RNA とタンパク質からなる**スプライソーム**（spliceosome）によって行われる。核には核内低分子 RNA（small nuclear RNA, snRNA）とよばれる 100〜300 残基長の RNA が大量に存在するが，その一部は特定のタンパク質と結合して核内低分子リボ核タンパク質（small nuclear ribonucleoprotein, snRNP）を形成し，さらに会合してスプライソームとなる。この構造体はイントロンの両端の短い信号配列を認識し，スプライシングを行う。

イントロンとスプライシングの利点は，エキソンの組み合わせを変えることによって，1 つの遺伝子から複数種の**ポリペプチド**を生み出せることである。たとえば 5 つのエキソンを含む場合，発生段階や組織の種類によって，1-3-5 とか 1-2-4 の組み合わせの mRNA を成熟させうる。これを**選択的スプライシング**（alternative splicing）という。

また進化の上で新しい遺伝子を出現させるのにも有利である。タンパク質の構造的機能的単位である**ドメイン**[†]などは，個々別々のエキソンにコードされていることが多い。複数の遺伝子がランダムに**エキソンシャフリング**（exon shuffling）やドメインシャフリング（domain s.）で組み換わって新しい遺伝子ができる場合，イントロンが長いとエキソン（ドメイン）がうまく分断を逃れる確率が高い。

翻訳後修飾

ポリペプチド鎖は，翻訳過程の伸長中に，折りたたみ（folding）も始まる。リボヌクレアーゼ A を用いた**インビトロ**（p. 46 側注）の実験で，ポリペプチド鎖は

[†] **ドメイン**（domain）；分子量の大きなタンパク質は多くの場合，50〜200 程度のアミノ酸残基ごとのコンパクトな構造的・機能的単位からなり，これを**ドメイン**とよぶ。タンパク質の立体構造の変化（**コンホメーション変化**）では，各ドメインは一体としてふるまいドメイン間の相互配置が変わることが多い。またタンパク質の機能はドメイン間の境界面で営まれることが多い。このドメインや，より小さな 20〜40 残基の**モジュール**（module）の単位がしばしばエキソンに対応する。

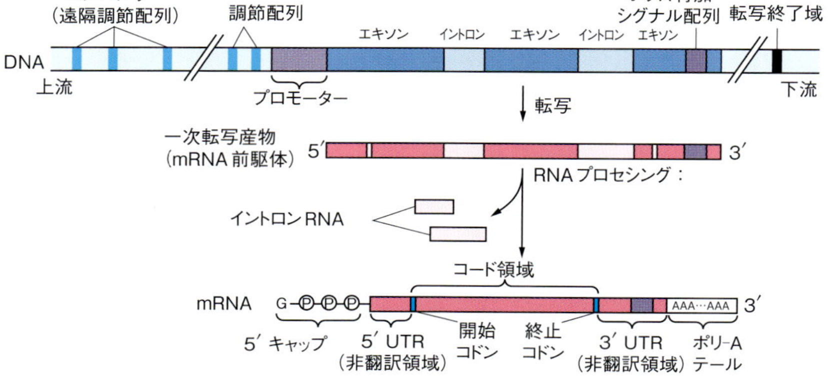

図 4-5-1　転写後修飾（真核生物）

自発的に正常に折りたたまれる。このことから，タンパク質の立体構造は一般に，一次構造だけで決められると考えられた。しかし実際の細胞内では，**分子シャペロン**（molecular chaperone）というタンパク質が折りたたみを助けることが多い。この援助には

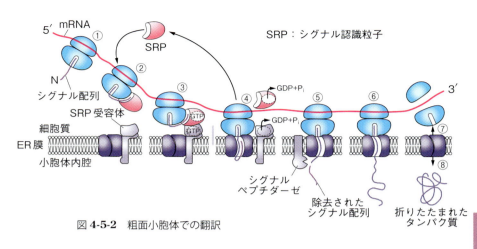

図 4-5-2　粗面小胞体での翻訳

ATP の加水分解が必要である。ただし翻訳過程で必要な GTP など **NTP**[†] の量に比べれば 10 分の 1 程度である。

　タンパク質の翻訳後（posttranslational）にはさらに，糖鎖や脂質・リン酸基の付加や，ポリペプチド鎖の切断・末端のオリゴペプチドの除去・ジスルフィド結合の形成・補欠分子族の結合などの修飾がほどこされて成熟する場合が多い。

タンパク質の運命

　真核細胞は多くの区画に分割されているので，合成されたタンパク質が特定の機能を果たすためには，それぞれふさわしい場所に移動し局在化（localization）する必要がある（2・2 節）。

　膜タンパク質や分泌タンパク質の N 末端には，約 20 残基の**シグナル配列**（signal peptide）がある。その部分が翻訳されると，遊離型リボソームも小胞体へ運ばれ結合型になる（図 4-5-2）。伸長を続けるポリペプチド鎖は小胞体膜に入り込み，シグナル配列はシグナルペプチダーゼによって除去される。合成されたポリペプチドが**水溶性**タンパク質なら内腔に遊離され，内在性膜タンパク質なら**疎水性**部分が膜に埋め込まれたままとどまる。

　内膜系の**細胞内トラフィック**（2・2 節）のうち，外向きの輸送で輸送小胞が細胞膜に融合すると，**開口放出**（exocytosis）により水溶性タンパク質は分泌され，膜タンパク質は細胞膜に移行する。ポリペプチド鎖には，N 末端のシグナル配列の他 C 末端や内部にも，核やミトコンドリアなどの行く先を示す荷札のような特異的配列がある。なお，他方の内向き輸送では，細胞外の栄養物や**病原体**が**飲食作用**（endocytosis）によって取り込まれて**リソソーム**で分解処理される。この飲食作用は，液体や栄養素を取り込む**飲作用**（pinocytosis）と病原菌などの構造体を取り込む**食作用**（phagocytosis）とに分けられる。

[†] **NTP**；ATP，TTP，GTP，CTP などヌクレオシド三リン酸の総称の略号。同様に，NDP はヌクレオシド二リン酸，dNMP はデオキシヌクレオシド一リン酸のこと。1・5 節参照。

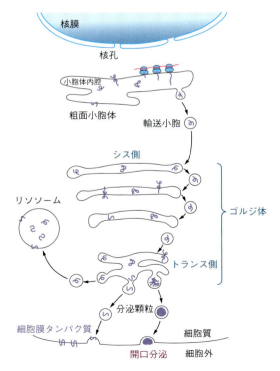

図 4-5-3　細胞内トラフィックによるタンパク質の移送

 **遺伝子は計算しないとわからない**

生物の遺伝情報の多様性は，核酸分子の塩基配列とタンパク質分子のアミノ酸配列の多様性に支えられている。

問1　タンパク質のアミノ酸配列　300個のアミノ酸残基からなるポリペプチドは，何種類の一次構造が考えられるか。N末端からC末端までどの位置も，20種類いずれのアミノ酸でもありうると仮定する。また，それぞれが1分子ずつ存在する場合，合計重量はどれくらいになるか。

解答例　N末端のアミノ酸は20通りあり，2番目のアミノ酸も20通りあり得るので，
（ポリペプチドの種類）＝ 20^{300} ＝ 2.04×10^{390}　　　　　　　答，2.04×10^{390} 種類

また，アミノ酸残基の平均残基量（分子量）は約110なので，このポリペプチドの平均分子量は $110 \times 300 = 33{,}000$ である。したがって，
（合計重量）＝（1分子の重量）×（分子数）＝（分子量）/ N_A ×（分子数）
　　　　　　＝ $(3.30 \times 10^4 / 6.02 \times 10^{23})$ g × 2.04×10^{390} ＝ $(3.30 \times 2.04 / 6.02) \times 10^{4-23+390}$ g
　　　　　　＝ 1.12×10^{371} g　　　　　　　　答，1.12×10^{371} g

地球の質量は 5.97×10^{27} g，太陽が 1.99×10^{33} g，全宇宙でも 10^{56} g くらいとされているので，想像もつかないべらぼうな重量になる。現実に存在するタンパク質の種類は，このように計算される潜在的な多様性のごく一部である。

同様の計算問題を作って自分で計算してみよう。4種類のヌクレオチドからなる核酸や遺伝子の塩基配列でもよい。たとえば 3×10^9 bp のヒトゲノムと同じサイズのゲノムは，何通りの配列がありうるか。ここで bp は base pair（塩基対）の略で，DNA（二本鎖の核酸）の長さの単位（p.11側注）。なお，塩基対を作らない一本鎖RNAなどは，nt（nucleotide の略）を長さの単位とする（p.133側注）。

問2　オリゴヌクレオチドの塩基配列　遺伝子工学では数十残基の長さのオリゴヌクレオチドが多用されるため，任意の配列を設計して注文すれば数日のうちに納入される受注販売が広く行われている。さて，のぼる君は新しいベンチャー企業をおこし，あらゆる配列の20merのオリゴヌクレオチドをあらかじめそろえておき，受注後即座に発送することで，迅速に顧客を満足させる新規事業を始めることにした。1ページに100個の製品を掲載したカタログを作ると，何ページになるか。

なお，"-mer"（マー）は「量体」を表す接尾辞。サブユニット（ポリペプチド）4つからなるタンパク質は四量体で tetramer（p.9），アミノ酸残基20個からなるオリゴペプチドは二十量体で icosamer あるいは eicosamer だが，後者のように数が多くなると "20mer" のように算用数字を用いることが多い。

解答例　（ページ数）＝（オリゴヌクレオチドの種類）/ 100 ＝ 4^{20} / 100 ＝ 1.10×10^{12} / 100
　　　　　　　　＝ 1.10×10^{10}
110億ページという計算になる。受注生産の方が良さそうである。

問3　ゲノムDNAの切断　遺伝子工学ではまた，DNA分子の特定の配列の部分を認識して切断する**制限酵素**（restriction enzyme）という酵素がよく用いられる。さて，5′ GGATCC 3′ という6塩基配列を認識してそのDNA鎖を切断する制限酵素 *Bam*HI によって，大腸菌の環状ゲノムDNAを処理すると，

平均長いくらの断片が何本生じるか。ただし，大腸菌ゲノムの長さは 4.64 Mb で，塩基配列はランダムだと仮定する。

解答例 DNA 分子の配列がランダムだと，GGATCC の配列が出現するのは 4^6 bp に 1 か所の割合である。したがって，（断片の平均長）＝ 4^6 bp ＝ 4096 bp。
（断片の本数）＝（DNA の全長）/（断片の平均長）＝ 4.64 Mb/4096 bp ＝ 4.64 × 10^6 ~~bp~~/4096 ~~bp~~
　　　　　　＝ 1.13 × 10^3
1130 本という計算になる。

このように切断した DNA 断片は，**ベクター**とよばれる複製装置（これも DNA 分子）につないで特定の遺伝子を探し出す母集団にしたり，細胞に導入して細胞の遺伝的形質を変化させたり（形質転換）して利用される。

さて，DNA 複製にはたらく DNA ポリメラーゼや，転写にはたらく RNA ポリメラーゼは，鋳型 DNA 分子に沿って滑りながら重合反応を行う。

問 4　ポリメラーゼの反応速度　ヒトの 1 番染色体は 279 Mb の長さである。複製起点が 80 か所あり，S 期の 10 時間でちょうど複製が完了すると仮定するなら，その DNA ポリメラーゼの重合速度は何 bp・s^{-1} か。リーディング鎖の連続的な重合反応に着目して計算せよ。

解答例　それぞれの複製起点から両方向に重合が進むので，
（複製速度）＝（DNA の全長）/｛（複製起点の数）× 2 ×（複製時間）｝
　　　　＝ 279 × 10^6 bp / {80 × 2 × (60 s × 60 × 10)}
　　　　＝ 279 / (8 × 2 × 6 × 6) × 10^{6-4} bp/s ＝ 0.48 × 10^2 bp・s^{-1} ＝ 48 bp・s^{-1}

DNA 複製の速度は，哺乳類では約 50 bp・s^{-1}，大腸菌では約 500 bp・s^{-1} とされている。増殖に最適な培養条件で，大腸菌は 20 分ごとに 2 分裂する。大腸菌の環状 DNA には複製起点が 1 か所しかないことを考えると，細胞が分裂して娘細胞ができる前にすでに孫細胞やひ孫細胞の DNA も合成が始まっていることになる。大腸菌などの原核細胞は，S 期と M 期などと悠長なことは言っていられない，自転車操業の生物である。

問 5　ヒトゲノム DNA の長さ　ヒトの体細胞 1 個の核に含まれるゲノム DNA の総延長は何 mm か。ただし**ヒトゲノム**の塩基対数は 3.20 Gb とする（10・4 節参照）。

ヒント　真核生物の体細胞はゲノムを 2 セットもつ二倍体である（4・1 節）。二重らせん DNA 分子の，1 bp あたりの長さは 0.34 nm である（図 1-5-2）。

解答例　（体細胞核の DNA の長さ）＝（ゲノムの塩基対数）× 2 ×（塩基対あたりの長さ）
　　　　＝ 3.20 Gb × 2 × 0.34 nm・bp^{-1}
　　　　＝ 3.20 × 10^9 ~~bp~~ × 2 × 0.34 nm・~~bp^{-1}~~
　　　　＝ 3.20 × 2 × 0.34 × 10^9 nm ＝ 2.18 × 10^9 × 10^{-9} m
　　　　＝ 2.18 m ＝ 2.18 × 10^3 mm

目で見えない小さな細胞の核の中に，合計 2 m もある DNA が細かく折りたたまれて格納されている計算になる。

4章のまとめと問題

まとめ

1. **遺伝子の粒子性**：生物がもつ遺伝情報の基本セットをゲノムという。ゲノムの物質的実体はDNAである。生物種によって数百〜数万の遺伝子が含まれる。生物の遺伝的形質（表現型）は，環境の影響下に，その生物がもつ遺伝子の組み合わせ（遺伝子型）で規定される。両者の対応は複雑な場合が多い。

2. **遺伝子構造の一次元性**：生命現象の分子レベルの素過程の多くでは，タンパク質が中心的にはたらく。タンパク質の個性の基盤には，その一次構造（アミノ酸配列）がある。その配列は遺伝子DNAの塩基配列が規定している。

3. **複製**：DNAは，DNAポリメラーゼを中心とする多数のタンパク質によって複製され，細胞分裂に伴って娘細胞に渡される。同じ遺伝情報をもつ細胞の増殖は，生物の遺伝や多細胞生物の発生を可能にする。

4. **転写**：ゲノムDNAの塩基配列を写し取ってRNAを合成することを転写とよぶ。転写はRNAポリメラーゼが触媒する。RNAにはmRNA・rRNA・tRNA・その他がある。遺伝情報は転写と翻訳によって発現する。遺伝子発現の調節は，転写の段階と転写産物（RNA）の修飾の段階でおもに行われる。

5. **翻訳**：mRNAの塩基配列に従ってアミノ酸を重合しポリペプチドを合成することを翻訳とよぶ。塩基は4種，アミノ酸は20種ある。塩基3つの並び（コドン）がアミノ酸を指定する。アミノ酸はtRNAが運び，翻訳はリボソームの上で行われる。

6. **転写後**修飾；真核生物では，転写産物は3つの修飾を受けてmRNAが成熟する：5′末端へのキャップ構造の付加・3′末端へのポリAテールの付加・イントロンの切り出し（スプライシング）。選択的スプライシングによって，1つの遺伝子から複数の異なるポリペプチドを産生できる。

7. **翻訳後**の運命：合成されたタンパク質は，シグナルペプチドの切断・糖鎖の付加・ジスルフィド結合の形成・補欠分子族の結合など，様々な翻訳後修飾を受ける。また，細胞内外のふさわしい位置に輸送される。

8. **遺伝子機能のシステム性**：生命現象は，全体としてもその個々の素過程でも，多数のタンパク質などが協同する多くの段階を経て実現する。したがって遺伝子型と表現型の対応は複雑な場合がほとんどである。すべての生命現象のうち，単純なメンデルの法則が成り立つのは，選び抜かれた希有な典型的ケースのみである。

問題

1. ゲノムDNAを3〜4の領域に分類せよ。
2. DNA・RNA・タンパク質を合成する酵素の名称をそれぞれ挙げよ。また，単量体を正確な配列で重合できるしくみを，それぞれ簡潔に述べよ。
3. 単量体を重合させて多量体を合成する反応は一般に自発的には進行しないため，エネルギーで駆動する必要がある。DNA・RNA・タンパク質の生合成は，それぞれ何が駆動しているか。
4. DNAを複製する酵素は，一本鎖DNAを鋳型にし，重合反応は5′→3′方向にのみ進める。逆平行二重らせん構造のDNAをこの酵素が複製するとき，二本鎖がしっかり結合していることと，重合の方向が逆方向なことをどのようなしくみで克服しているか。
5. 細菌における転写調節の3様式について，それぞれ例を挙げてまとめよ。

遺伝子の多面性；**遺伝子**は多面的であり，粒子性・一次元性・システム性などを合わせもつ。量子が粒子性と波動性を兼ね備えていることに引き比べることもできるが，より複雑である。遺伝子と形質の関係が決定的であるか柔軟であるかも，取り上げる現象によって様々である。遺伝子を機械の設計図や料理のレシピ（作業手順書）になぞらえることもあるが，いずれもたとえに過ぎず，対応は限定的である。遺伝子をトータルに把握するには，本書の全体（とくに4章と10章）を理解するのが早道である。

5章 動物性器官
うごくしくみ

- 5·1 組織の種類 ☞ p.58
- 5·2 神経系 ☞ p.60
- 5·3 感覚系 ☞ p.62
- 5·4 細胞運動 ☞ p.64
- 5·5 運動系（筋肉 - 骨格系） ☞ p.66

　脊椎動物の身体は10ほどの器官系からなると見ることができます。そのうち5つはおもに外界と物質やエネルギーをやり取りする器官系です。そのような機能は植物にも基本的に備わっているので，**植物性器官**（vegetal organ）と総称されることがあります。ただし，その形やしくみは動物と植物では全然ちがっています。一方，大量の情報を外界から入力し，身体内で複雑に伝達・処理し，運動を出力する器官系は，動物の際立った特徴と考えられるので，**動物性器官**（animal organ）とまとめられます。このような身体の二区分は古代ギリシア以来の伝統があり，発生学の用語などにも反映されています。

　この章ではそのうち動物性器官を扱い，6章と7章の一部で植物性器官を学びます。おもに哺乳類全般に共通なしくみを学びますが，視細胞の種類など一部はヒトを含む狭い範囲にしか成り立たない記述も含まれています。

　動物性器官をヒト形ロボットにたとえるなら，感覚器がセンサーで脳は内蔵コンピュータでしょう。筋肉や分泌腺は，モーターや油圧装置などのアクチュエーターにあたるでしょう。

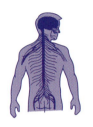

† 組織（tissue）；"tissue" という語は「織り」を意味するラテン語 textus に由来する。胃は4層の組織からなる。中心の内腔は粘膜という厚い上皮組織がおおい，消化液を分泌して化学的消化を行う。次の層は結合組織で，神経と血管も入り込む。その外は平滑筋（筋肉組織）の厚い層で，蠕動して物理的消化をする。最外層の漿膜は結合組織と上皮組織の薄い層である。

† 腹腔（abdominal cavity）と腹膜腔（peritoneal c.）；体壁と横隔膜で囲まれた腹部の空所全体を腹腔といい，腹壁や内臓の表面を覆う腹膜（peritoneum）で囲まれた狭い空所を腹膜腔という。胃腸や肝臓は，腹腔の中にあるが，腹膜腔の外にある。同様の関係が胸腔（thoracic c.）と胸膜腔（pleural c.）の間にもある。↗

5・1　組織の種類

生体の階層性

多細胞生物の体は階層的に組み立てられている。ヒトには約200種類の細胞がある。一種から数種の特定の細胞が一定のパターンで集合した構造と機能の単位を**組織**†という。動物の組織は上皮・結合・筋肉・神経の4つのカテゴリーに分類される（図5-1-1）。異なる種類の組織は，細胞の性質や構成のほか，細胞どうしの配列や連絡の疎密なども異なる。

複数の組織が統合されて**器官**（organ）という高次の単位を構成する。哺乳類の内臓器官は体腔内に収納されている。**体腔**（body cavity）には，肺と心臓を含む**胸腔**と，胃腸や肝臓を保持する**腹腔**†があり，**横隔膜**でへだてられている（図5-1-2）。

密接に関連する器官の集団は，**器官系**（organ system）を形成する。器官系は，さらに高次のレベルで互いに助け合っている。たとえば消化系で吸収された栄養素は循環系で全身に分配されるし，神経系は感覚系と運動系を結ぶ。

上皮組織

動物の体では，外表面だけではなく体内の腔所や器官の表面も含め，自由面はすべて上皮（epithelium）におおわれている。上皮はぎっしり詰まった細胞の薄板からなり，上皮組織（epithelial tissue）とよばれる。多くの上皮細胞は密着結合（2・1節）で固く連結されており，機械的な損傷や微生物の侵入，体液の喪失などに対する障壁として機能する。一方で，水や電解質・栄養素・老廃物などを能動的あるいは受動的に吸収したり排出したりする通り道にもなっている。

上皮のうち，**ホルモン**や酵素・粘液などを分泌するものを腺上皮（glandular epithelium）とよぶ。そのうち消化管や呼吸管の内腔を裏打ちする粘膜（mucous membrane）は，粘液を分泌して表面を滑らかで湿った状態に保つ。

発生学的には様々な起源をもち，三胚葉（8・1節参照）のいずれも上皮組織に分化しうる。たとえば皮膚の表皮は**外胚葉**性であり，消化管の粘膜上皮は**内胚葉**性で，体腔や血管系の上皮は**中胚葉**に由来する。中胚葉性上皮のうち，体腔上皮をとくに**中皮**（mesothelium）とよび，血管・心臓・リンパ管の内腔表面を**内皮**（endothelium）と称する。

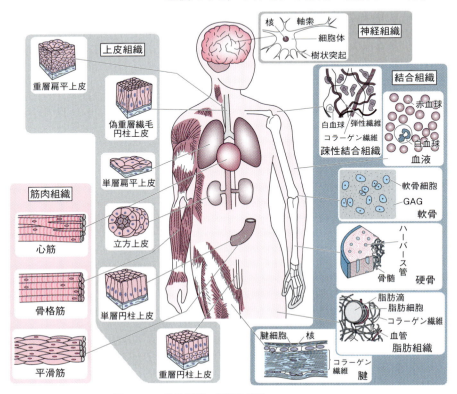

図 5-1-1　動物組織の種類と構造

上皮はまた，細胞の**形状と層の数**[†]でも分類される（図 5-1-1 上）。

上皮組織を中心に考えれば，動物の体は全体として，3種類の上皮シートからなる袋とその内容物（他の3組織）からできていると見ることができる（図 5-1-2）。1つめは体の表面をおおうシートであり，外表面の皮膚に加え，体を貫通する腸管内腔（6・1節）や体表からの凹みとしての尿路（6・3節）も合わせて一つながりの袋である。2つめは閉鎖血管系（6・2節）であり，心臓やすべての毛細血管を含め，やはり一つながりの袋である。3つめは体腔の内壁であり，**腹膜腔**[†]や**胸膜腔**がそれぞれ袋をなす。これら2次元の上皮シートは，端のない閉じた袋状の曲面であり，表（頂端 apical）面と裏（基底 basal）面が厳格に区別される。裏面は基底膜を介して結合組織などにつながれた固定端であり，表面は外気や体液（漿液）など流体に接する自由端である。

結合組織

結合組織（connective t.）は，**細胞外基質**（2・4節）に散在する細胞の集団である（図 5-1-1 右）。フルーツを散りばめたゼリーにたとえられるほど，細胞どうしの絆は弱い。血漿に血球細胞がただよう血液さえ結合組織に分類され，上皮組織とは対照的である。「結合」という名は，他の組織どうしを結びつける役割からつけられた。

細胞外基質は，液状やゼリー状・固形状をとる均質な物質であり，結合組織自身の細胞から分泌される繊維状物質が多く含まれる。おもな繊維状物質には**コラーゲン**やプロテオグリカンとともに**エラスチン**（elastin）がある。コラーゲンが張力には強いが弾性はないのに比べ，エラスチンの繊維は弾性に富む。両者は補完的な関係である。上皮組織の基底膜も，細胞外基質である。

結合組織のうち，腱や皮膚にはコラーゲン繊維が多く，密度が高く柔軟で強靭である。眼のガラス体には **GAG**（2・4節）と水が多く，柔らかく透明なゼリー状である。軟骨はコラーゲンと GAG がともに多いため，両者がつり合って弾力に富むと同時に強靭である。骨にはコラーゲンのほかリン酸カルシウム結晶が多く，緻密で固い。

コラーゲンはフィブロネクチンという別のタンパク質を介して，細胞膜貫通タンパク質のインテグリン（integrin）に結合している。インテグリンは細胞外基質を細胞に機械的につなぎ留めているだけではなく，細胞のふるまいを変化させる信号の伝達にもたずさわっている。

神経組織と筋肉組織

上皮組織と結合組織が，多くの器官系の構成要素として抜きがたく組み込まれているのに対し，神経組織（nervous t.）は神経系（次節）に特異的である。筋肉組織（muscular t.）には**骨格筋**と**心筋・平滑筋**の3種がある（図 5-1-1 左）。骨格筋は**運動系**（5・5節），心筋は**循環系**の心臓（6・2節）ではたらき，平滑筋は**消化系・生殖系・血管**など多くの器官（6章）で様々な役割を果たす。筋肉細胞は互いに密着しているが，神経細胞どうしは多くの場合，狭いながらシナプス間隙という隙間で隔てられており，神経伝達物質を細胞外に放出して信号を伝え合う。

ただし胸腔の中には，肺を囲む胸膜腔のほかに心臓を囲む心膜腔（囲心腔 pericardial c.）もある。なお，「腔」の読みは本来「こう」だが，医学分野では「孔」（穴の意）と区別するなどのため「くう」と読む。

[†] 形状と層の数：細胞層の数から単層（simple）と重層（stratified）を区別し，細胞の形状から立方（cuboidal）・円柱（columnar）・扁平（squamous）を区別する。たとえば繊細な腸管の内腔は単層円柱上皮（simple columnar e.）におおわれ，消化液を分泌し栄養を吸収するのに対し，剥離しやすい皮膚の表皮は重層扁平上皮（stratified squamous e.）であり，最外層の古い細胞の脱落で内部を守り基底付近の細胞分裂で速やかに再生する。

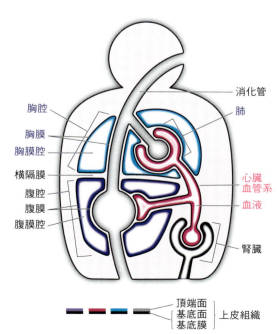

図 5-1-2 体のつくりと上皮シート

† **軸索（axon）と樹状突起（dendrite）**；軸索はふつう非常に長く，末梢には1m以上のものもある。ミエリン鞘は，中枢では希突起グリア細胞（oligodendrocyte），末梢ではシュワン細胞（Schwann cell）がロールケーキのように軸索に巻きついた構造である。軸索の束はミエリン鞘のために白い。脳や脊髄で軸索の多い場所は白質になっている。"dendrite"は「木」を意味するギリシア語dendronに由来。

† **グリア細胞（glia cell）**；英語は膠（glue）を意味するギリシア語に由来。星状細胞と小グリア細胞，およびミエリン鞘の希突起グリア細胞とシュワン細胞がある。ヒトではむしろ神経細胞の10倍かそれ以上もあり，高度な情報処理に必須な役割をもつらしい。

5・2 神経系

神経系の構成

カイメン（海綿）は神経系（nervous system）をもたない。ヒドラやイソギンチャクの神経系は，散在する神経が不規則に接続した神経網（nerve net）である（図5-2-1）。敏捷に動く動物の神経系は，神経細胞が頭部に集中した脳（brain）などの中枢神経系（central n. s.）と末梢神経系（peripheral n. s.）に分化している。

脊椎動物の中枢神経は脳と脊髄からなる。そこから伸びる末梢神経系は，**体性神経系**と**自律神経系**に分けられる（図5-2-1e）。体性神経系（somatic n. s.）は，感覚器からの情報を中枢に伝える感覚神経（sensory nerve）と，中枢からの指令を骨格筋に伝えて運動を引きおこす運動神経（motor n.）からなる。神経系の情報処理は一般に，求心的（afferent）入力・情報の統合・遠心的（efferent）出力の3段階に分けて考えられ，それぞれ感覚神経・中枢神経・運動神経に対応づけられる。しかしたとえば眼の網膜ではかなりの情報処理が行われており，末梢神経も単純で受動的な導管ではない。また体性神経は**随意的**（voluntary）で，**不随意的**（involuntary）な自律神経（7・3節で詳述）とは異なるとされる。しかし実際には，感覚入力の多くは無意識のうちに脳に伝わるし，骨格筋の活動の多くも反射による。

神経細胞とグリア細胞

ほとんどの神経細胞（neuron）では，核や細胞小器官は**細胞体**（soma, cell body）に集中している（図5-2-2右下）。細胞体からは，1本の**軸索**†と多くの**樹状突起**†が出ている。軸索は他の細胞に電気信号を伝える繊維で，その根元は円錐形の軸索小丘（axon hillock）をなす。軸索を囲む**ミエリン鞘**（myelin sheath）は，脂質に富み電気を通さない。樹状突起は多数の枝を広げた突起で，他の神経細胞の軸索から信号を受け取る。

軸索の末端（terminal）はふつう数本に分岐し，それぞれが他の細胞と連結している。この連結部を**シナプス**（synapse）といい，信号はかならず軸索末端から相手細胞の向きに伝わる。両細胞は直接には接してはおらず，幅20〜50nmの間隙をはさむ。

グリア細胞†は，神経系の構造的なまとまりや神経細胞の機能に欠かせない支持細胞である。そのうち星状細胞（astrocyte）は，神経細胞を構造的に支え，細胞外の電解質や神経伝達物質の濃度を調節している。またシナプス伝達を促進したり，局所の血管を拡張して神経細胞へのグルコースと酸素の供給を増加させたりする。さらに，血管系から脳組織への物質移動を制限する**血液脳関門**（blood-brain barrier）も構成する。

静止電位と活動電位

すべての細胞は細胞膜を介した電位差すなわち**膜電位**†をもつ。神経細胞の膜電位はふだん−60〜−80 mV（内が負）で，これを**静止電位**（resting p.）という（カフェ・マリス 5参照）。細胞膜にはNa, Kポンプがあり，

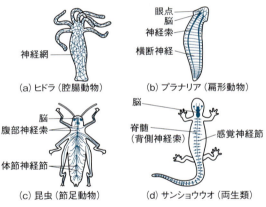
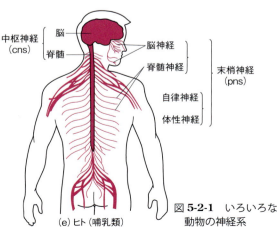

図5-2-1 いろいろな動物の神経系

(a) ヒドラ（腔腸動物）
(b) プラナリア（扁形動物）
(c) 昆虫（節足動物）
(d) サンショウウオ（両生類）
(e) ヒト（哺乳類）

ATPの加水分解に共役してNa⁺を細胞外に，K⁺を細胞質に輸送して，膜電位の基盤となっている。

神経細胞や筋肉細胞は，刺激に応じて膜電位を大きく変える。このような現象を**興奮**（excitation），その一過性の電位を**活動電位**（action p.）という。活動電位は静止電位より小さく，場合によってはさらに反転する（内が正）。この方向の膜電位変化を**脱分極**（depolarization），逆方向の変化を**過分極**（hyperpolarization）とよぶ。膜興奮の基盤は2つの**イオンチャネル**が支える。電位依存性のNaチャネルとKチャネルはふだん閉じているが，膜の脱分極がある値（**しきい値**，threshold）を超えるとゲートを開き，それぞれのイオンを通す。両チャネルのこのしくみが，それぞれ活動電位の発生と収束を担っている。

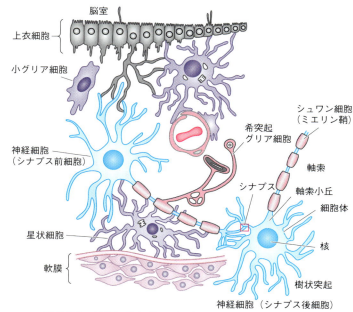

図 5-2-2　神経細胞とグリア細胞

シナプス伝達

軸索の信号伝達が電気的であるのに対し，シナプスの信号伝達は化学的である。**シナプス前細胞**（presynaptic cell）には**シナプス小胞**（synaptic vesicle）という閉膜構造がある（図 5-2-3）。活動電位が軸索末端に達すると，細胞膜の電位依存性Caチャネルが開き，細胞外からCa^{2+}が流れ込む。細胞内Ca^{2+}濃度の上昇が引き金となってシナプス小胞が細胞膜に融合し，小胞内の**神経伝達物質**（neurotransmitter）がシナプス間隙に開口放出される。

シナプス後細胞（postsynaptic c.）には，神経伝達物質に対する受容体タンパク質がある（7・3節参照）。この受容体はイオンチャネルを内蔵している。Na⁺を選択的に通す受容体の場合は脱分極をおこす。細胞体には多数のシナプスがあるため，複数の信号入力があるとこのシナプス後電位は加重される。それが軸索小丘でしきい値を超えると，活動電位が発生し軸索に出力する。活動電位は**全か無か**（all or nothing）の二者択一で，中間はない。信号の強さは活動電位の頻度として表現される。

上の段落で述べたのは**興奮性シナプス後電位**（excitatory postsynaptic potential, EPSP）の場合である。ある種の神経伝達物質が結合する受容体は，K⁺やCl⁻を通して，脱分極と活動電位の発生を妨げる。こちらは**抑制性シナプス後電位**（inhibitory p. p., IPSP）とよばれる。神経細胞は様々な信号を複雑な組み合わせで受け入れるが，それらを共通な膜電位に換算して，全か無かの様式で統一的に処理する。それが神経系の信号処理の本質である。

† **膜電位**（membrane potential）；家電製品や電子機器を流れる電気は，金属導体やシリコン半導体の自由電子が運ぶが，生体の電気現象は，水溶液中のイオンが担う。とくに2群の膜タンパク質が重要である。Na,Kポンプなどの**イオンポンプ**（ion pump）は，エネルギーを使って能動的にイオンを輸送し，イオンの不均等分布を維持する。**イオンチャネル**（ion channel）は，膜の脱分極やリガンド（化学物質）結合の刺激でゲート（gate）を開き，膜電位にしたがって受動的にイオンを透過させる。

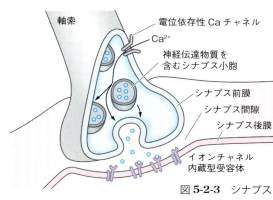

図 5-2-3　シナプス

† **感覚 (sensation)**；感覚を統合して対象の存在や性質などとして構成する高次な処理を知覚 (perception) という。知覚は感覚器だけではなく，眼球の動きや指でつつくことなど，運動系との協調で行われる。逆により末梢的あるいは微視的な現象には受容 (reception) の語が用いられる。受容器 (receptor) という語は，時によって器官・組織・細胞・分子（タンパク質）など異なるレベルを指すので注意を要する。ただし分子を指す場合はふつう「**受容体**」と訳される。

† **瞳孔 (pupil)**；"pupil"は「生徒」も意味する。これは丸い瞳の中に小さな人の像が映ることから来ている。動物の瞳がみな丸いわけではなく，野生の祖先が藪の中に棲んでいたネコは縦長で，平原に住むヤギやラクダは広く見渡せるよう，横長になっている。

† **痛覚 (sense of pain)**；痛覚神経は他の感覚神経より細い。外科的処置に使う局所麻酔薬は，末梢神経の電気的信号伝達を遮断するが，神経が細いほど効果的なので，痛みだけを特異的に抑制できる。これに対し全身麻酔薬は，脳を含む神経系全体に作用して意識を失わせる薬物であり，痛覚に特異的ではない。

5・3 感覚系

感覚の意味

生物が外界や末梢からのエネルギーを感じ取ることを**感覚**†という。このエネルギーを刺激 (stimulus) といい，感覚器官 (sensory organ) で受け取り信号に変換されて感覚神経を通じて脳や脊髄に伝えられる。ヒトでは視覚・聴覚・嗅覚・味覚・触覚の外感覚の五感のほか，血圧や姿勢など体の内部からの内感覚もある。五感のうちはじめの4つの特殊感覚は，目や耳や鼻など外から見える明確な感覚器官をもち，体の前方あるいは上方の頭部とくに顔面に集中しているのに対し，皮膚感覚・深部感覚・内臓感覚を含む**体性感覚**は，受容器が他の器官に埋め込まれ体全体に分散している（図5-3-1）。

感覚受容器 (sensory receptor) は，受け取るエネルギーによって化学・電磁気・機械・温度・痛覚に5分類される。感覚細胞には，上皮細胞 (5・1節) から分化したものと，末梢の感覚神経細胞 (sensory neuron) が特殊化したものとがある。受容の感度はきわめて高く，光量子1つ，化学物質1分子，1 nmの微細な動きを識別できるものがある。

化学受容器

ヒトの化学受容器 (chemoreceptor) には味覚器と嗅覚器がある。**嗅覚** (olfaction) は鼻腔上部の上皮に貫入した神経細胞が担う（図5-3-2）。この嗅細胞は鼻腔の粘液層に伸びる**繊毛**をもつ。この嗅繊毛の細胞膜には嗅受容体 (olfactory receptor) とよばれる膜タンパク質が存在する（7・3節側注参照）。拡散してきた匂い物質を結合し，細胞内信号伝達系を介して活動電位を発生する。マウスのゲノムでは，全遺伝子の3%にあたる約1000個の嗅受容体の遺伝子があり，ヒトでも約400個がはたらく。嗅細胞はそれぞれ1個かせいぜい数個の遺伝子だけを発現している。

味覚 (gustation) は**味蕾** (taste bud) にある受容細胞が担っている。味蕾は舌の上面の舌乳頭という突起や，軟口蓋の粘膜上皮などに存在している。味細胞は周囲の上皮細胞から分化したもので，短時日で脱落し入れ換わる。味細胞の受容体（膜タンパク質）は，それぞれ糖・Na^+・キニンなど・H^+・**アミノ酸**や**ヌクレオチド**に反応し，甘味・塩味・苦味・酸味・旨味の5基本味を惹起する。

電磁気受容器

動物の電磁気受容器 (electromagnetic receptor) のうち可視光を感じる光受容器 (photoreceptor) は，明暗や方向のみを検知する少数の細胞集団から，レンズで像を結ぶ高分解能の眼まで様々だが（図9-3-2参照），それらの光受容体タンパク質は幅広い動物で相同である。したがって**視覚** (vision) のしくみの原型は動物進化のごく初期に形成され，多様化や複雑化はその後におこったらしい。

脊椎動物の眼球は，丈夫な強膜・血管や色素を含む脈絡膜・光を受容する**網膜** (retina) の3層の膜でおおわれている（図5-3-3）。強膜は眼の前方で透明な**角膜** (cornea) になり，固定レンズとしてはたらく。白目が強膜，黒目が角膜にあたる。脈絡膜は眼の前方で青・緑・茶などのドーナツ形の虹彩 (iris) になり，中央の穴の**瞳孔**†の大きさを変えて光量を調整する。瞳孔の奥には透明なタンパク質でできた**水晶体** (lens) があり，周りの**毛様体** (ciliary body) の収縮で厚みを変

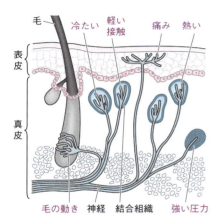

図 5-3-1　皮膚の感覚器

えて遠近を調節する。さらに後方の空間はガラス様液（vitreous humor）で満たされたガラス体（硝子体）で，眼の体積の約半分を占める。

ヒトの視覚細胞には，感度の高い**桿体**（rod）が1億2500万個と，色覚をつかさどる**錐体**（cone）が600万個ある。ともに上皮細胞から特殊化した。これらは全感覚細胞の7割を占め，ヒトが視覚優位の動物であることを示す。桿体の外節の膜にある光受容体は，**ロドプシン**（rhodopsin）とよばれる膜タンパク質である。**ビタミンA**から作られる補欠分子族のレチナール（retinal）が色素として光を吸収する。ポリペプチド部分は**オプシン**（opsin）という。一方の錐体は3種類ある。それらの光受容体も同じレチナールをもつが，オプシンのアミノ酸配列の違いから吸収スペクトルが異なる。それぞれ赤・緑・青の光をおもに吸収し，**色覚**を与える。

網膜にはほかに4種類の神経細胞があり，像のコントラストを強調するなどの情報処理をほどこした上で視神経に伝える。網膜では神経細胞の層が内側にあり，桿体や錐体は背後から光信号を受け取ることになる。これは，活発な視覚細胞外節が脈絡膜の血管から補給を受けやすい配置になっている。

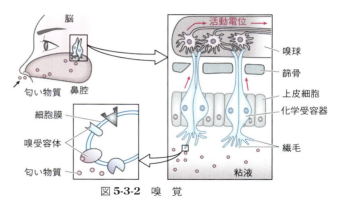

図 5-3-2　嗅　覚

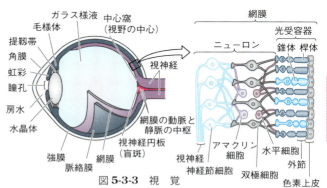

図 5-3-3　視　覚

その他の受容器

機械受容器（mechanoreceptor）は触覚・圧力・伸展・振動・音波などを感じ取る。

聴覚（auditory sense）では，外耳の奥にある鼓膜が音波を受け取り，中耳の3つの耳小骨がてこの原理で振動を増幅し，内耳の蝸牛管を満たす外リンパ液に伝える（図 5-3-4）。管内には細長い基底膜が渦巻きに沿って奥へ伸びている。その基部は硬くて細いが，奥に入るにつれしなやかに広がる。基部は高音で，奥ほど低音で振動する。この基底膜の振動が，各部分で接する**有毛細胞**（hair cell）の毛を選択的に振るわせることによって，20〜2万Hzの振動数を分別し，聴神経に伝える。1億個以上の視覚細胞に対し，聴覚有毛細胞はわずか3500個で幅広い音程に対処している。蝸牛に隣接する三半規管は，同様な有毛細胞で**平衡覚**を担う。

皮膚の**触覚**には，真皮に埋もれた感覚神経の**樹状突起**が機械受容器としてはたらいている（図 5-3-1）。冷覚や温覚を感じる温度受容器（thermoreceptor）もやはり樹状突起が担っているらしい。痛覚受容器（pain receptor，侵害受容器 nociceptor）も樹状突起で，やはり皮膚に最も多いが，体中に広く分布する。**痛覚**[†]は，過剰な熱や圧力，および傷や炎症で組織が放出する信号物質によって引きおこされる。その発痛物質にはブラジキニンやヒスタミン・セロトニンなどがある。**プロスタグランジン**は痛みを増強する。

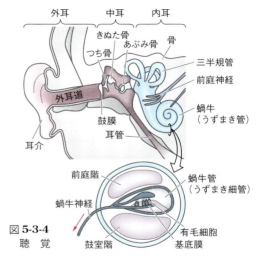

図 5-3-4　聴　覚

5・4 細胞運動

真核生物の運動の分子メカニズムは大きく2つにまとめられる。いずれも**細胞骨格**（2・4節）が関わり，鞭毛や繊毛では微小管が，筋肉では微小繊維がはたらく。細胞運動（cell motility）には，個体や細胞がみずからを移動（locomotion）させる運動のほかに，周囲の物体や細胞内の粒子を搬送する運動もある。

鞭毛と繊毛

精子や鞭毛虫などの細胞には**鞭毛**[†]，気管上皮やゾウリムシなどには**繊毛**[†]という小器官が突き出ている（図 5-4-1）。鞭毛は数十 μm と長く，細胞に数本しかなく，ヘビのような正弦波の動きで，軸方向に力を発揮する。繊毛は 10 〜 20 μm と短く，細胞に多数存在し，同調してむちのように有効打と回復打をくり返して，軸に垂直な方向に力を発生する。

鞭毛と繊毛の中心部の微細構造は共通で，直径 0.2 μm の軸糸の内部が **9 + 2 構造**になっている。すなわち中心の2本の微小管を9本の二連微小管がとりかこむ。二連微小管には**ダイニン**（dynein）という**モータータンパク質**（motor protein）からなる腕がついており，ATP を加水分解しながら隣の微小管と滑り運動することによって，軸糸をリズミカルに屈曲させてむち打ち運動や波動運動をおこす。

細胞内輸送

モータータンパク質は，細胞内の微小管に沿って物質や細胞小器官を移送する交通網でもはたらいている（図 5-4-2）。たとえば神経の**軸索**には微小管が通っている。細胞体の核のそばで合成された物質は，膜小胞などの形に梱包され，**キネシン**（kinesin）というモータータンパク質に結合して，末端に向かう外向きの輸送で供給される。逆に軸索末端から細胞体に向かう内向きの輸送には，ダイニンがはたらく。そのほか細胞分裂の際の染色体の移動にも，紡錘体の微小管がはたらく。

アメーバ運動

細胞の移動は，鞭毛や繊毛によるものよりも，むしろ白血球や神経細胞および単細胞の原生生物などアメーバ運動によるものが多い（図 5-4-3）。**アメーボゾア**[†]や粘菌は薄い膜状の葉状仮足などを広げて前進し，**ケルコゾア**[†]や神経細胞の軸索は細くて固い糸状仮足を伸ばして周囲を探る。いずれも先端の微小繊維の＋端にアクチンが重合して細胞膜が押し出され，基盤表面の適当な場所に触れると接着し，細胞質が前方へ引きずられて動く。

筋肉運動

微小繊維にもとづく細胞内の収縮運動や輸送には，**アクチン**（actin）と相互作用する**ミオシン**（myosin）というタンパク質がはたらく。ミオシンもダイニンと同様，ATP を加水分解しながら力学的運動を引きおこすモータータンパク質であり，アクチン繊維を相手に滑り運動をする。筋肉のミオシンには頭部と尾部があり，Ⅱ型とよばれる。

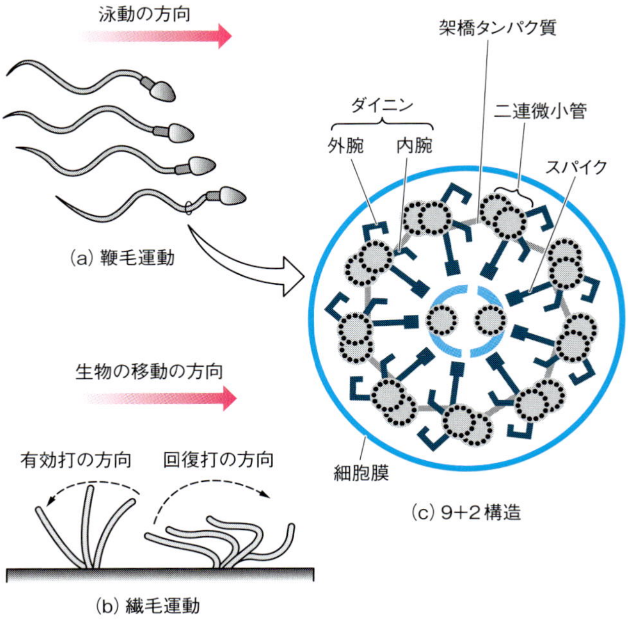

[†] **鞭毛とべん毛**（flagellum, 複数形は -lla）；真核生物の鞭毛と原核生物のべん毛の欧語は共通だが，構成タンパク質も大きさも動くしくみもまったく異なるので，日本語では漢字とひらがなの表記で区別する。ヒトが作った乗り物の可動部にはしばしば車輪が使われるのに対し，生物の駆動部は鞭毛や筋肉のように分子間の滑り運動で動くものが多い。細菌のべん毛は完全に軸を巡る回転で運動する唯一の装置である。

[†] **繊毛**（cilium, 複数形は -la）；真核細胞から突出した運動性の小器官。原核生物にも和語が同音の線毛（pilus, 同 -li）があるが，組成・大きさ・機能などがまったく違い，漢字も欧語も異なる。線毛はピリンというタンパク質からなる直径 8 nm くらいまでの繊維で，遺伝物質の移送や接着などの役目を果たす。

図 5-4-1 鞭毛と繊毛
(a) 鞭毛運動
(b) 繊毛運動
(c) 9+2 構造

それに対し，非筋細胞やアメーバのミオシンは尾部がかなり短いかあるいは頭部だけからなり，I型とよばれる。

脊椎動物の骨格筋の**筋収縮**（muscle contraction）は，細胞運動のうちでも高度に組織化され専門化されたしくみである。骨格筋を構成する長い**筋繊維**（muscle fiber）は，小さな筋芽細胞が融合してできた多核の巨大な単一細胞である（図5-4-4）。この筋繊維自体も，長軸方向に走る直径 1～2μm の細い円筒形の**筋原繊維**（myofibril）の束である。筋原繊維は2種類のフィラメントからなる。細いフィラメント（thin filament）は微小繊維すなわちアクチンの**二重らせん**が中心になっている。太いフィラメント（thick filament）は多数のミオシン分子が尾部で結合しあったもので，両端方向に頭部を向けた双極性の束になっている。

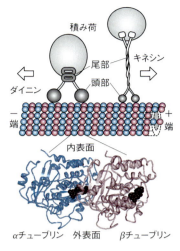

図 **5-4-2** 微小管の輸送

†**アメーボゾア**（Amoebozoa）と**ケルコゾア**（Cercozoa）：鞭毛や繊毛ではなく仮足を伸ばして運動や捕食をする単細胞生物を一般にアメーバ（amoeba）という。そのうちオオアメーバや赤痢アメーバなど葉状の仮足を伸ばして移動するアメーボゾアはユニコンタ（Unikonta）に分類され，ケルコゾア（別名アメーバ鞭毛虫）や有孔虫・放散虫など殻をもち糸状の仮足を伸ばして捕食する生物はリザリア（Rhizaria）に分類される。両者は系統的に大きく異なる（図9-5-1）。

骨格筋は，細いフィラメントしかない明帯（I帯）と，太いフィラメントのある暗帯（A帯）が規則正しくくり返す縞模様をもち，**横紋筋**（striated muscle）ともよばれる。筋原繊維の横紋の1区画は**筋節**（sarcomere，**サルコメア**）とよばれ，筋収縮の基本単位でもある。明帯の中央にはZ盤（Z disc，別名Z線，Z line）という盤状構造があり，筋節の境界になっている。Z盤に細いフィラメントが規則正しく結合している。細いフィラメントには調節タンパク質としてトロポミオシン（tropomyosin）と3種のトロポニン（troponin）が結合している。

細菌のべん毛

原核生物には，真核生物とはしくみの異なる多様な運動がある。そのうち最も広く分布し深く研究されているのは，細胞膜を隔てて**イオン駆動力**で回転運動する**べん毛**†である（図2-1-2，図3-5-1）。細胞外に突出したべん毛の主要部は，フラジェリン（flagellin）というタンパク質が多数集合した直径約20nmの繊維状構造である。べん毛の基部は細胞膜を貫通している。細胞外のイオンは，イオン駆動力にしたがって基部を通って細胞内に流入するのに**共役**してべん毛を回転させ，細菌を遊泳させる。

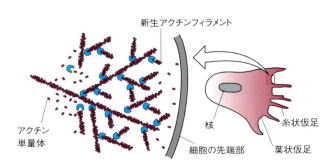

図 **5-4-3** アクチンとアメーバ運動

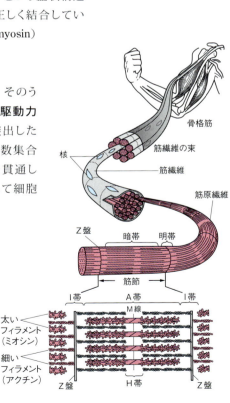

図 **5-4-4** 筋肉の構造 文献2)を参考に作図

5・5 運動系（筋肉 - 骨格系）

高等動物は泳ぐ・飛ぶ・這う・走る・跳ねるなど多様な行動をとるが，そのメカニズムは骨格と協調した筋肉のはたらきとして共通である。

骨格と硬組織

骨格（skeleton）には支持・保護・運動の3つの機能がある。もし硬い骨格がなければ，陸上動物は自分の体重も支持できない。水中動物でさえ不定形の柔らかい塊になってしまう。また，頭蓋骨は脳を保護し，肋骨は心臓と肺を守る。さらに骨格は筋肉を付着させて運動を助ける。

骨格には，動物の表面をおおう硬い殻の外骨格（exoskeleton）と，体内の柔組織に埋め込まれた内骨格（endoskeleton）とがある（図 5-5-1）。ハマグリなど二枚貝の殻は，体壁の外套膜から分泌された炭酸カルシウム（$CaCO_3$，石灰）からなり，内側から接着している筋肉の貝柱で殻を閉じる。節足動物の外骨格であるクチクラ（cuticula）は，硬さと粘りを兼ね備えた多層性の外被であり，表皮から分泌される主成分の多糖キチン（chitin）と他のタンパク質やロウ（wax）を含む。甲殻類には，無機質のカルシウム塩を沈着してさらに強度を増すものもある。

脊椎動物の内骨格は，緻密な硬骨†と弾力性に富む軟骨†からなる（5・1 節）。硬骨の主成分はリン酸カルシウムで，軟骨はプロテオグリカンを主成分とし水分を多量に含む結合組織である。ヒトの骨格は 206 個の硬骨から構成されているが，頭蓋骨のように縫合（互いに固く組み合わ）されているものもある。

生物の硬組織にはほかに，珪藻の珪酸などもある。植物の木部は細胞壁のセルロース・ヘミセルロース・リグニンからなる（2・4 節）。乾燥した地中海周辺の古代遺跡は石造だが，湿潤な日本の歴史的建造物は堅牢な木造†である。

3 種の筋肉

脊椎動物の筋肉（muscle）は 3 種類ある。骨格に結合して運動する骨格筋（skeletal m.），心臓を一生涯拍動させ続ける心筋（cardiac m.），消化管・血管・分泌腺などではたらく横紋のない平滑筋（smooth m.）である。心筋と平滑筋は内臓筋（visceral m.）である。骨格筋は体性神経を介して意識的に動かせる随意筋（voluntary m.）で，内臓筋は自律神経に支配される不随意筋（involuntary m.）である。心筋は平滑筋と同じで不随意ながら，骨格筋と同じく力強い横紋筋である（図 5-5-2）。

筋肉のはたらきは収縮することにあり，伸展は受動的なので，自由な動きを実現するには拮抗的にはたらく一対の筋肉が必要である。たとえば消化管では外側に縦走筋，内側に輪状筋があって，協調的に蠕動運動（peristalsis，周期的な絞り出し運動）を行う。またヒトの上腕骨に結合した二頭筋が収縮すると腕が曲がり，反対側についた三頭筋が収縮するとき二頭筋が弛緩し，腕が伸びる（図 5-5-1）。

脊椎動物では運動神経の細胞体は脊髄前角にあり，軸索は複数に分岐してそれぞれ 1 本の筋繊維に届き，シナプスを形成する。1 本の運動神経細胞とそれが支配する筋繊維の組を，運動単位（motor unit）という。それぞれの

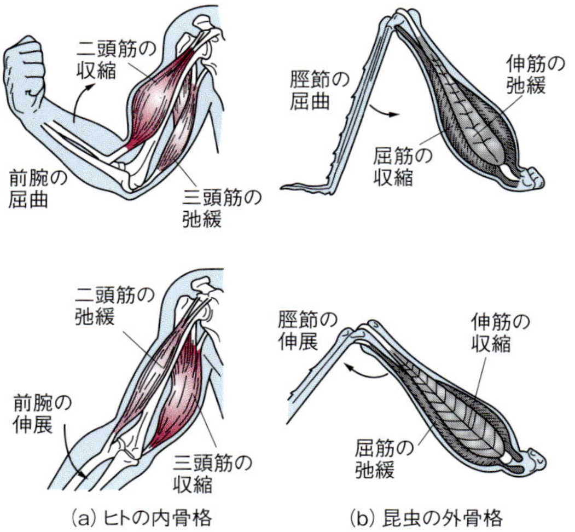

---

† 硬骨（bone）と軟骨（cartilage）；サメやエイなどは骨格の大半を軟骨が占める軟骨魚類である。軟骨魚類は脊椎動物の初期進化の主役だったが，軟骨は速やかに分解するため，化石としては硬骨の歯くらいしか残らない。硬骨魚以降の脊椎動物の骨格は，硬骨を主とする。

† 木造建築（wooden architecture）；現存する世界で最古および最大の歴史的木造建造物はいずれも奈良県にあり，それぞれ法隆寺と東大寺大仏殿である。かつてこの大仏殿をしのぐ 48m の高さがあったと伝えられる島根県の出雲大社は，10 世紀の書物に「雲太，和二，京三」と書かれた。すなわち大和の大仏殿と京都の大極殿を上回り，3 大建造物の筆頭とされていた。あまりにも規模が大きいために実在が疑われていたが，古絵図どおり 3 本の大木を鉄輪で束ねた直径約 3 メートルの心柱が 3 本発掘されて，疑いは晴れた。

(a) ヒトの内骨格 — 二頭筋の収縮／前腕の屈曲／三頭筋の弛緩；二頭筋の弛緩／前腕の伸展／三頭筋の収縮

(b) 昆虫の外骨格 — 脛節の屈曲／屈筋の収縮／伸筋の弛緩；脛節の伸展／伸筋の収縮／屈筋の弛緩

図 5-5-1　筋肉 - 骨格系　文献 2) を参考に作図

運動単位に含まれる筋繊維の数は数本から数百本まで幅があり，運動単位の大きさや数に応じて，その発生する張力は変わる。

興奮収縮連関

神経の**興奮**と筋肉の収縮のつながり，すなわち興奮収縮連関（excitation-contraction coupling）のしくみは，骨格筋・心筋・平滑筋で異なる。

骨格筋では，運動神経の末端から**神経伝達物質**の**アセチルコリン**が放出されると，筋繊維の細胞膜にある受容体の**イオンチャネル**が開口して脱分極がおこる（図5-5-3）。細胞表面で発生した**活動電位**は，**T管**（transverse tubule，略してT tubule）を通って細胞深部に伝わる。T管膜にある電位依存性Caチャネル（5・2節）から刺激が伝わり，筋小胞体膜の**Ca遊離チャネル**（calcium releasing channel）が開いて内部のCa^{2+}が放出され，細胞質のトロポニン（前節）に結合する。するとトロポニンとともにトロポミオシンの構造が変化し，ミオシンに対するアクチンの結合部位が露出する。ミオシンの頭部は**ATP**を加水分解しながらアクチンに対して結合・解離をくり返す。このとき，太いフィラメントは両端の細いフィラメントをともにたぐり寄せる方向に滑り運動するため，筋節は収縮する。活動電位が終わると，Caポンプ（Ca pump）が筋小胞体にCa^{2+}を取り込んで収縮が終結する。

心臓には独自のペースメーカーがあって，神経系からの入力なしに協調的な拍動を続ける（6・2節参照）。自律神経の役目は，その周期や強さを調整することである。さらには個々の心筋細胞も，周期的な**脱分極**をおこすイオンチャネルを細胞膜上にもっており，自律的に拍動する。隣接する細胞は**ギャップ結合**（2・1節）で電気的に結ばれており，活動電位が伝播して同調する。そのあとのしくみは骨格筋と同様である。ただしT管のCaチャネルを通って細胞外からCa^{2+}が流入し，そのCa^{2+}が刺激してCa遊離チャネルが開くという，**Ca誘導性Ca遊離**[†]のしくみがはたらく。

平滑筋にはミオシン分子の数が少なく，太いフィラメントは細胞質全体に分散している。T管がなく小胞体も発達していないため，Ca^{2+}は主に細胞外から流入する。またトロポニンもなく，濃度の上がったCa^{2+}はカルモジュリン（calmodulin）に結合し，ミオシン頭部をリン酸化する酵素を活性化することで収縮を引きおこす。平滑筋には自律的に収縮するものと**自律神経**からの刺激がある時だけ収縮するものとがあるが，いずれにせよ収縮速度は横紋筋より遅い。

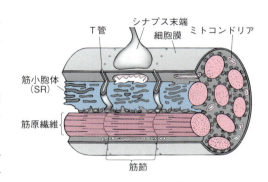

図5-5-2　筋繊維の構造

[†] **Ca誘導性Ca遊離**（calcium-induced calcium release, CICR）；骨格筋では心筋と違い，細胞外からのCa^{2+}流入を経ずに筋小胞体からのCa^{2+}遊離がおこる。そこでT管膜のCa^{2+}チャネルはただの電位センサーとしてはたらき，タンパク質間の直接的接触で筋小胞体膜のCa^{2+}遊離チャネルを開くと考えられている。この考えに沿うように，これら2つの膜を連結する構造が観察されている。

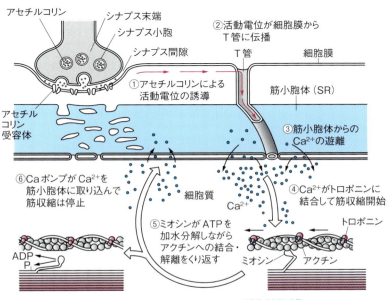

図5-5-3　筋収縮のしくみ　文献2）を参考に作図

生命力がまとう衣は膜

細胞は，その外周が細胞膜でおおわれているだけではなく，細胞内に多数の膜構造をもつ（2章）。それら生体膜はすべて閉じており，内外を区画（compartment）化し，両者の溶液組成を異なった状態に保っている。しかしこの膜は，家屋の内部を部屋に仕切るコンクリート板のように硬くて静的（static）な壁ではなく，物質輸送や電気現象・エネルギー変換などを行う柔らかくて動的（dynamic）な構造体であり，活発な生命現象の基盤になっている。

膜の動的現象のエネルギー源は**イオン駆動力**である（3・3節）。一般に，物質が膜を隔てて不均一に分布している系には，均一な平衡状態に近づこうとする勢いがあり，それが他の物質の輸送や化学反応・べん毛運動などの原動力になりうる。定量的には**電気化学ポテンシャル差** $\Delta\mu$ とよばれる。電荷 $z+$ のイオン A^{z+} を例にとると，$\Delta\mu_{A^{z+}}$ は次の式で表される。

$$\Delta\mu_{A^{z+}\text{in-out}} = zF\Delta\psi_{\text{in-out}} + RT\ln([A^{z+}]_{\text{in}} / [A^{z+}]_{\text{out}}) \qquad (\text{ca.5.1})$$

記号はそれぞれ，F：**ファラデー定数** 9.65×10^4 C·mol^{-1}，$\Delta\psi$：**膜電位**，R：気体定数 8.31 J·mol^{-1}·K^{-1}，T：絶対温度である。添字の $_{\text{in-out}}$ は，閉じた膜の外側の値を基準にしたときの，内側の値の意味である。

問 1　神経細胞と Ca^{2+}　ある神経細胞の内外の Ca^{2+} 濃度 $[Ca^{2+}]_{\text{in}}$ と $[Ca^{2+}]_{\text{out}}$ がそれぞれ $0.10\,\mu$M と 2.0 mM で，膜電位 $\Delta\psi_{\text{in-out}}$ が -70 mV のとき，Ca^{2+} の電気化学ポテンシャル差 $\Delta\mu_{Ca^{2+}\text{in-out}}$ はいくらか。温度は 37℃ とする。

解答例
$\Delta\mu_{Ca^{2+}\text{in-out}} = zF\Delta\psi_{\text{in-out}} + RT\ln([Ca^{2+}]_{\text{in}} / [Ca^{2+}]_{\text{out}})$
$= 2 \times (9.65 \times 10^4 \text{ C·mol}^{-1}) \times (-70\text{ mV}) + (8.31\text{ J·mol}^{-1}\text{·K}^{-1}) \times (273+37)\text{K} \times \ln(0.10\,\mu\text{M} / 2.0\text{ mM})$
$= -(2 \times 9.65 \times 70) \times 10^{4-3}\text{ J·mol}^{-1} + (8.31 \times 310)\ln(0.5 \times 10^{-4})\text{ J·mol}^{-1}$
$= -1.35 \times 10^4\text{ J·mol}^{-1} + (8.31 \times 310 \times -9.90)\text{ J·mol}^{-1}$
$= -13.5\text{ kJ·mol}^{-1} - 25.5\text{ kJ·mol}^{-1} = -39.0\text{ kJ·mol}^{-1}$

電気化学ポテンシャルは 2 つの成分からなる。1 つめの $zF\Delta\psi_{\text{in-out}}$ は電気ポテンシャルであり，2 つめの $RT\ln([A^{z+}]_{\text{in}} / [A^{z+}]_{\text{out}})$ は化学ポテンシャルである。前者はイオンの電荷と膜電位の積で決まり，後者は物質やイオンの濃度差の対数で効く。この Ca^{2+} イオンの場合，2 成分とも負になった。すなわち，細胞外を基準にすると内側のポテンシャルが低い。電気的な力も濃度勾配による力も，ともに Ca^{2+} を内側に移動させようとする。

一般にはこの 2 項の符号は同じとは限らない。2 成分は逆の符号で拮抗的にはたらくこともある。

問 2　K^+ の場合　ある細胞の内外の K^+ 濃度がそれぞれ 140 mM と 5 mM で，膜電位が -80 mV のとき，$\Delta\mu_{K^+\text{in-out}}$ はいくらか。温度は 35℃ とする。

解答例　問 1 と同様に考えて，
$\Delta\mu_{K^+\text{in-out}} = zF\Delta\psi_{\text{in-out}} + RT\ln([K^+]_{\text{in}} / [K^+]_{\text{out}})$
$= 1 \times (9.65 \times 10^4 \text{ C·mol}^{-1}) \times (-80\text{ mV}) + (8.31\text{ J·mol}^{-1}\text{·K}^{-1}) \times (273+35)\text{K} \times \ln(140\text{ mM}/5.0\text{ mM})$
$= -(9.65 \times 80) \times 10^{4-3}\text{ J·mol}^{-1} + (8.31 \times 308)\ln(28)\text{ J·mol}^{-1}$
$= -7.72 \times 10^3\text{ J·mol}^{-1} + (8.31 \times 308 \times 3.33)\text{ J·mol}^{-1}$
$= (-7.72 + 8.52)\text{ kJ·mol}^{-1} = +0.80\text{ kJ·mol}^{-1}$

この K^+ イオンの場合，第1項は負で第2項は正となった．電気的には内側に入ろうとし，濃度勾配としては外側に出ようとする．両者は拮抗的だが差し引きは正であり，流出の向きが優勢である．ちなみに Na^+ の場合，内外の濃度が K^+ とちょうど逆転しているとすると，$\Delta\mu_{Na^+ \text{in-out}}$ = $(-7.72 - 8.52)$ kJ·mol^{-1} = -16.24 kJ·mol^{-1} となり，流入方向のポテンシャル差が大きい．

問1と2はいずれもイオンだったが，糖やアルコールのように電荷のない物質も同じ式で計算できる．

問3 グルコースの場合 問2と同じ細胞の内外の Glc 濃度がそれぞれ 30 mM と 6.0 mM なら，$\Delta\mu_{\text{Glc in-out}}$ はいくらか．計算前にわかることは何か．

解答例 上の2問と同様に代入すれば解ける．電荷がない分子の場合 $Z = 0$ であり，第1項は消えて計算がたやすい．

$\Delta\mu_{\text{Glc in-out}} = zF\Delta\psi_{\text{in-out}} + RT\ln([\text{Glc}]_{\text{in}} / [\text{Glc}]_{\text{out}})$
$= 0 \times F\Delta\psi_{\text{in-out}} + (8.31 \text{J·mol}^{-1} \cdot \text{K}^{-1}) \times 308 \text{K} \times \ln(30 \text{mM}/6.0 \text{mM}) = +4.12$ kJ·mol^{-1}

動物細胞の細胞膜には，Na^+ の流入のエネルギーを利用して，濃度勾配に逆らってグルコースを取り込む膜タンパク質が存在する．これは **Na^+ グルコース共輸送体** とよばれる．$\Delta\mu_{Na^+ \text{in-out}}$（$-16.24$ kJ·mol^{-1}）の絶対値が $\Delta\mu_{\text{Glc in-out}}$（$+4.12$ kJ·mol^{-1}）の絶対値より大きいので，1:1 の比率で十分に取り込むことができる．これら数値の比較で，イオン何個当たり栄養分子何個が取り込みうるか，あるいは不要分子何個を排出しうるかも計算できる．$\Delta\mu$ は **浸透エネルギー**（osmotic energy）ともよばれる（図 3-5-1）．

イオンの浸透エネルギーが十分に大きいと，このような物質輸送のほか化学反応や **べん毛運動** などの駆動力にもなりうる．そのような汎用的エネルギー源としてとくに重要なのは，H^+ や Na^+ の2つである．ミトコンドリアや葉緑体では，F_oF_1-ATP 合成酵素による ATP 合成を H^+ 駆動力が推進している（3章）．小胞体やリソソーム・神経のシナプス小胞・植物の **液胞** などには **V_oV_1-ATP 分解酵素** というイオンポンプがあり，ATP の加水分解に伴って $\Delta\mu_{H^+}$ を形成する．この $\Delta\mu_{H^+}$ は，リソソーム内部の酸性化やシナプス小胞への神経伝達物質の濃縮などの仕事に使われている．このように細胞小器官では H^+ 駆動力が優勢なのに対し，動物や海洋細菌などの細胞膜では **Na^+ 駆動力** が主役となっている．また，植物や真菌・一般の細菌などの細胞膜では H^+ 駆動力が主である．

問2の計算結果をもう一度見てほしい．K^+ の $\Delta\mu$ の絶対値は，Ca^{2+} や Na^+ に比べ非常に小さい．これは，K^+ の濃度分布が膜電位 $\Delta\psi$ とほぼ釣り合っていることを意味する．一般に，膜が特定のイオンに対して他のイオンよりも高い透過性をもつなら，その膜の $\Delta\psi$ はその特定のイオンの濃度比によって決定される．細胞は一般に K^+ に対して最も透過性が高いので，細胞の静止電位はほぼ K^+ の平衡電位になっている．イオンの濃度比と膜電位との関係式を **ネルンストの式** という．

問4 膜電位の決定 ネルンストの式は通常，$V = X\log_{10}(C_o/C_i)$ と表される．V, C_o, C_i は表現が違うだけで，(ca.5.1) 式のそれぞれ $\Delta\psi_{\text{in-out}}$, $[A^{z+}]_{\text{out}}$, $[A^{z+}]_{\text{in}}$ と同じである．X は特定の数値である．温度が 37℃ のときの，1価の陽イオンに対する X の値を求めよ．

解答例 (ca.5.1) 式に定数を代入し変形する．$X = 61$ mV となる．自然対数を常用対数に置き換える場合，2.30 をかける必要があることに注意．

カフェアリス 3 では，生命現象全般における酵素の役割に重点をおけば，「汎酵素的生命像」を語ることができると述べた．それにならって生体膜とそのイオン駆動力の重要性に着目すれば，「汎膜的生命像」を構築することもできるだろう．

5 章のまとめと問題

まとめ

1. 生物の体は**階層的**に構成されている：原子＜分子（単量体＜生体高分子・多量体）＜超分子構造＜細胞小器官＜細胞＜組織＜器官＜器官系＜個体＜個体群＜群集・生態系。
2. 動物の組織は次の 4 つに分類できる。
   1) **上皮組織**；細胞がぎっしり詰まった薄板。体腔や器官のすべての表面をおおう。
   2) **結合組織**；細胞外基質に散在する細胞の集団。骨・腱・血液・脂肪組織など。
   3) **筋肉組織**；骨格筋・心筋・平滑筋。筋繊維どうしは密着。
   4) **神経組織**；中枢神経・末梢神経。神経細胞間にはシナプス間隙がある。
3. 動物の器官系は，植物性器官と動物性器官に分けられる。動物性器官は次の 3 つ。
   1) **神経系**：興奮する神経細胞とそれを支えるグリア細胞からなる。細胞体から長く伸びる軸索を電気信号が伝わる。シナプスの軸索末端から化学信号（神経伝達物質）が放出され，次の細胞に伝わる。中枢神経には，脳と脊髄がある。末梢には，随意の体性神経と不随意の自律神経がある。体性神経には，求心性の感覚神経と遠心性の運動神経がある。
   2) **感覚系**：外界や体内末梢からのエネルギー（刺激）を感覚器が感じ取り，感覚神経を介して中枢に伝える。感覚器は，エネルギーの種類に応じて化学（味覚や嗅覚）・電磁気（視覚）・機械（触覚や圧覚）・温度（冷覚や温覚）・痛覚の 5 つに分類される。上皮細胞由来のものと感覚神経由来のものがある。
   3) **運動系**：筋肉 - 骨格系ともいう。骨格には支持・保護・運動の 3 つの機能がある。筋肉は能動的に収縮する。弛緩すると，拮抗筋の収縮によって受動的に伸展する。筋肉は，細胞内 Ca^{2+} 濃度の上昇が引き金となって，モータータンパク質のミオシンと微小繊維のアクチンの滑り運動によって収縮する。
4. 生物一般の**硬組織**には，脊椎動物の硬骨のようにリン酸カルシウムを主成分にするもののほか，炭酸カルシウム・ケイ酸・キチンなどを主成分にするものがある。植物の木部は，セルロース・ヘミセルロース・リグニンを主成分とする。
5. 生物一般の動くしくみには，おもに次の 3 つがある。
   1) **アクチン - ミオシン系**：筋肉運動のほか，細胞内の収縮や輸送にもはたらく。ATP の加水分解を伴う。アメーバ運動は，アクチンからなる微小繊維のダイナミックな重合・脱重合による。
   2) **チューブリン - ダイニン系**：モータータンパク質ダイニンが ATP の加水分解に伴い，チューブリンからなる微小管との滑り運動で動く。鞭毛や繊毛のほか，神経軸索の物質輸送なども行う。
   3) **細菌のべん毛**：イオン駆動力による回転運動。

問題

1. 動物の 4 種類の組織とは，何々か。
2. 神経の電気信号と化学信号が伝わるしくみを，そこではたらく膜タンパク質に重点を置いて説明せよ。
3. 脊椎動物の視覚（光受容）で中心的にはたらく器官・組織・細胞・生体高分子・補欠分子族の名称を挙げよ。またそれらのお互いの関係を説明せよ。
4. 生物における次のような運動のしくみを，それぞれ簡潔に述べよ：筋肉・鞭毛・べん毛・繊毛・アメーバ運動・軸索輸送。

6章 植物性器官
身体という迷宮のトポロジー

6・1　消化系　☞ p.72
6・2　循環系　☞ p.74
6・3　排出系　☞ p.76
6・4　呼吸系　☞ p.78
6・5　生殖系　☞ p.80

　動物の体は，**トポロジカル**（topological, 位相幾何学†的）には，ちくわのような管だといえます。この貫通した穴は消化管といい，印象的に露出した赤い唇から臀部に隠された肛門まで，体の中心を突き抜けています。

　消化管の内腔はしたがって，トポロジカルには「体外」だといえます。実際腸には多数の微生物が**共生**して，ミクロの**生態系**をなしています。また，ホルモンなどの分泌が内分泌とよばれるのに対し，消化液の分泌は外分泌と称されます。

　これに対し，胸の奥や腹の中のような体腔と，心臓や血管からなる循環系は，それぞれ閉鎖されて外には通じておらず，トポロジカルに腸管とは異なる，正真正銘の「体内」です。

　前章で見た**動物性器官**は，動きを生み出したり顔面の配置も決めたりするため，未熟な新生児の関心も引くほど派手な存在です。それとは対照的に，本章で学ぶ消化系や循環系などの**植物性器官**は，地味な裏方です。しかし，動物の生存の基盤であり，身体の基本的なつくりを決めています。

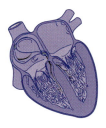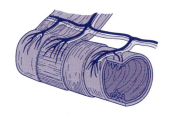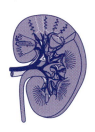

† **位相幾何学**（topology）；簡単にいうと，表面の凸凹など細かな差異には目をつぶり，内と外・裏と表・穴の数など大きな違いだけで図形を区別する考え方。ドーナツとコーヒーカップは，いずれも貫通した穴が1つずつであることから，位相幾何学的には同等である。丸餅と鉄アレイも同等である。「輪ゴムの幾何学」ともいい，連続的な変形で相互変換できるものは同じ形とみなす。

6・1 消化系

ヒトの消化系 (digestive system) は、ひとつながりの消化管[†]とそこに消化液を分泌する付属腺からなる（図 6-1-1）。消化管の壁では平滑筋が蠕動により食物を押し進める（5・5節）。消化管もいくつかに分節化されており，その境では括約筋 (sphincter) という筋層が環状の弁として物質の通過を調節する（図 6-1-2）。

上部消化管

食物の消化 (digestion) は口腔内で始まる。咀嚼に伴い歯 (tooth) で食物を切断・破砕する物理的消化と，唾液 (saliva) に含まれる消化酵素による化学的消化を行う。唾液のおもな消化酵素は，多糖のデンプン（1・2節）などを単糖や少糖に加水分解するアミラーゼ (amylase) である。唾液はまた，口内を滑らかにする糖タンパク質のムチン・細菌を殺すリゾチーム・酸を中和して歯の腐食を防ぐ緩衝剤なども含む。

咽頭 (pharynx) は口腔を食道と気道につなぐ。食物が気道に入るのは致死的なので，嚥下時には気管の開口部が喉頭蓋でふさがれる。厳密に制御されているとはいえ，そもそも危険な構造になっているのは，進化が理想的な設計とはかけ離れていることを示唆する。食道 (esophagus) の最上端は随意筋の横紋筋（5・4節）であり，嚥下は意識的に始まる。しかしその下部は不随意筋の平滑筋であり，無意識的な蠕動で食物を胃に送る。無重力空間の宇宙飛行士でも，飲み込んだ食物はぶじ胃に届く。

胃

胃 (stomach) は弾性のある壁をもち，約2Lの飲食物を収容できる大きな器官である。胃液 (gastric juice) はタンパク質分解酵素とpH約2の塩酸を含み，タンパク質の予備的消化を行う。胃壁の内面には，胃腺とよばれる細管状の分泌腺が無数に開口し，その上皮には主細胞・傍細胞・粘液細胞の3種がある。

胃は三重のしくみで自己消化を免れている。まず粘液細胞の分泌する粘液が胃壁をおおって保護している。第2に，タンパク質分解酵素のペプシン (pepsin) はまず不活性型のペプシノーゲン (pepsinogen) として主細胞から分泌され，傍細胞から分泌される塩酸により胃腺の外で一部切断されて初めて活性型に変わる。他の消化酵素も同様である。第3に，細胞分裂が盛んなので，3日で細胞自体が置き換わる。胃に棲むピロリ菌 *Helicobacter pylori* は胃酸にも耐性でしぶとく胃潰瘍や胃がんを引きおこすが，抗生物質で除去しうる。

小腸

酸性の胃内容物が幽門を通って小腸 (small intestine) に入ると，アルカリ性の消化液で中和される。ヒトの小腸は，消化管で最も長く6m以上ある。その初めの約25cmの部分は十二指腸 (duodenum) とよばれ，膵臓や肝臓・胆嚢・小腸壁から分泌される消化液が混ぜ込まれる。膵液は数種類の消化酵素とpH緩衝剤の炭酸水素塩を含む。胆汁 (bile) は肝臓でつくられ，胆嚢にいったん溜められる。胆汁は消化酵素を含まないが，界面活性剤の胆汁酸塩 (bile salt, 図 6-1-3) と，ヘモグロビンの分解産物であるビリルビン[†]を含む。胆汁酸塩は，脂肪を溶かし消化と吸収を助ける。

小腸における消化のほとんどはこの十二指腸でおこり，残りの空腸 (jejunum) と回腸 (ileum) はおもに栄養素と水分の吸収を行う。小腸の内面積は，大環状ひだ・指状の絨毛 (villus)・細胞膜の微絨毛 (microvillus) の3重構造のおかげでテ

[†] **消化管 (digestive tract)**；多細胞生物は，受精卵から発生する過程の初期に原口が穿たれ，消化管（腸管，intestinal t.）になる（8・1節）。原口がそのまま口になるのが昆虫やイカ・タコなど旧口動物で，原口が肛門になり反対側が口になるのがヒトを含む新口動物である（9・5節）。

[†] **ビリルビン (bilirubin)**；赤褐色の色素で，大便が黄色，小便が淡黄色になるおもな原因。

[†] **腸内の細菌 (intestinal bacteria)**；ネズミ目やウサギ目も，大腸に細菌が共生し貴重な栄養素をつくっているが，栄養の吸収はおもに小腸で行うため，糞便を食べてその栄養を回収している。特徴的な小球状の糞便は，腸管を2度通過した残りかすである。原核生物の代謝はきわめて多様なのにひきかえ，真核生物は進化の途中でその多くを失った。動物は腸内に微生物を共生させることによって，その多様性を借用している。

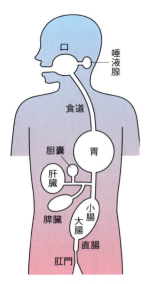

図 6-1-1　消化系の模式図

ニスコート大（約 300 m²）に広がり，効率的に吸収がおこる（図 6-1-4）。微絨毛にあるリンパ系の乳糜管では，**脂質**がリポタンパク質に結合しキロミクロン（chylomicron）という小滴になって運ばれる。毛細血管では，水溶性の**アミノ酸**や糖類が輸送される。

肝　臓

乳糜管は大リンパ管に集合し，リンパ液はそのまま大静脈に流れ込む。これに対し，毛細血管はいったん**肝門脈**（hepatic portal vein）に集合するが，肝臓（liver）でふたたび毛細血管を経てから大循環系に注がれる。これは，吸収された水溶性外来物質をすべて肝臓という関所で検査し調整してから，初めて全身に通すためである。たとえばグルコース濃度は，食物中の炭水化物量に関わらず，肝臓を出る血液ではほぼ 90 mg/dL になる。"liver"（生かすもの）という名前からも想像されるように，肝臓は生存に重要な多くの機能を担っている。

大　腸

大腸（large intestine）には絨毛がない。袋小路になった盲腸（cecum）・主要部の結腸（colon）・終端部の直腸（rectum）の 3 部分からなる。盲腸には指状の突起の虫垂（appendix）が付随する。約 1.5 m ある結腸の主な機能は水分の吸収であり，粥状の内容物は**蠕動運動**で移動する間に，固形の糞便（faces）となる。結腸に到達する水分は，飲んだ量より消化液などとして分泌された量（約 7 L）の方が多く，9 割が小腸と結腸で再吸収される。ウイルスや細菌の感染で，水分の再吸収が妨げられると下痢になり，蠕動運動が不活発で，糞便の移動が緩慢だと再吸収が長引き逆に便秘になる。

大腸には**大腸菌** *Escherichia coli* やバクテロイデスなど嫌気性菌が多数共生している。**腸内の細菌**[†]にはビオチンや葉酸・ビタミン K・ビタミン B 群を合成するものがあり，宿主のヒトも利益を得ている。ウシがわらを食べ，シロアリが木材を栄養にできるのも，動物がつくれない**セルロース分解酵素**を共生菌が産生するためである。

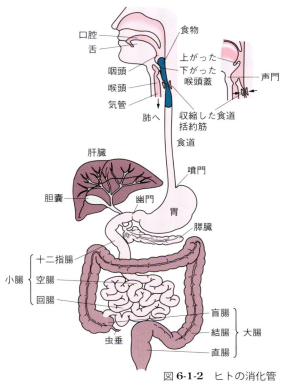

図 **6-1-2**　ヒトの消化管

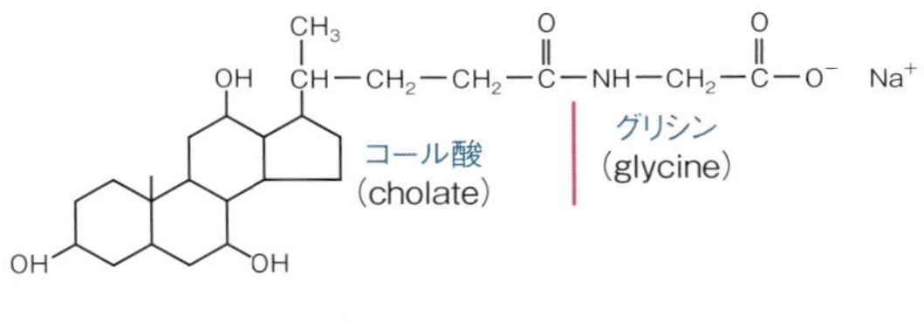

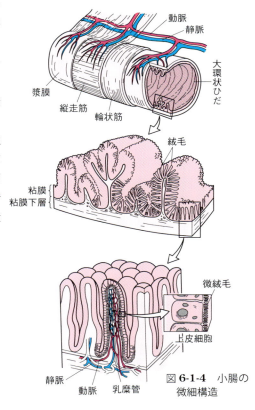

図 **6-1-4**　小腸の微細構造

図 **6-1-3**　胆汁酸塩
グリコール酸ナトリウム（sodium glycholate）

6·2 循環系

循環系（circulatory system）は，血液（blood）と血管（blood vessel）および血液を押し出すポンプの心臓（heart）の3要素からなる（図6-2-1）。循環系は環境との物質交換のために発達した。単細胞生物は栄養の取り込みや老廃物の排出を拡散によって行うが，拡散に要する時間は距離の二乗に比例するので，数mm以上の大きさの多細胞生物には循環系が必要である。循環系はしかし，死因[†]の1位を占める部位という不名誉も負っている。

血管系

昆虫や貝類は開放血管系（open blood-vascular system）をもち，脊椎動物やイカ・タコ類は閉鎖血管系（closed b.-v. s.）をもつ。開放系の方が組織の構築と維持に要するエネルギーが少なく低コストなので，小さな動物に適し，閉鎖系は血圧（blood pressure）を高くできるので，代謝の活発な大型動物に向く。

脊椎動物の閉鎖血管系は心臓血管系（cardiovascular s.）ともよばれ，血液を押し出す心室（ventricle）と，戻る血液を収める心房（atrium）に分かれた心臓をもつ（図6-2-2）。ヒトの血管の総延長は地球を2周半する10万kmに及ぶ。血管は心臓からの血流の順に，**動脈**（artery）・**毛細血管**（capillary）・**静脈**（vein）に3大別される。動脈の下流部を細動脈（arteriole），静脈の上流部を細静脈（venule）とよぶ。小腸の毛細血管はいったん集合して肝臓に入り，再び毛細管に分かれる（前節）。このような2つの毛細血管床を局所的に結ぶ静脈を，一般に**門脈**（portal vein）という。

毛細血管壁は赤血球や高分子の大部分は通さないが，一部の血漿タンパク質と液を漏出する。流出液量は4 L/dayを超え，**リンパ系**（lymphatic s.）という別の管系に回収されて右心房近くの大静脈に戻る。リンパ系は生体防御にはたらく（7·4節）。

心臓

心臓は生涯にわたって自律的に拍動する驚異的な器官であり，ヒトでは約30億回収縮する。心臓の拍動により，ヒトの動脈では約30 cm/sの速さで血液が流れるのに対し，毛細血管では千分の1に減速するため，組織での物質交換能力が高まる。毛細血管は細いが膨大な本数に分岐するので，総断面積はずっと広いため，この減速がおこる。動脈の血圧は，収縮期の約120 mmHgと弛緩期の80 mmHg以下の間で振動するが，毛細管を経た静脈では0になる。

魚類の循環系は，1心房1心室の心臓が駆動する単一の循環回路なので，血液が体に供給されるのは鰓の毛細管で血圧が下がった後になってしまう（図6-2-3）。両生類と爬虫類は2心房1心室の心臓で2度拍出して血圧を上げるが，その代償に静脈血と動脈血が混ざる。鳥類と哺乳類の心臓は2心房2心室に分かれ，両血液を完全に分離する二重循環である。この2類は別系

[†] **死因**；日本人の死因の統計では，がんが30%近くて1位であり，心臓発作（heart attack）などの心疾患が15%強で2位，脳卒中（stroke）などの脳疾患が約15%で3位とされている。しかし脳疾患の大部分は，出血や血栓の場がたまたま脳内であったに過ぎず，実は心臓血管病（cardiovascular disease）である。これらを合計すればがんを抜いて死因の第1位である。心臓血管病の傾向はある程度遺伝的であるが，喫煙・運動不足・高脂肪食など生活習慣にも大きく依存している。

[†] **自動性**（automaticity）；組織や器官が，他からの刺激なしに興奮を継続する能力。自動興奮性。心筋細胞は取り出して組織培養しても律動する自動性の細胞である。ウサギなどの実験動物では，丸ごとの心臓を切り出しても，冠動脈に生理塩溶液を流してグルコースと酸素を供給し続ければ，一日 薬理学的実験ができるほど正常な拍動を続ける。

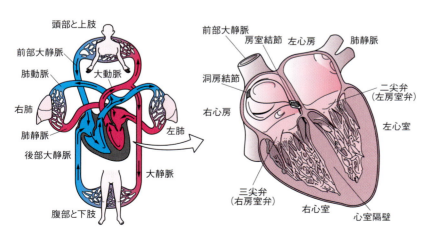

図 6-2-1　哺乳類の心臓血管系　文献2）を参考に作図　　図 6-2-2　心　臓

統の爬虫類に由来するので，独立に4室化した収斂進化の例である（9・4節参照）。

心筋（cardiac muscle）は細胞を取り出しても律動する**自動性**[†]をもつ（5・5節）。特殊化した筋肉組織である**洞房結節**（sinoatrial node）は，ペースメーカー（pacemaker）と

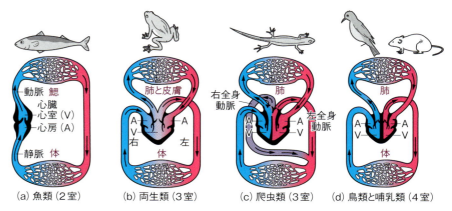

図 6-2-3　脊椎動物の循環系 文献2)を参考に作図

して電気的インパルスを発して心房全体を同調収縮させる（図 6-2-2）。房室結節（atrioventricular node）はその電気的信号を受け，血液の移動時間分の約 0.1 秒遅らせて心室全体を収縮させる。心拍は**自律神経**や**ホルモン**にも影響される（7 章）。

血液

血液は，液体の**血漿**（plasma）と，そこに浮遊する細胞群からなる結合組織（5・1 節）であり，pH は 7.4 に保たれている。血漿は無機塩類とタンパク質を溶質とする水溶液で，約 90％ は水である。血漿タンパク質には，脂溶性物質を運ぶ**アルブミン**・病原体を攻撃する抗体（7・4 節）・出血を防ぐ凝固因子のフィブリノーゲンなどがある。凝固因子を除いた血漿を**血清**（serum）という。

フィブリノーゲン（fibrinogen）は常時存在するが不活性である。血管の破断による刺激を受けると活性型の**フィブリン**（fibrin）に転換し，局所的に凝固して傷口をふさぎ止血する。この自己封印反応は多数の凝固因子が関わる連鎖反応で開始され，血小板も活性化されて損傷部に集まってはたらく。

血液細胞には，酸素 O_2 を運ぶ**赤血球**[†]と，免疫系（7・4 節）ではたらく**白血球**（white b. c., leukocyte）の 2 種類があり，また細胞断片として血液凝固に関わる血小板（platelet）がある。これらは骨髄にある多能性**造血幹細胞**（hemopoietic stem cell）から分化する（図 6-2-4）。ヒトの**赤血球**は中央部が薄くぼんだ円盤状の小さな無核細胞（直径約 8 μm）である。密度は約 500 万/μL で，人体 5L の血液に 25 兆個も含まれる。白血球の密度は 5 千～1 万/μL だが，感染と闘う際には一時的に増加する（7・4 節参照）。白血球にはリンパ球・顆粒球・単球がある。リンパ球には，骨髄（bone marrow）で成熟する B 細胞（B cell）と胸腺（thymus）に移って成熟する T 細胞（T cell）のほか，ナチュラルキラー細胞（natural killer cell，NK 細胞）もある。好中球や好酸球などの顆粒球や，単球から派生するマクロファージ（macrophage）は，食作用（2・2 節）によって病原体や自己細胞の死骸・老廃物などを幅広く取り込み消化する**食細胞**（phagocyte）である。

[†] **赤血球**（red blood cell, erythrocyte）; 鉄原子 Fe に O_2 を結合して全身に運搬する**ヘモグロビン**（血色素，図 1-4-3）を含む（6・4 節）。ミトコンドリアもなく ATP はもっぱら解糖系でつくるので，積み荷の O_2 を浪費しない。組織が十分に O_2 を受け取っていないと，腎臓がエリトロポエチン（erythropoietin, EPO）というペプチドホルモンを分泌して赤血球の生成を促進する。合成 EPO は貧血の治療に用いられる。

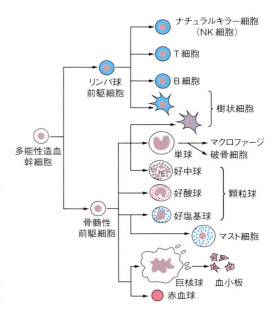

図 6-2-4　血液細胞とその由来 文献3)を参考に作図

6・3 排出系

排泄物のうち，大便は消化系の最末端の残渣なのに対し（6・1節），小便は排出系（excretory system，排泄系）という特化したしくみで濾過された主産物である。排出系の中心は**腎臓**†である。腎臓は，窒素含有老廃物の廃棄と水平衡すなわち浸透調節をおもな役割としている。

腎臓と尿路

ヒトの腎臓は長さ約 10 cm の暗赤色ソラマメ形の器官で，体腔背側に左右一対ある（図 6-3-1）。血液は腎動脈（renal artery）によって流入し，腎静脈（renal vein）によって流出する。重量は体重の 1 % 以下なのに，血流は休息時で心拍出量の約 20 % を受け入れる。1 日当たりの通過量は約 1500 L で，全身の血液量の 300 倍にのぼる。腎臓で血液から濾しとられた溶液は尿（urine）となり，尿管（ureter）という太い導管を通って膀胱（urinary bladder）に蓄えられ，**尿道**† から排泄される。

腎臓は外側の**腎皮質**（renal cortex）と内側の**腎髄質**（renal medulla）の明瞭な 2 領域に分かれる（図 6-3-2）。腎臓の構造・機能単位は，この 2 領域をつらぬく細長い**腎単位**（nephron，ネフロン）であり，左右で計 100 万個ほどある（図 6-3-3）。腎単位は，皮質にある腎小体（renal corpuscle，マルピギー小体 malpighian c.）と，それに続き髄質にまたがる尿細管からなる。

腎小体の中心には**糸球体**（glomerulus）という毛細血管の球体がある。ここには，腎動脈から細かく分かれた輸入細動脈（afferent arteriole）によって血液が入り込み，再び 1 本に集合した輸出細動脈（efferent a.）として出ていく。この細動脈はもう一度細かく分枝して細尿管を取り巻く**周管毛細血管**（peritubular capillary）となったあと，最終的に腎静脈に集合する。糸球体は**ボーマン嚢**（Bowman's capsule）とよばれるカップ状の膨らみに囲まれている。この嚢からは 1 本の細尿管が出ており，複雑に屈曲しながら近位細尿管・ヘンレのループ・遠位細尿管の 3 部位を経たあと集合管（collecting duct）につながる。集合管は腎盂（renal pelvis）に集まって尿管に続く。細管の総延長は 80 km に及ぶ。

腎単位のはたらき

腎単位のつくりは複雑だが，**トポロジカル**にはたった 2 つの細管系からなる。すなわち，閉鎖した血管系の一部分と，遠方で外部につながる細尿管である。両者は密接に絡み合うが，内部空間はつながってはいない。それぞれ別個に間質液に浸されている。物質は直接交換されず，両管の上皮を通り抜けて拡散する。前者から後者への物質移動を濾過あるいは分泌，その逆方向の移動を再吸収という。

糸球体からは血漿成分が濾過されてボーマン嚢に回収される。このとき血球細胞やタンパク質など高分子は漏れ出ない。しかし小分子は，尿素などの老廃物や毒素のみならず，**グルコース・アミノ酸・ビタミン**などの栄養素や Na^+・K^+・Cl^-・HCO_3^- などのイオンも水とともに濾し出される。そのあとの細尿管で，栄養素や大部分の水・イオンは再吸収され，老廃物や毒素だけが残され尿として排泄される。この際，通過血液量の 1 割にあたる 1 日約 150 L の水分が濾過されるが，そのうち 99 % が再吸収され，排出に至るのは約 1.5 L だけである。

ヘンレのループでは，巧みなしくみで水と NaCl の再吸収が行われる。

† **腎臓**（kidney）；血液の浄化装置。「肝腎かなめ」という言葉にも表れているように，肝臓（6・1節）と並ぶ重要な臓器である。植物性器官を将棋にたとえるなら，心臓が王将で肝臓と腎臓が飛車と角かもしれない。

† **尿道**（urethra）；男性では生殖系（6・5節）の精液の導管と合流して陰茎をつらぬくのに対し，女性では生殖系とも消化系とも独立に直接体表に開口する。これらを含めヒトの体には，汗腺のような微細な穴を除き，男性で 9 つ，女性で 10 の穴があるとされる。消化系の口と肛門（6・1節），呼吸系の鼻の穴 2 つ（6・4節），感覚器の両目・両耳（5・3節）と尿道で 9 つとなり，女性では膣が加わる。このうち口から肛門まで消化管は貫通しており，2 つの鼻の穴はそれに通じている。両目も鼻涙管で鼻に通じているが，他は複雑ながらトポロジカルにはくぼみに過ぎない。

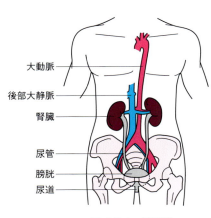

図 6-3-1　排出系

腎臓の間質液は，皮質から髄質に向け漸進的に浸透圧が高くなっている。ループ前半の下行脚は，水は透過するが塩は通らないため，液は管内を下行するにつれ水を失い続ける。逆に後半の上行脚は，塩を透過するが水は通らないため，液は上行するにつれ NaCl を失い続ける。

栄養物の再吸収にはエネルギーが必要で，近位細尿管で**能動輸送**[†]される。水の再吸収は浸透圧にもとづき受動的に行われる。塩の輸送は部位により能動・受動の両様で行われる。HCO_3^- イオンは体液の重要な pH 緩衝剤なので，約 90％ が再吸収される。

窒素排出と進化

最も重要な老廃物は，タンパク質や核酸が分解してできる窒素含有物である。有機物が分解されると，C，H，O からなる炭素骨格はエネルギー源として有効に利用されるが，窒素原子は脱アミノ反応で有毒な**アンモニア**（ammonia）になる。アンモニアは毒性の強い点が問題だが水に非常によく溶けるので，魚類や無脊椎動物など多くの水生動物はそのまま排出して拡散させる（図 6-3-4）。

しかし陸生動物にアンモニア排出は適さない。哺乳類などは，尿素回路という肝臓の代謝経路で，二酸化炭素に 2 分子のアンモニアを結合させた形の**尿素**（urea）に変換する。尿素にも毒性はあるが，アンモニアの 10 万分の 1 と弱い。水にもよく溶けるので腎臓から濃い尿として排出でき，少量の水で足りる。

しかし陸生動物の有殻の卵は，ガスは透過させても水は透過させないため，尿素でも有害なレベルに達する。そこで鳥類や爬虫類・昆虫・陸生巻貝などはおもに**尿酸**（uric acid）の形で窒素を排出する。尿酸は 2 分子の尿素を含んだ形の複素環式化合物である。水に不溶なので半固形物として留め置き，孵化の際に無害な固体として置き去りにできる。

両生類は，水生の幼体（オタマジャクシ）ではアンモニア排出だが，陸生の成体では尿素排出に変わる。また陸生のカメは尿酸排出だが，別種の水生のカメは尿素を排出する。同一種のカメが環境条件に応じて排出物の種類を切り替える場合もある。動物の窒素排出はこのように，生息環境を反映して進化してきた。

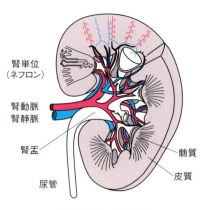

図 6-3-2　腎臓

[†] **能動輸送**（active transport）；生体膜の内在性膜タンパク質（2・1 節）がエネルギーを利用して物質を輸送すること。エネルギーを使わず透過を促進する受動輸送（passive t.）に対比され，物質を濃縮することもできる。能動輸送のうち，ATP など化学エネルギーを用いるものを一次能動輸送，Na^+ や H^+ などの**イオン駆動力**（電気化学ポテンシャル差 $\Delta\mu$）を用いるものを二次能動輸送という（カフェ・アリス 5）。

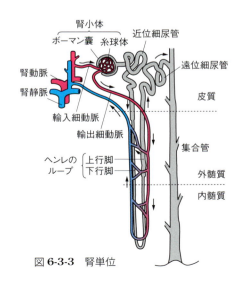

図 6-3-3　腎単位

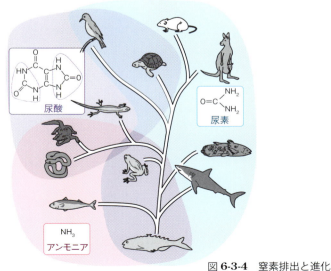

図 6-3-4　窒素排出と進化

6・4 呼吸系

呼吸の本質は細胞レベルでのエネルギー獲得にあり、細菌や植物とも共通しているが（3・3節）、動物ではとくに、個体レベルのガス交換（gas exchange）のために、呼吸系（respiratory system）が発達している。循環系における栄養（6・2節）や排出系における老廃物（前節）の場合と同様、O_2 や CO_2 のような気体も、動物の体が大きくなると外界とのやり取りには拡散では限界があるため、広い呼吸界面（respiratory surface）が必要になる。O_2 供給源は、陸生動物では空気である。昆虫では全身に気管系を発達させ、哺乳類では局所に肺をもっている。一方、水生動物では水であり、無脊椎動物や魚類は鰓をもっている。ここではおもにヒトの肺を考える。

気道

肺（lung）の気管系も**トポロジカル**には消化管のくぼみである。**毛細血管**と広く接するが、つながってはいない。空気は鼻孔から入り、鼻毛によって濾過・加温・加湿され、鼻腔で臭気がチェックされる（図6-4-1）。気道は咽頭で消化管（6・1節）と合流するが、また分岐する。気管の上部の**喉頭**（larynx）は、食物の嚥下時に喉頭蓋でふさがれるので、食物は紛れ込まない（図6-1-2）。気道の上部は発声・調音器官でもあり、喉頭には**声帯**（vocal cord）がある。声帯は開閉する左右一対のひだであり、呼気が勢いよく通過する時に振動して声が出る。

気道は喉頭から**気管**（trachea）を経て、2本の**気管支**（bronchus）に分岐し左右の両肺につながる。気管支はさらに枝分かれをくり返し、**細気管支**（bronchiole）となる。全気管系は逆さ吊りの樹状である。気道の上皮は**繊毛**（5・4節）でおおわれている。外気から侵入した微粒子は粘液が捕獲した上、外向きに波打つ繊毛

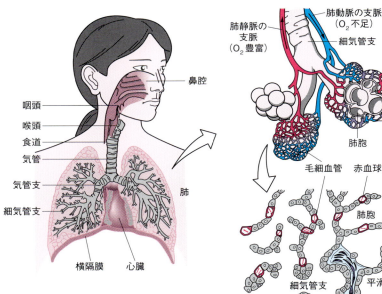

図6-4-1 呼吸系 文献2)を参考に作図

図6-4-2 細気管支と肺胞

が咽頭まで押し上げて、呼吸系は浄化される。細気管支の先端は、**肺胞**（alveolus）という行き止まりの房になっている（図6-4-2）。

O_2 や CO_2 のやり取りは循環系によって仲介される。肺胞の表面は、総面積約 $100\,m^2$ の広い呼吸界面であり、毛細血管におおわれている。この血管には肺動脈から O_2 不足の**静脈血**[†]が流入し、O_2 の豊富な**動脈血**[†]に変わって肺静脈に出て行く。肺胞に入った O_2 は湿った被膜に溶け、上皮を経て毛細血管に拡散する。CO_2 は血

[†] **静脈血**（venous blood）と**動脈血**（arterial b.）；血管の「動静」は心臓に対する血流の方向で決まり、血液の「動静」は O_2 の多寡で定義される。したがって肺動脈には O_2 不足の静脈血が流れ、肺静脈には O_2 の豊富な動脈血が流れることに注意を要する。

液から逆方向に移動し空気に拡散する。

換　気

ヒトは空気の交互吸排としての**呼吸**（breathing）を意識的に調節できるが，睡眠時も含め日常的には無意識的に律動する機構が備わっている。おもな呼吸中枢は脳の**延髄**と**橋**の2か所にある。橋の中枢に促されて，延髄の中枢が基本的なリズムを刻む。大動脈と頸動脈には，血液のO_2とCO_2の濃度およびpH（CO_2濃度を反映）を監視するセンサーがあり，延髄を介して呼吸運動を制御する。

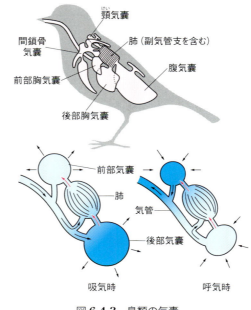

図 6-4-3　鳥類の気嚢

カエルのような両生類は，口と鼻を閉じて口腔の力で空気を肺に押し込む陽圧呼吸（positive pressure breathing）をする。これに対し哺乳類は，**横隔膜**（diaphragm）を下げ肋骨を上げて，胸腔の容積を広げることによって空気を肺に吸い込む陰圧呼吸（negative p. b.）をする。呼気と吸気の容積すなわち換気量（tidal volume）は休息時では約 0.5 L で，深呼吸時の最大量の肺活量（vital capacity）は青年男女でそれぞれ約 4.8 L と 3.4 L である。最大限吐き出しても残余量（residual v.）があるので，肺内のO_2濃度は，最大時でも大気よりかなり低い。

哺乳類の換気（ventilation）の効率がこのように低いのに対し，**鳥類の肺**[†]では空気が一方向に流れるため，肺の最大O_2濃度は大気とほぼ同じ水準に上げられる（図6-4-3）。換気能の高い呼吸系のおかげで，南アジアのアネハヅルは空気の薄い高空に昇り，遥かなるヒマラヤ山脈を越えて渡ることができる。

ヘモグロビン

O_2の水への溶解度は低く，1 L の血液に 4.5 mL しか溶存しない。しかし哺乳類の血液はヘモグロビン（6・2節）のおかげで，1 L 当たり約 200 mL のO_2を運べる。

ヘテロ四量体のヘモグロビン（hemoglobin，図 1-4-3）は，各サブユニットの**ヘム** Fe にO_2を結合するので，ヘモグロビン分子は合計4つのO_2を結合する。4つのサブユニットは**アロステリック効果**[†]により，互いの立体構造（コンホメーション）に影響を与える。サブユニットそれぞれのO_2に対する親和性は，他のサブユニットにO_2が結合していると高められ，結合していないと低い。正の相互作用である。このしくみは，わずかなO_2濃度変化にも鋭敏に反応して，結合・解離をしやすくする。

一方，組織から血液に回収されるCO_2も，9割以上が赤血球内に拡散する。ただしヘモグロビンに結合して運搬されるのは23％に過ぎず，しかもヘムではなくアミノ酸残基に結合する。70％は炭酸脱水素酵素によって炭酸に変えられ，HCO_3^-とH^+に解離して移動する。CO_2のまま**血漿**に溶けて運ばれるのは，残り7％のみである。

[†] **鳥類の肺**；哺乳類の呼吸界面が袋小路の肺胞であるのに対し，鳥類のそれは空気が連続的に流れる微細な導管の**副気管支**（parabronchus，複数形は-chi）である。また肺とは別に**気嚢**系が腹部・胸部・頸部に広がる。気嚢自体に呼吸界面はないが，気嚢が拡張すると吸気はまず後部の気嚢に入り，肺の空気は前部の気嚢に移る。気嚢が収縮すると後気嚢の空気が肺に入り，前気嚢から呼気が出て行く。

[†] **アロステリック効果**（allosteric effect）；タンパク質分子の上で，ある部位への**リガンド**（ligand, 大きな分子に結合する小さな分子の総称）の結合が他の部位にも影響を与えること。そのうち同種のリガンドどうしの作用を**ホモトロピック**（homotropic），異なるリガンド間の作用を**ヘテロトロピック**（heterotropic）という。ヘモグロビンにおけるO_2の作用は正（positive）のホモトロピックなアロステリック効果であり，酵素の**フィードバック阻害**（3・1節）は負（negative）のヘテロトロピックな例である。

6·5 生殖系

性と生殖

生物が同一種類の新個体をつくる現象を**生殖**[†]という。生殖には，性が関わる有性生殖（sexual r.）のほかに，性が関わらない無性生殖（asexual r.）もある。半数体の配偶子が受精する有性生殖では，新個体は両親から**ゲノム**を一組ずつ受け取るのに対し（4·1節），単細胞生物の分裂や出芽，植物の株分けなどの無性生殖では，一個体の親からそのままゲノムを受け継ぐ。配偶子が受精しないまま成体に育つ**単為生殖**[†]もある。

動物の生殖系（reproductive system）には，体表の外部器官と体内に隠れた内部器官がある。人の関心は外性器に向かいやすいが，生理的には内部生殖器官が重要である。内部器官は，生殖腺と複雑な管系からなる。生殖腺の精巣と卵巣はもともと由来が同じなのに対し，管系は雌と雄[†]で由来が異なる（図6-5-1）。ヒトの胎児は受精後6週目まで雌雄に差がなく，**ミュラー管**と**ウォルフ管**という2つのくぼみ（管系）をもつ。7週目から生殖系の分化が始まる。雌では，ミュラー管が輸卵管と子宮に発達し，ウォルフ管は退縮する。一方，雄では，ミュラー管は消失して，ウォルフ管が輸精管・精嚢・精巣上体に発達する。

女性生殖器官

ヒトの女性外部生殖器官は，陰核と膣口およびそれらを囲む2組の陰唇（大陰唇と小陰唇）である（図6-5-2）。内部器官は，卵とホルモンを放出する卵巣と，子宮・輸卵管・膣からなる一連の管系である。

膣（vagina）は薄い壁で囲まれた小室で，交接に伴う精子の貯蔵場所であるとともに，子が誕生する産道となる。**子宮**（uterus）は拡張可能な厚い筋肉性の器官で，妊娠時には4 kgの胎児を収容する。**子宮内膜**（endometrium）には血管が豊富に供給されており，**子宮頸部**（cervix）は膣に開く。子宮の奥からは両側に**輸卵管**（oviduct）が伸び，卵巣に向かって広がり開口している。輸卵管の内側上皮には**繊毛**があり，腹腔から溶液を管内に吸引することによって，卵巣からの卵細胞を収集して管内に降下させる。

卵巣（ovary）は腹腔内に1対ある生殖腺で，子宮に両側から付着している。卵巣内には**卵胞**（follicle）という構造が多数あり，それぞれ1個の卵細胞が包まれている。思春期から閉経期まで，約28日間の月経周期中に卵胞が1個ずつ成熟し，生殖年齢中に合計400〜500個の卵細胞を放出する。月経周期では，卵胞期と黄体期がおよそ半々でくり返す。卵胞は成熟しながら女性ホルモン（estrogen，**エストロゲン**，卵胞ホルモン）を分泌して子宮に作用し，内膜を肥厚させて着床の準備をさせる。排卵（ovulation）がおこると，残る卵胞組織は**黄体**（corpus luteum）という固形塊に変化し，黄体ホルモン（progesterone，**プロゲステロン**）を分泌する。輸卵管で受精し子宮に着床すれば，黄体は存続しホルモンを分泌し続け，妊娠を安定に支えるとともに次の卵胞の成熟と排卵を阻止する。受精しなければ子宮内膜ははがれ落ち，血液とともに膣を経由して体外に排出される。これが月経である。出産は受精から平均38週（最終月経開始から40週）後になる。

[†] **生殖**（reproduction）：生殖が必ずしも性（sex）と結びついていないことは，英語が「再生産」とも訳せることからも理解しやすい。繁殖（breeding）や増殖（multiplication, propagation）も類義語だがすこし違う。繁殖は個体数が増加する点に重点がある上，生殖に関わる生態学的な諸活動を包括的に表す。増殖は数の増加に重点がある上，個体だけでなく細胞や高分子などにも用いられる。

[†] **単為生殖**（parthenogenesis）：本来有性生殖をする生物において，卵が受精しないまま発生して個体になる生殖。ハチ類やアリ類など社会性昆虫や，ミジンコ・一部の魚類・両生類・トカゲ類などでおこる。有性生殖に分類されるが，1個体のみからゲノムを引き継ぐという本質的な意味では，無性的な生殖である。

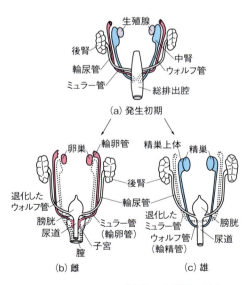

図 6-5-1　哺乳類の生殖系の発生

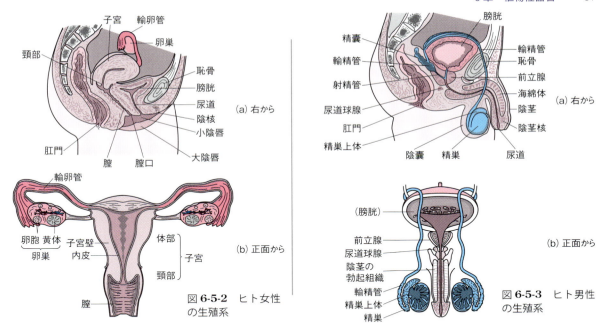

図 6-5-2 ヒト女性の生殖系

図 6-5-3 ヒト男性の生殖系

乳腺（mammary gland）は乳汁を分泌する外分泌組織である。上皮組織の小囊が乳汁をつくり，乳首にある一連の管口に流出する。両性にあるが，男性では退化している。

男性生殖器官

ヒトの男性外部生殖器官は，陰囊（scrotum）と陰茎（penis）である（図 6-5-3）。内部器官の**精巣**（testes）は，陰囊の中に保持され精子とホルモンを形成する。ほかに精子の運動に必要な液を分泌する3つの付属腺，および精液と分泌物を運ぶ導管がある。

精巣は直径 4〜5 cm の卵形で，精子を形成する場である細精管（seminiferous tubule）が高度にらせん化して密に詰まっている。細精管の間に散在するライディッヒ細胞（Leydig cell）は，**テストステロン**（testosterone）などの男性ホルモン（androgen，**アンドロゲン**）を産生する。それらは血流にのって全身に運ばれる。精巣は胎児期に体腔内で発達する。しかし正常な精子の産生には体温は高すぎるので，誕生前に約 2℃ 低い陰囊に降下する。

精巣からの導管は精巣上体・輸精管・射精管を経て，**排出系**を兼ねる尿道（6·3節）に合流する。精巣（睾丸）の隣にある精巣上体（epididymis，副睾丸）は，総延長 6 m の渦巻き状の細管からなる。精子はここで運動性を獲得し成熟する。その先の輸精管（vas deferens）は，陰囊から出て膀胱の周囲を後方に回るという奇妙な迂回路を経てから，射精管（ejaculatory duct）に通じる。

付属腺には精囊（seminal vesicle）・前立腺（prostate gland）・尿道球腺（bulbourethral gland）の3組がある。精液（semen）の体積の6割は精囊から，3割は前立腺からの分泌物である。これらは精液に**フルクトース**やクエン酸など精子の栄養や，**プロスタグランジン**など局所調節因子を付加する。性的に興奮するとこれら精巣上体や精囊・前立腺の壁の**平滑筋**が協調的に収縮して射精（ejaculation）がおこる。前立腺の良性肥大は日本人男性の8割に生じ，**前立腺がん**は男性の最も一般的ながんである。

† **雄**（male）と **雌**（female）；動物一般は「雌雄」，ヒトでは「男女」と訳す。この節ではとくにヒトを中心に記述する。これらの熟語で順番が逆なのは，冷静な学術用語と，家父長制の影響を残す日常用語との違いかもしれない。英術語の "female" が徴付きなのを見ると，欧米では学術用語にも伝統的な慣習が影響し続けているのかもしれない。

数字で探検する人体

　1966年の古典的な SF 米映画に『ミクロの決死圏』がある。脳内出血をおこした要人の命を助けるため，潜水艇に乗り組んだ医療チームが特殊光線を浴びて丸ごと縮小し，要人の体内を探検して任務を果たすというサスペンス・ファンタジーであり，人体の各所を内側から見るという啓蒙的で楽しい映画である。

　人体は階層的にできている。数値も，分子レベル・細胞レベル・個体レベルなど階層ごとで様々な意味合いをもっている。とくに医療のデータには数字が多い。健康診断でなじみの血液検査のデータにも，様々な数値が含まれている。

<u>問1　血液の組成</u>　ヒト成人の全血液中には，赤血球とグルコース・Na^+ イオンはそれぞれ何個ずつ含まれているか。ただし体重は 60 kg で，体重の 1/13 が血液だとする。

<u>解答例</u>　6·2節より，血液 1 μL（mm^3）中の赤血球数は，約 500 万個である。血液の密度が $1.10\,g\cdot cm^{-3}$ だとすると，

(赤血球の総数) = (血液の総体積) × (体積当たりの赤血球数)
　　　　　　　= (血液の総重量) / (血液の密度) × (体積当たりの赤血球数)
　　　　　　　= $(60 \times 10^3\,g/13) / (1.10\,g/cm^3) \times (500 \times 10^4/mm^3)$
　　　　　　　= $(60 \times 500 \times 10^{3+4}) \times (10\,mm)^3 / \{1.10 \times 13\,mm^3\}$
　　　　　　　= $(60 \times 500) / (1.10 \times 13) \times 10^{7+3}$
　　　　　　　= 2.10×10^{13}

一方，**血糖値**とは，**血漿**中のグルコース（Glc）濃度のことであり（1·2節），通常 $mg\cdot dL^{-1}$ すなわち 100 mL 当たりの mg で表す。この"d"は接頭辞の「デシ」で，1/10 の意味である（カフェアリス1参照）。血漿は血液の 55% を占める。グルコース $C_6H_{12}O_6$ の分子量は $12 \times 6 + 1 \times 12 + 16 \times 6 = 180$ なので，血糖値が $100\,mg\cdot dL^{-1}$ の場合，

(Glc の総分子数) = (血漿の総体積) × {(体積当たりの Glc 重量) / (Glc 分子量)} × (アボガドロ定数)
　　　　　　　= $(60 \times 10^3\,g/13 \times 0.55) / (1.10\,g/cm^3) \times \{(100\,mg/dL) / 180\,g/mol\} \times (6.02 \times 10^{23}\,mol^{-1})$
　　　　　　　= $(60 \times 6.02 \times 0.55 \times 10^{3+23}) / (13 \times 1.10 \times 180\,g) \times cm^3 \times (0.1\,g/100\,cm^3)$
　　　　　　　= $(60 \times 6.02 \times 0.55 \times 0.1) / (13 \times 1.10 \times 180 \times 100) \times 10^{26}$
　　　　　　　= 7.71×10^{21}

細胞である**赤血球**は約 20 兆個で，分子である血糖グルコースはその 1 億倍の桁である。人体の細胞の総数は約 60 兆個なので（カフェアリス2），赤血球はかなり大きな集団である。

　血液の数値データはわずかな昇降でも健康に影響があり関心が払われるが，それらの基礎生物学的な意味合いも概括的に把握しておきたい。

　筋肉のはたらきも筋節（サルコメア，5·4節）というミクロの構造に支えられている。

<u>問2　筋肉の収縮速度</u>　上腕筋の筋節が 0.20 秒間に 3.2 μm から 2.0 μm に収縮したなら，その収縮の平均速度はいくらか。また，弛緩時の長さが 20 cm の上腕筋の全長にわたってこの筋節が均一に連なっているとすると，この筋肉の収縮速度はいくらか。

<u>解答例</u>　(筋節の収縮速度) = $(3.2 - 2.0)\,\mu m / 0.20\,s = 6.0\,\mu m/s$

（上腕筋の収縮速度）＝（筋節の収縮速度）×（筋節の数）
　　　　　　　　　＝（筋節の収縮速度）×｛（上腕筋の長さ）/（筋節の長さ）｝
　　　　　　　　　＝ 6.0 μm/s ×（20 cm/3.2 μm）=（6.0 × 20）/ 3.2 cm/s = 37.5 cm·s^{-1}

　"μm·s^{-1}"のような速度の単位は全体で一体のように感じられるが，すぐ上の行の計算で見たように，分割して片方を相殺するなどの演算を施してもかまわない．さて，筋節1つ1つの収縮は μm の桁でカタツムリ以下の鈍さだが，筋肉全体ではそれが足し合わさって 10 万倍の桁の俊足になる．

　上腕筋は上腕骨から始まり，前腕の長骨（尺骨）の基部（肘関節に近い側）に停止する．肘を支点に前腕をてこのように振り動かして腕を曲げるので，こぶしの動く速度は上腕筋の収縮速度よりさらに数倍になる．このように，分子レベルのささやかな動きも個体レベルでは数桁の幅で拡大される．

　筋肉の運動は**ミオシン**の ATP アーゼ活性で駆動される．この筋収縮に限らず，人体の活動に必要なエネルギーの大部分は，ATP の分解と合成のくり返しで伝えられる（3·5 節）．一般に，代謝がくり返されることを**代謝回転**（metabolic turnover）という．ATP はどれくらい代謝回転しているだろうか．

問 3　ATP の代謝回転　人体で 1 日に合成される ATP はのべ何 g か．ただしヒトの所要エネルギーは 2000 kcal·day^{-1} で，そのすべてが ATP 合成を経るとする．なお，ATP の分子量は 507 で，熱量（cal）をエネルギー（J）に換算するにはジュール定数 4.186 J·cal^{-1} を使う．

ヒント　ATP の加水分解で得られる利用可能なエネルギーの量は約 55 kJ·mol^{-1} である．これはすなわちその反応の自由エネルギー変化 ΔG_{ATP} の負号を除いた数値である（3·5 節）．

解答例　（ATP 合成量）＝ {（所要エネルギー）/（ΔG_{ATP}）} ×（ATP の分子量）
　　　　　＝ {(2000 kcal·day^{-1} × 4.186 J·cal^{-1}) / 55 kJ·mol^{-1}} × 507 g·mol^{-1}
　　　　　＝ {(2000 × 4.186 × 507) / 55} g·day^{-1}
　　　　　＝ 7.72 × 10^4 g·day^{-1} = 77.2 kg·day^{-1}

　体重を超えるような量の ATP が毎日合成されている計算になる．細胞内の実際の ATP 量はわずかなので，生体エネルギーの獲得と消費が持続される日々の暮らしの中で，ATP の分解と合成が毎日何千回もくり返されていることを意味する．

問 4　人体の平均的 ATP 量は，約 50 g と見積もられている．1 日にリン酸化‐脱リン酸化を何回くり返していると考えられるか．

解答例　（ATP 代謝回転数）＝（ATP 合成量）/（ATP 存在量）
　　　　　＝ 77.2 kg·day^{-1} / 50 g = 1544 day^{-1}
1 日あたり約 1500 回と計算される．

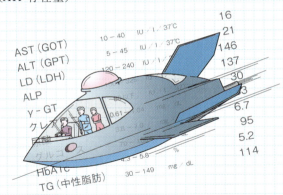

6章のまとめと問題

まとめ

動物の植物性器官として，次のような器官系がある。それぞれの構造は複雑だが，トポロジー（位相幾何学）を意識すると理解の助けになる。

1. **消化系**：体を貫通する一連の消化管（口腔・咽頭・食道・胃・小腸・大腸・肛門）と，そこに開口し消化液を外分泌する腺（唾液腺・肝臓と胆嚢・膵臓など）からなる。消化液に含まれる消化酵素による化学的消化と，消化管を取り囲む平滑筋の蠕動運動による物理的消化で，食物を分解する。消化管の内腔は，腸内細菌も共生する「体外」である。分解された栄養素は上皮を通り抜けて体内に吸収され，循環系に渡される。水溶性栄養素は毛細血管を，脂溶性栄養素はリンパ系の乳糜管を通る。

2. **循環系**：体内で閉じた，複雑ながらひとつながりの管系である。栄養素・老廃物・気体分子（O_2・CO_2）を全身に運ぶ血液，血液の通り道である血管，血液を血管網に拍出するポンプである心臓の3つからなる。ヒトでは心臓は2心房2心室からなり，全身で物質交換をする体循環と，肺で気体交換をする肺循環とが分かれている。

3. **排出系**：腎臓を中心とし，窒素含有老廃物（尿素）の排出と水平衡（浸透調節）を行う器官系である。循環系の一部である毛細血管と，外部に開口する尿路（ボーマン嚢・細尿管・集合管・膀胱・尿道）のうちの細管部とが複雑に絡み合って，腎単位（ネフロン）という微細構造をなす。腎単位が約100万個集合して腎臓を構成する。水と低分子の溶質の多くはいったんボーマン嚢に濾過されて原尿となり，そのうち必要な栄養素・イオン・水の大部分が再吸収される。老廃物は残され尿路から排出される。

4. **呼吸系**：呼吸の本質は細胞レベルの代謝だが（3・3節），体の大きな動物ではガス（O_2・CO_2）交換のための肺（哺乳類・鳥類）・鰓（魚類）・気管系（昆虫）などの巨視的なしくみが発達している。哺乳類では，消化管の咽頭の凹みが発達して喉頭・気管・気管支・細気管支と続いて枝分かれし，多数の微細な肺胞の袋小路で終わる。肺胞は毛細血管におおわれ，広い面積でガス交換する。

5. **生殖系**：生殖細胞をつくり排出する生殖腺と，体表に開口する管系からなる。男女で大きく異なる。女性では，卵巣でつくられた卵が約28日周期で排卵され，輸卵管・子宮（体部・頸部）・膣を経て，子宮内膜や血液とともに排出される（月経）。輸卵管で受精すると，子宮内膜に着床し，胎児が成長し，約280日で膣から出産する。男性では，陰嚢内の精巣でつくられた精子が，精巣上体・輸精管・射精管を経て，排出系を兼ねる陰茎（ペニス）内の尿道に通じて射精される。

問題

1. 消化管の各部位における，消化と吸収のおもな活動をまとめよ。
2. 毛細血管に共通な機能は，各組織に栄養素とO_2を届け，老廃物とCO_2を回収することである。しかし毛細血管がそれ以外の機能を果たす器官を4つ挙げ，その機能を説明せよ。
3. 腎臓に入る動脈血の各成分は，次の3つの運命のいずれかをたどる。健康体では，次の成分はそれぞれいずれの経路をたどるか：グルコース・アルブミン・フィブリノーゲン・血小板・赤血球・アミノ酸・ビタミン・尿素・H_2O・Na^+・K^+・Cl^-・HCO_3^-。
   1) 濾過されず，血管系にとどまったまま通過して静脈に戻る。
   2) 濾過され，そのまま尿として排出される。
   3) いったん濾過されて原尿に入るが，再吸収されて静脈に戻る。
4. 哺乳類と鳥類の肺の，換気能を比較せよ。
5. 3つの性ホルモンの産生場所と作用をまとめよ。

7章 ホメオスタシス
にぎやかな無意識の対話

7・1 内分泌系 ☞ p.86
7・2 信号変換 ☞ p.88
7・3 自律神経系 ☞ p.90
7・4 免疫系 ☞ p.92
7・5 がん ☞ p.94

　生物は，体の内外での撹乱に不断にさらされながら，生理的状態を安全な狭い範囲に保ち続けています。これを**ホメオスタシス**（homeostasis，恒常性）とよびます。恒常性を頑健に維持するには，体全体に情報を巡らせるしくみが必要です。動物はそのようなしくみとして，**神経系**と**内分泌系**を発達させています。神経系は前章で学んだように，特有の長い軸索をのばして電気信号をすばやく伝えるシステムであり，そのうちとくに自律神経がホメオスタシスにはたらいています。一方の内分泌系は，血管網を通してホルモンという化学信号を送り，より緩慢に持続的な調整をします。

　また**免疫系**は外敵から体を守る生体防御システムであり，自己と非自己を精密に見分ける情報系でもあります。これら細胞間の情報システムの基礎として，細胞内の信号変換システムも学んでおきましょう。また動物の体の長期的な統率が乱れた疾患としてがんについても見ましょう。5，6章と同じく哺乳類を中心に見ていきますが，より広く脊椎動物あるいは動物全般に当てはまることも少なくありません。

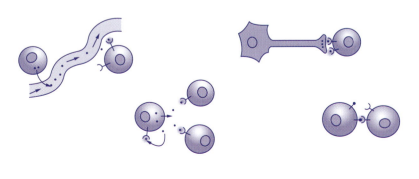

7・1　内分泌系

ホルモン

全身ではたらく化学信号をホルモン（hormone）という（表7-1-1）。ホルモンは特定の細胞から分泌され，**循環系**で体中に運ばれ，標的（target）の細胞を特異的に制御する。多くのホルモンが統合的にはたらくので，その全体を内分泌系（endocrine system）という（図7-1-1）。

分泌性上皮細胞（腺細胞）の集団が，分泌物を一時的に溜める腔所を囲んだ構造を，一般に腺（gland）という。甲状腺や生殖腺のように内分泌に特化した器官のほか，心臓や肝臓など副機能としてホルモンを分泌する器官も少なくない。

ホルモンはその化学構造から，ペプチドやタンパク質・各種のアミン類・ステロイドなどの脂溶性物質の3群に分けられる。ホルモンのほか神経伝達物質なども含め，信号物質のアミン類はまとめて生理活性アミンと称される。アドレナリンやオキシトシンのように，ホルモンと**神経伝達物質**の両機能を果たす物質もある。

視床下部と脳下垂体

内分泌系と神経系は互いに深く関係している。脳の最下部にある視床下部（hypothalamus）は内分泌系の統合司令部であり，隣接する脳下垂体（pituitary gland）を介してはたらく（図7-1-2）。視床下部自体も末梢からの信号でフィードバック制御を受ける。

脳下垂体はグリーンピース大の器官で，起源のまったく異なる2つの部分が融合してできている。脳下垂体後葉（posterior pituitary）は視床下部が伸長して発生した器官であり，**神経下垂体**（neurohypophysis）ともいう。哺乳類では，視床下部の中にある神経分泌細胞（neurosecretory cell）が産生する**オキシトシン**†と**バソプレシン**†を，その軸索を介して受け取り分泌する。

脳下垂体前葉（anterior p.）は上皮細胞から発生する分泌腺であり，**腺下垂体**（adenohypophysis）ともいう。視床下部の神経分泌細胞から短い門脈（6・2節）を流れてくる放出ホルモン（releasing h.）と抑制ホルモンによって拮抗的に調節される。この前葉が産生・分泌するホルモンのうち，成長ホルモン（growth h., GH）とプロラクチン（prolactin, PRL）は一般の器官を標的にするが，残りの多くは他の内分泌器官を活性化する刺激ホルモン（tropic h.）である。

ペプチドホルモン・タンパク質ホルモン

オリゴペプチドのカルシトニン（calcitonin）と副甲状腺ホルモン（parathyroid h., PTH）は，血中Ca^{2+}濃度の調節に拮抗的に作用する。Ca^{2+}は骨の主成分であるとともに，すべての細胞の内部で重要な信号物質としてはたらくので，血中濃度は安定に保たれる必要がある。

アミノ酸残基数が多いとタンパク質ホルモンともよばれる。糖鎖をもつ糖タンパク質もある（表7-1-1）。GHとPRLは作用はまったく異なるが，進化的な祖先が共通でアミノ酸配列も似ている。少年期のGH過多は巨人症，不足は小人症を招く。

膵臓（pancreas）はホルモンの内分泌と消化液の外分泌（6・1節）の両機能を備えた大型の腺性器官である。**ランゲルハンス島**（islets of Langerhans）は膵臓内に散在する内分泌組織で，A細胞（α細

---

†**オキシトシン**（oxytocin, OXT）とバソプレシン（vasopressin, 抗利尿ホルモン, antidiuretic hormon, ADH）；ともに9個のアミノ酸からなるペプチドホルモンで，そのうち2個のみが互いに異なる。OXTは，子宮筋の収縮を促進する作用があることから陣痛誘発薬として使われる。両者はまた，脳内で社会的行動を調節する神経伝達物質としてもはたらき，とくにOXTは他個体への「共感」を増進する。

†**糖尿病**（diabetes mellitus）；2つに大別される。1型糖尿病は自己免疫疾患の一種で，膵臓B細胞が破壊されてインスリンの産生量が低下する。9割以上の患者は2型であり，標的器官側での効きが悪くなる。結果的に膵臓側の細胞も疲弊し産生できなくなる。2型の原因には遺伝因子もあるが，肥満や運動不足など生活習慣の影響が大きい。

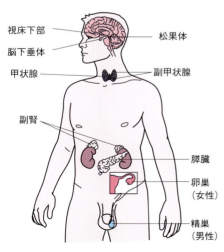

図7-1-1　内分泌系

胞）が**グルカゴン**，B細胞（β細胞）が**インスリン**を産生・分泌し，肝臓をはじめ体中の組織に作用する。両細胞は**血糖値**の変動を感じ取り，拮抗的にはたらいて 90 mg/dL 付近に維持する。**糖尿病**†はインスリン作用の不全によって血糖値が病的に高まる代謝異常症である。

アミン

生理活性アミンはアミノ酸から合成される。脳の中心近くにある**松果体**（pineal gland）が分泌する**メラトニン**（melatonin）はトリプトファンから合成される。環境の明暗によって分泌が調節され，生物リズムに関与する。

表 7-1-1　ヒトのおもなホルモン

分泌腺		ホルモン	化学組成	作用の代表例
視床下部		脳下垂体前葉を調節する 5 つの放出ホルモン・2 つの抑制ホルモン		
脳下垂体	後葉（視床下部より）	オキシトシン（OXT）	ペプチド	子宮と乳腺の収縮を促進
		バソプレシン（ADH）	ペプチド	腎臓の水保持（抗利尿）
	前葉	成長ホルモン（GH）	タンパク質	成長（とくに骨）の促進
		プロラクチン（PRL）	タンパク質	乳汁の産生・分泌の促進
		卵胞刺激ホルモン（FSH）	糖タンパク質	卵・精子の形成を促進
		黄体形成ホルモン（LH）	糖タンパク質	卵巣・精巣の機能を促進
		甲状腺刺激ホルモン（TSH）	糖タンパク質	甲状腺ホルモン分泌を促進
		副腎皮質刺激ホルモン（ACTH）	ペプチド	糖質コルチコイド分泌を促進
松果体		メラトニン	アミン	生物リズムに関与
甲状腺		甲状腺ホルモン（T_3, T_4）	アミン	代謝の促進
		カルシトニン	ペプチド	血中 Ca^{2+} 濃度の低下
副甲状腺		副甲状腺ホルモン（PTH）	ペプチド	血中 Ca^{2+} 濃度の上昇
膵臓	A 細胞	グルカゴン	タンパク質	血糖値の上昇
	B 細胞	インスリン	タンパク質	血糖値の低下
副腎	髄質	アドレナリン，ノルアドレナリン	アミン	血糖値の上昇，代謝の促進
	皮質	糖質コルチコイド	ステロイド	血糖値上昇，抗炎症，免疫抑制
		鉱質コルチコイド	ステロイド	腎臓の Na^+ 再吸収と K^+ 排出
精巣		男性ホルモン（アンドロゲン）	ステロイド	精子形成の促進，男性二次性徴
卵巣		卵胞ホルモン（エストロゲン）	ステロイド	子宮内膜の発達，女性二次性徴
		黄体ホルモン（プロゲステロン）	ステロイド	子宮内膜の発達

気管の前面にある蝶形の**甲状腺**（thyroid gland）から分泌される**トリヨードチロニン**（T_3）と**チロキシン**（T_4）はチロシンの誘導体で，ヨウ素原子をそれぞれ3個と4個含む。代謝を亢進する作用があり，バセドウ病など甲状腺機能亢進症は高体温・発汗・体重減少・神経の異常感応などを引きおこす。逆に機能低下症は体重増進・昏睡・寒冷不耐性などを呈する。

副腎（adrenal gland）は**腎臓**に隣接しており，脳下垂体と同様，2種類の組織が融合した器官である。**副腎髄質**（adrenal medulla）は**交感神経**の節後神経に由来し，作用も近い（7・3節）。アドレナリンとノルアドレナリンはチロシンから合成されるカテコールアミンである。一方の**副腎皮質**（adrenal cortex）は真正の内分泌細胞からなり，ステロイドホルモンを放出する（次項）。

脂溶性ホルモン

ステロイドホルモン（1・3節）には，性ホルモンと副腎皮質ホルモンがある。前者には男性ホルモンと卵胞ホルモン（女性ホルモン），黄体ホルモンの3種があり，FSH と LH で調節される（6・5節）。後者には，**糖質コルチコイド**と，血中 K^+ 濃度の高まりによって分泌される**鉱質コルチコイド**の2つがある（表 7-1-1）。

脂溶性のカルシフェロールは，微量栄養素のビタミン D として知られるが，その本質は Ca^{2+} 動態を調節するホルモンの前駆体である。PTH の刺激を受けて肝臓と腎臓でジヒドロキシル化されると活性型ホルモンとなり，小腸に作用して Ca^{2+} の吸収を促進することによって，PTH と協調的にはたらく。6番目の脂溶性ホルモンだが，構造はステロイドではなくステロールである。

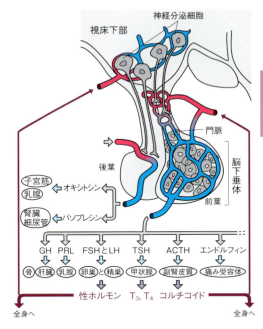

図 7-1-2　視床下部と脳下垂体

7・2 信号変換

生物が外界から受け取る信号は光・音・熱・振動など多様なのに対し（5・3節），体内の信号は**内分泌系**などで用いられる化学物質（前節）と神経系などで用いられる**膜電位**（5・2節）に限られる。とはいえその化学物質には様々な種類があり，信号変換のしくみも複雑である。ここでは細胞間と細胞内の信号変換（signal transduction）の概要を学ぶ。

細胞間信号伝達

化学信号は情報発信細胞が産生・放出し，標的細胞が特異的に受けとり，細胞内で信号を変換し，細胞のふるまいを変える。多細胞生物における細胞間の信号の授受は，次の4つに分けられる（図 7-2-1）。

1) **内分泌**（endocrine）型；ホルモンを循環系に放出し，信号を全身に広く伝える（前節）。
2) **傍分泌**† 型；化学信号が血流に入らず間質液を拡散し，ホルモンより狭い近傍の細胞のみに作用する。このうち分泌細胞自身を標的とする場合を，とくに自己分泌（autocrine）という。
3) **神経型**；神経伝達物質はシナプスの軸索末端から放出され，すぐ隣の神経細胞を標的とするが，細胞体どうしは遠く離れており，軸索の電気信号が仲介している（5・2節）。
4) **接触型**；物質の拡散を経ず，膜タンパク質どうしの接触による。4型のうち最も直接的な相互作用。発生（8章）や免疫（7・4節）ではたらく。

2) の信号物質は，1) のホルモンと，産生や受容のしくみに明確な違いはない。生物進化の過程で体の拡大と循環系の発達に伴って，2) のような細胞間連絡の範囲が広がり，1) の内分泌系が発達していったのだろう。

サイトカインと気体

サイトカイン（cytokine）とは，血液細胞を標的とするタンパク質性の生理活性物質の総称で，免疫・炎症・抗ウイルス作用・細胞の増殖と分化など様々な過程で細胞間相互作用を仲介する。当初リンパ球間ではたらく物質を指していたリンホカイン（lymphokine）という概念から拡張された。また，一般の細胞を標的とする**増殖因子**（成長因子 growth factor，8・2節）やホルモン（7・1節）との重なりもある。

不溶性気体の**一酸化窒素（NO）**† も傍分泌因子としてはたらくことが見つかった。血中酸素分圧が低下すると血管壁の内皮細胞はNOを合成・放出し，近傍の平滑筋を弛緩させて，血管を拡張し血流を増大させる。またヘムオキシゲナーゼによって合成される**一酸化炭素**（carbon monoxide, CO）は，脳や末梢神経で神経伝達物質としてはたらく。視床下部ではホルモン分泌を抑制し，末梢では**内臓平滑筋**の収縮を抑える。これら気体分子は，他の信号物質と違い細胞内の小胞に貯蔵されることはなく，必要に応じて即時に合成される。NOやCOには信号物質という記号的な機能だけではなく，化学的な毒性もあるため，局所的に作用したあと数秒で分解される。

---

† **傍分泌**（paracrine）；傍分泌ではたらく信号物質は，局所仲介物質（local mediator）とか局所ホルモン（local hormone）ともよばれ，細胞増殖因子・サイトカイン・その他のペプチド・生理活性アミン（前節）・プロスタグランジン・気体などがある。これらから増殖因子とサイトカインを除いた残りを**オータコイド**（autacoid）とまとめることもある。

† **一酸化窒素**（nitric oxide, NO）；NOは陰茎の血管**平滑筋**を弛緩させ，血流を増大させることによって勃起を引きおこすので，NOの作用を助長する薬物シルデナフィルは勃起不全（erectile dysfunction, ED，いわゆるインポテンツ）の経口治療薬（ファイザー社の商標名はバイアグラ）として使われている。

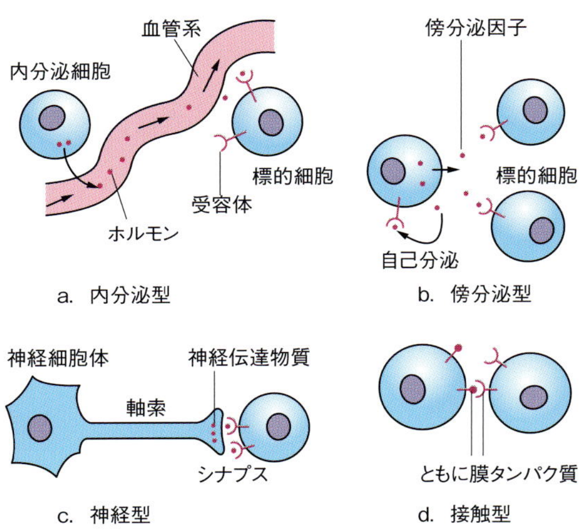

図 7-2-1　細胞間信号伝達
a. 内分泌型
b. 傍分泌型
c. 神経型
d. 接触型

コルチゾール
（糖質コルチコイド）
チロキシン（T_4）
（甲状腺ホルモン）
コレカルシフェロール
（ビタミンD_3）
Cys-Tyr-Ile-Gln-Asn-Cys-Pro-Leu-Gly-NH_2
オキシトシン（OXT）
Cys-Tyr-Phe-Gln-Asn-Cys-Pro-Arg-Gly-NH_2
バソプレシン（ADH）

図 **7-2-2**　各種ホルモンなど

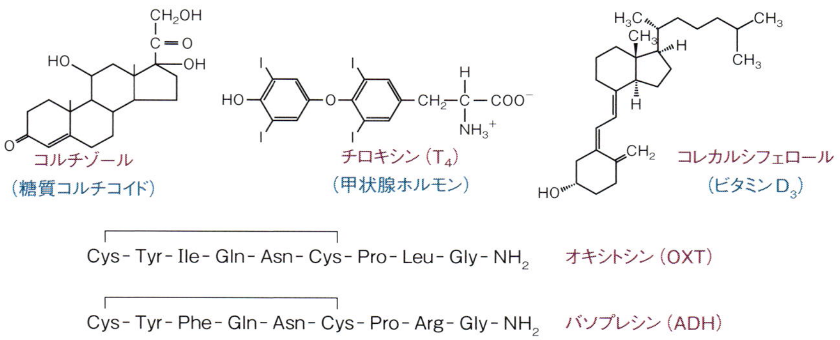

植物ホルモンの**エチレン**（ethylene, C_2H_4）も気体であり，茎の伸長抑制と肥大促進，種子の発芽や果実の熟成・落葉の促進などの作用がある（8•5 節参照）。

細胞内信号変換

ホルモンや神経伝達物質など細胞外の信号物質（図 7-2-1，前節）の多くは，標的細胞の細胞膜にある**受容体**（receptor，次節）という膜タンパク質に結合して細胞内に作用する。細胞外の一次メッセンジャーに対して，細胞内の信号伝達に関わる小分子やイオンを**二次メッセンジャー**（second messenger）とよぶ。典型的な二次メッセンジャーにはヌクレオチドの cAMP（4•3 節）がある。

細胞内信号変換系の基本型に，受容体・**G タンパク質**†・効果器（effector）の 3 者の組がある（図 7-2-3）。たとえばアドレナリンが細胞膜の受容体に結合すると G タンパク質が活性化され，アデニル酸シクラーゼ（adenylate cyclase）を刺激する。このシクラーゼは ATP から cAMP を合成する。**cAMP** は細胞質ゾルを拡散して広がり，cAMP 依存性タンパク質**リン酸化酵素**（cAMP-dependent protein kinase, PKA）や cAMP 依存性**イオンチャネル**など細胞内の標的に作用する。PKA の標的タンパク質は組織ごとで異なり，それぞれ異なる細胞応答を引きおこす。最初の標的自体が別のタンパク質リン酸化酵素であり，さらにその標的も第 3 のリン酸化酵素であるという多段階反応の場合もある。

信号変換経路（signal transduction pathway）がこのように多段階だと，各段階で多数の分子を活性化し，全体では信号を大規模に増幅できるという利点がある。このような反応を多段階の滝にたとえて，**カスケード反応**（cascade reaction）という。

二次メッセンジャーには cAMP のほかに，**Ca^{2+}**やイノシトール三リン酸（inositol triphosphate, **IP_3**）などもある。効果器にはアデニル酸シクラーゼのほかにホスホリパーゼ C（phospholipase C, PLC）という酵素もある。これもやはり G タンパク質によって活性化され，細胞膜リン脂質のホスファチジルイノシトール二リン酸（phosphatidylinositol diphosphate, PI）を加水分解して IP_3 を遊離する。IP_3 の標的は，小胞体膜にある IP_3 依存性 **Ca 遊離チャネル**（IP_3-dependent Ca releasing channel，IICR channel）であり，これが開くと細胞質に Ca^{2+}を遊離する。このチャネルは，筋収縮ではたらく CICR チャネル（p. 67 側注，別名リアノジン受容体）と並び，細胞内 Ca^{2+}を動員する膜タンパク質である。

† G タンパク質
（G protein）；細胞の信号伝達を仲介する表在性膜タンパク質。受容体から刺激を受けると，不活性型に結合していた GDP が GTP に置き換えられて活性化され，効果器に作用し，細胞のふるまいを変える。**α・β・γ** の 3 サブユニットからなる**三量体型**と，より小さな単量体の**低分子量型**がある。三量体型 G タンパク質には，促進性の G_s，抑制性の G_i，G_s でも G_i でもない G_o などがある。

一次メッセンジャー（ホルモンなど）
受容体
（7 回膜貫通型）
アデニル酸
シクラーゼ
Na^+
Ca^{2+}
GDP
GTP
α
β
γ
GTP GDP
ATP
cAMP
cAMP依存性
イオンチャネル
不活性型
活性型
Gタンパク質
二次メッセンジャー
cAMP 依存性
タンパク質リン酸化酵素
標的タンパク質
ADP
P

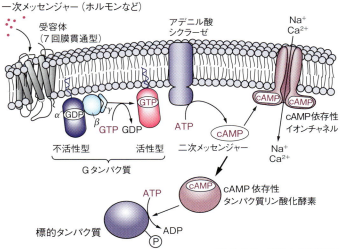

図 **7-2-3**　細胞内信号変換

7・3 自律神経系

二重支配

自律神経系（autonomic nervous system）は，多くの平滑筋や分泌腺を制御する，不随意で遠心性の神経系である（5・2節）。自律神経には**交感神経**（sympathetic n.）と**副交感神経**（parasympathetic n.）があり，末梢の標的器官を拮抗的に二重支配する（図7-3-1）。自律神経の作用は多岐にわたるが，交感神経の活動は一般に体を闘争と逃避に導き，覚醒させ活動的にし，エネルギー消費を高める。一方，副交感神経の活性化は体を休息と保養に誘い，安静にしてエネルギーを蓄えさせる。

交感神経と副交感神経は，機能だけではなく神経の走行や神経伝達物質の種類も対照的である（図7-3-2）。両神経はともに，**神経節**（ganglion）をはさむ節前神経細胞（preganglionic neuron）と節後神経細胞（postganglionic n.）からなる。しかし，交感神経節は脊柱のそばに連なり，節後神経が長いのに対し，副交感神経節は標的器官の壁内か近傍にあり，節前神経が長い。副交感神経の一部は**迷走神経**[†]に含まれる。

また交感神経の節後神経の神経伝達物質は一般に**ノルアドレナリン**（noradrenaline，別名ノルエピネフリン norepinephrine）なのに対し，副交感神経のそれは**アセチルコリン**（acetylcholine，略してACh）である（図7-3-3）。ただし節前神経が神経節で分泌する伝達物質は，両者で共通にAChである。ノルアドレナリンを分泌する神経をアドレナリン作動性（adrenergic），AChを分泌する神経を**コリン作動性**（cholinergic）であるという。汗腺を支配する交感神経節後細胞は，例外的にコリン作動性である。

受容体の種類

ここで，神経伝達物質やホルモンも含めた細胞外の化学信号に対する受容体を全体的にまとめておこう。そのような受容体には，まず細胞膜の**膜タンパク質**と，細胞内の**水溶性**タンパク質とがある。ステロイドホルモンなど**脂溶性**の信号物質は，直接細胞に入り込んで細胞内受容体に結合する。こちらのタイプの受容体は**転写調節因子**であり，ほとんどはあらかじめ核内に局在しているが，一部の受容体はもともと細胞質にあり，信号物質を結合してから核内に移動する。ホルモン-受容体複合体は，特定の**プロモーター**に結合して転写を惹起する。一方，ペプチドやアミンなど水溶性の信号物質は細胞膜受容体に結合し，細胞内信号伝達系を活性化して特異的な細胞内応答を導く。

細胞膜受容体には次の3タイプがある。

1) **Gタンパク質共役型受容体**（G protein-coupled receptor，略してGPCR）；Gタンパク質を介して作用する。脂質二重層を貫通する**疎水性αらせん**を7本もち，7回

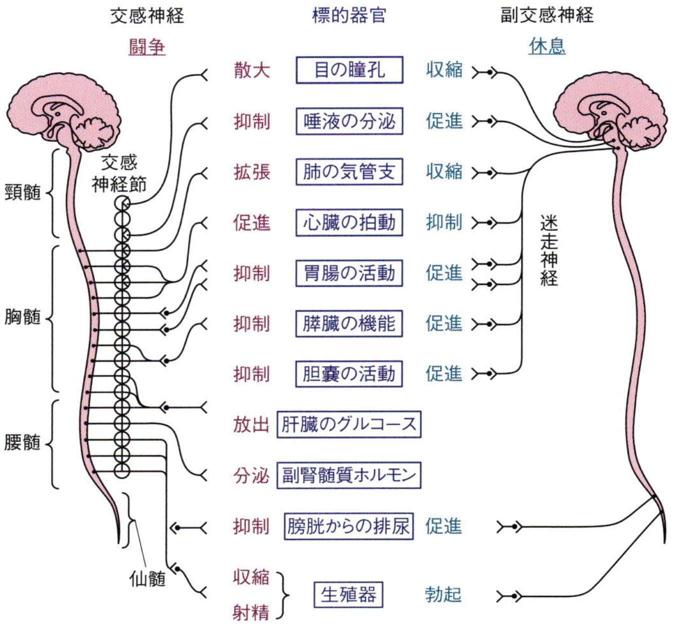

[†] **迷走神経**
（vagus nerve）；脳幹（11・1節）に発する末梢神経で，頭部から胸腹部のほとんどの内臓に分布し，その運動と分泌を遠心的に支配するとともに，求心的な感覚神経も含む。名前は，脳神経でありながら腹部にまで達する分布が複雑でわかりにくかったことによる。おもに副交感性の神経であり，中脳と延髄に発する頭部副交感神経が動眼・顔面・舌咽・迷走の4つに分かれる。

[†] **外感覚受容体**；外感覚（5・3節）の受容体もGPCRスーパーファミリーに属する。ヒトゲノムにある外感覚受容体の遺伝子の数は，聴覚・視覚・触覚・味覚・嗅覚の順でそれぞれ1・4・9・約40・約350と見積もられている。嗅覚の受容体数が抜群だが，多くの哺乳類に800～1300あるのに比べると少ない。

図 **7-3-1** 自律神経系の二重支配

膜貫通型ともいう。これらの性質は視覚の**ロドプシン**や**外感覚受容体**[†]などとも共通で，大きなスーパーファミリーを構成する。ゲノム情報にもとづく新しい創薬の標的の多くは，この GPCR である。

2) **イオンチャネル内蔵型受容体（ion channel-c. r.）**；受容体分子自体がイオンチャネルを構成し，信号分子の結合によりそのゲートを開く（p. 61 側注）。別名**リガンド依存性イオンチャネル**ともいう。膜貫通疎水性αらせんを 4 本もつサブユニットが 4 ないし 5 つ集合し，その中心にイオンの通路を形成する。

3) **酵素連結型受容体（enzyme-c. r.）**；信号物質の結合により，細胞内の酵素を活性化して作用する。多くは**タンパク質リン酸化酵素**（protein kinase）であり，標的アミノ酸残基はセリン／スレオニンの場合が多いが，チロシンの場合もあり，また細菌ではヒスチジンが多い。一部には，その酵素がグアニル酸環化酵素の場合もある。膜貫通疎水性αらせんは 1 本だけのものが多いが，それが二量体をつくり，さらに会合する場合も多い。

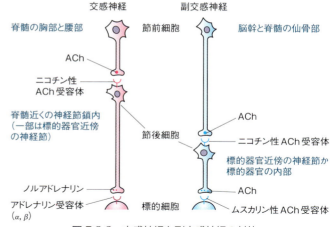

図 **7-3-2** 交感神経と副交感神経の対比
青字は神経細胞体の場所を示す。

受容体のサブタイプ

アドレナリンやノルアドレナリンを受け取る受容体をアドレナリン受容体（adrenergic r.）という。薬物の選択性によってまず 2 種類に分けられる。合成薬イソプロテレノールに感受性の低い方をα受容体，高い方をβ受容体という。さらにα受容体のうち**シナプス後膜**にあるのが $α_1$，前膜にあるのが $α_2$，β受容体のうち**心臓**にあるのが $β_1$，**肺**にあるのが $β_2$ と分類された。その後の遺伝子解析により，これらはいずれも 7 回膜貫通型の GPCR であることがわかり，一次構造の異なる 9 種の**サブタイプ**[†]として $α_{1A}$，$α_{1B}$，$α_{1D}$，$α_{2A}$，$α_{2B}$，$α_{2C}$，$β_1$，$β_2$，$β_3$ が区別された。

アセチルコリン受容体（acetylcholine r., 略して AChR）も，まず薬物の効き方によって**ニコチン性 AChR**（nicotinic AChR, nAChR）と**ムスカリン性 AChR**（muscarinic AChR, mAChR）の 2 つが区別された。nAChR はタバコの主要成分のニコチンが効く。この受容体は，運動神経と骨格筋の接合部（5・5 節）や自律神経節にあるイオンチャネル内蔵型受容体である。ヘテロ五量体としてはたらき Na^+ などを通す。脊椎動物では 17 種のサブユニット（α1〜α10, β1〜β4, γ, δ, ε）が同定されており，たとえば骨格筋の細胞膜では $(α1)_2β1γδ$ の五量体である。一方の mAChR はベニテングタケ毒のムスカリンが効く。副交感神経の標的効果器にある GPCR で，5 種のサブタイプ（M1〜M5）が存在する。

[†] **サブタイプ（subtype）**；ヒトゲノムでは，そのほかの受容体（R）やイオンチャネルのサブタイプやサブユニットの遺伝子も網羅的に同定されている。たとえば，GPCR 型グルタミン酸 R（GluR）8 個，イオン型 GluR 18 個，ドーパミン R（p. 144 参照）5 個，セロトニン R（p. 149 参照）18 個，Na チャネル（p. 61）11 個，K チャネル 40 個，Ca チャネル 10 個など。マウスでもほぼ同数だが，ショウジョウバエや線虫では，nAChR を例外としてずっと少ない。

図 **7-3-3** アセチルコリンとアミン・アミノ酸

7・4 免疫系

3重の生体防御

生物は日頃から感染や発病の危険にさらされている。脊椎動物は，病原体に対して3重の生体防御機構を備えている。まず，体内への侵入を妨げる上皮という外的な障壁（バリアー）がある。涙液などに含まれ細菌の細胞壁を分解する酵素**リゾチーム**（lysozyme）や，消化酵素・胃酸なども病原体の侵入を拒む。

上皮を通り抜けて侵入した病原体には，**免疫**（immunity）という内的な防御機構が対処する。免疫系は中枢性リンパ器官（骨髄・胸腺）と末梢性リンパ器官（リンパ管・リンパ節・脾臓など）からなり，**白血球**が主役を演じる（6・2節）。

免疫には2段階がある。感染初期にはたらくレディーメイドのしくみを**自然免疫**（innate i.）とよび，**マクロファージ**や好中球などの食細胞が異物を幅広く取り込み消化する。自然免疫に続き，個別の病原菌やウイルスに対処するオーダーメイドのしくみを**獲得免疫**（acquired i., 適応免疫；adaptive i.）とよび，リンパ球が主役を務める。獲得免疫は，一度かかった病気には二度とかからないためのしくみである。

自然免疫の2つのはたらき

自然免疫は，独自で迅速な防御機構である上，獲得免疫を始動し，それと相互協力するはたらきもある。食細胞を初めとする全身の細胞に，幅広い病原体をパターン認識するセンサーがあり，**トル様受容体**[†]などとよばれる。これらの受容体は細胞膜や細胞質にあり，それぞれペプチドグリカンやリポ多糖・フラジェリン（5・4節）・二本鎖RNAなど，細菌やウイルスに特有で動物にはない成分を結合する。これら外来成分が受容体に結合すると食細胞は活性化され，消化・殺菌能力が強まるとともに，サイトカイン（7・2節）という警戒物質を分泌して仲間の免疫細胞をよび寄せたり，仲間が到達しやすいよう血管壁をゆるめたりする。このような治癒過程を**炎症**（inflammation）という。ここでは血漿が組織に漏れ出すため，炎症は腫れ・痛み・発赤・発熱の4徴候を示す。

免疫細胞の1種に，木の枝のように突起を伸ばした細胞があり，**樹状細胞**（dendritic cell）とよばれる。樹状細胞は，食細胞でありながら実働部隊というより伝令・教育係であり，活性化されると獲得免疫を始動する。また，**NK細胞**（p.75）は，巡回中にウイルス感染細胞やがん細胞の表層の特徴を感知すると，穿孔タンパク質パーフォリンや破壊酵素グランザイムを放出して標的細胞をアポトーシス（p. 102 側注）に導く。自然免疫ではこれら細胞群のほか，**補体**（complement）という抗菌タンパク質群もはたらく。補体はおもに肝臓で作られる約30種類のタンパク質で，その一部が侵入細菌の細胞壁の糖鎖に結合し，補体成分どうしの複雑な反応を経て標的細菌の細胞膜に穴をあけて溶菌する。なお，NK細胞や補体は，獲得免疫の抗体によって活性化される道筋もある。

免疫グロブリン-ファミリー

自然免疫だけで処理しきれない病原体には，特異性（specificity）の高い獲得免疫で対処する。リンパ球が認識し反応する外来の異物を**抗原**(antigen)という。獲得免疫は2つのしくみからなる。1つは，抗原に結合する**抗体**（antibody）すなわち**免疫グロブリン**（**Ig**）[†]という水溶性タンパク質（図7-4-2a）が遊離の病原体を攻撃する

[† **トル様受容体**（Toll-like receptor, TLR）；ショウジョウバエの発生において背腹軸を決める分子として同定されたToll（8・3節）に類似の構造をもつ受容体タンパク質の総称。後に幅広い動物の自然免疫ではたらくことが判明した。ヒトにはTLRが約10種ある。自然免疫ではたらく群特異的（group-specific）なパターン認識受容体には，このTLRのほかRLR（リグアイ様受容体）・CLR（Cタイプレクチン受容体）・NLR（ノッド様受容体）などのグループもある。

† **免疫グロブリン**（immunoglobulin, Ig）；血清のタンパク質は主に2つに分類される。肝臓のみで作られるアルブミン（albumin）とリンパ器官や腸管で作られるグロブリン（globulin）で，その量比（A/G比）は健常者で約2:1である。グロブリンはさらにα1, α2, β, γに分けられ，そのうちγグロブリンがIgである。IgにはさらにC領域の異なる5つのクラスがあり，IgM, IgG, IgA, IgE, IgDとよばれる。]

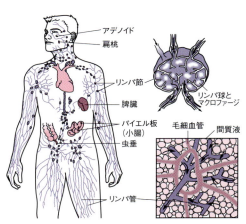

図 7-4-1　ヒトのリンパ系 文献2)を参考に作図

液性免疫 (humoral i.) である。Ig は B 細胞が分泌する。もう 1 つは，病原体に感染した宿主細胞を T 細胞が殺処分する**細胞性免疫** (cell-mediated i.) である。T 細胞は 3 タイプに分化する。ヘルパー T 細胞と調節 T 細胞の助けを借りながら，キラー T 細胞 (細胞傷害性 T 細胞) は NK 細胞と同様のしくみで標的を細胞死に導く。T 細胞と B 細胞はともに抗原を認識する受容体タンパク質を表面にもつ (TCR, BCR, 図 7-4-2b, c)。

Ig と BCR は H 鎖 (heavy chain) と L 鎖 (light c.) 2 本ずつからなり，TCR は α 鎖と β 鎖の 2 本からなる。ともに先端部はアミノ酸配列が多様な可変領域 (variable region, V 領域) で，根元は定常領域 (constant r., C 領域) である。Ig と BCR の構造はほとんど同じだが，BCR は TCR と同じく根元に膜貫通領域をもつ。BCR が遊離の抗原を認識するのに対し，TCR は他の細胞が抗原提示 (antigen presentation) する **MHC 分子**[†] を認識する (図 7-4-2d, e)。免疫細胞どうしの情報伝達は，この「MHC 分子＋抗原ペプチド」と TCR の直接接触およびサイトカインの分泌・受容に仲介される。Ig, BCR, TCR, MHC の 4 者の親水性領域は同類のドメイン構造 (4・5 節) であり，Ig スーパーファミリーとまとめられる。

リンパ球成熟の 3 段階

獲得免疫の有効性は，様々な侵入者に特異的に結合する B 細胞と T 細胞の多様性にもとづく。この多様性と特異性を実現するため，リンパ球は 3 段階で成熟する。

1) **遺伝子の再編成による多様性の形成**；Ig の H 鎖遺伝子の V 領域は V, J, D の 3 断片に分割されており，それぞれに 200, 12, 4 個程度の候補が並んでいる (図 7-4-3)。幹細胞が B 細胞に分化する過程で，それぞれから 1 つずつ選ばれた断片が結合して V 領域の多様な遺伝子が生じる。Ig の L 鎖も T 細胞の TCR も同様の再編成で作られる上，断片間のつなぎ目に挿入や欠失もおこる。

2) **自己反応性リンパ球の検定と除去**；1) の再編成はランダムなので，最初は自分の体の分子に反応するものもある。B 細胞と T 細胞はそれぞれ骨髄や胸腺で自己反応性を調べられ，該当する細胞は除去される。その結果，異物 (非自己) のみに反応するリンパ球が残され，免疫系は**自己寛容** (self-tolerance) になる。この自己寛容が破れると，関節リウマチやバセドウ病など**自己免疫疾患**が生じる。

3) **リンパ球のクローン選択**；実際に病原体などが侵入すると，それに反応する B 細胞や T 細胞の**クローン** (8・4 節) が選択的に活性化されて増殖と分化が誘導される。誘導された細胞の多くは短寿命の効果細胞 (effector cell) として外敵を攻撃し (一次免疫反応, primary immune response)，一部は長寿命の**記憶細胞** (memory cell) として残る。後に再び同じ抗原が侵入すると，記憶細胞が増殖し，抗体の親和性は数千倍も高まり，強い反応が早くおこり長く持続する (二次免疫反応, secondary i. r.)。

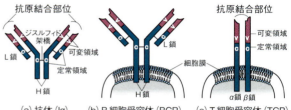

(a) 抗体 (Ig)　(b) B 細胞受容体 (BCR)　(c) T 細胞受容体 (TCR)

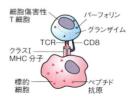
(d) 細胞傷害性 T 細胞

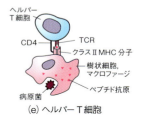
(e) ヘルパー T 細胞

図 7-4-2 免疫グロブリンファミリーのはたらき

[†] **MHC 分子** (MHC molecule)；MHC (major histocompatibility complex, 主要組織適合複合体) とは，臓器移植における組織適合性を決める遺伝子クラスター。MHC 分子はその遺伝子産物で，細胞内で分解された抗原タンパク質の断片 (ペプチド) を結合し，細胞表面で抗原提示する。MHC 分子には 2 種類ある。MHC クラス I は全身の有核細胞にあり，感染ウイルス由来の断片などを提示する。MHC クラス II は樹状細胞やマクロファージなど免疫細胞だけにあり，自己由来ペプチドや食作用で取り込んだ外来物質の断片を提示する。MCH は個体ごとの多様性が高く，移植で拒絶反応の要因となる。

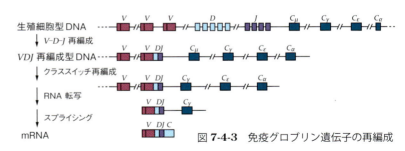

図 7-4-3 免疫グロブリン遺伝子の再編成

7・5 がん

悪性腫瘍

多細胞生物の細胞は，正常に協調するよう互いに増殖を制御している．その正常な制御を外れて自律的に増殖するようになった異常細胞の集団を**腫瘍**（tumor）という（図 7-5-1）．そのうち増殖が緩やかでもとの場所にとどまる場合は良性腫瘍（benign t.）という．増殖が速く周囲の組織に浸潤したり，遠隔部位に転移（metastasis）するようになったものが悪性腫瘍（malignant t.）すなわち**がん**[†]である．

正常細胞は，培養器で増殖する際，底面で単一層に広がりきると細胞分裂を停止する．これを密度依存性阻害（density-dependent inhibition）という．しかしがん細胞は，多層に重なり盛り上がって増殖を続ける．また正常細胞は，容器の壁や細胞外基質（2・4 節）に付着していなければ増殖しない．これを足場依存性（anchorage dependence）といい，がん細胞にはこの抑制もない．

結核やインフルエンザのような感染症が，外因性の病原体によって引きおこされる病気であるのに対し，がんは宿主自身の細胞が異常に変化する内因性の疾患である．いわば身内の反乱であり，一般には感染症より治療が難しい．

がん遺伝子

がんに関わる遺伝子には，増殖因子やその受容体・G タンパク質・キナーゼ（リン酸化酵素）・転写調節因子など信号伝達系（7・2 節）の遺伝子が多い．**突然変異**によって活性化されるとがん化が誘導される遺伝子を**がん原遺伝子**（proto-oncogene）といい，その変異型を**がん遺伝子**（oncogene）という．一方，突然変異によって機能が低下するとがん化が誘導される遺伝子は，もとの野生型遺伝子が発がんを抑制していたと見られるので，**がん抑制遺伝子**（tumor suppressor gene）という．

たとえば，代表的ながん原遺伝子である *ras* 遺伝子[†]がコードする**Ras タンパク質**[†]は，細胞膜にある増殖因子受容体からの信号をタンパク質キナーゼ - カスケードに伝える低分子量型 G タンパク質（7・2 節側注）である（図 7-5-2）．このカスケードの最終的な細胞応答は，**細胞周期**を促進するタンパク質の生合成である．正常細胞では増殖因子の存在するときだけ起動されるが，ある種の変異が *ras* に生じると，Ras は常に活性な「超活性型」に変わる．そのような細胞では，増殖因子がなくても細胞分裂が盛んにおこる．

一方，代表的ながん抑制遺伝子である *p53* 遺伝子（*p53* gene）は，分子量53,000 の p53 タンパク質をコードする．一般に，細胞に紫外線が当たって**DNA** が損傷を受けるとその損傷を**修復**する機構が起動され，終了するまで細胞周期は停止される．p53 タンパク質はこのしくみの中で，細胞周期を停止する抑制タンパク質の合成を促進する抑制因子である．このため *p53* を欠損させる突然変異は，細胞のがん化の要因になる．このため p53 は「ゲノムの守護神」ともよばれる．ヒトのがん細胞の 3 割で *ras* が，5 割で *p53* が変異している．

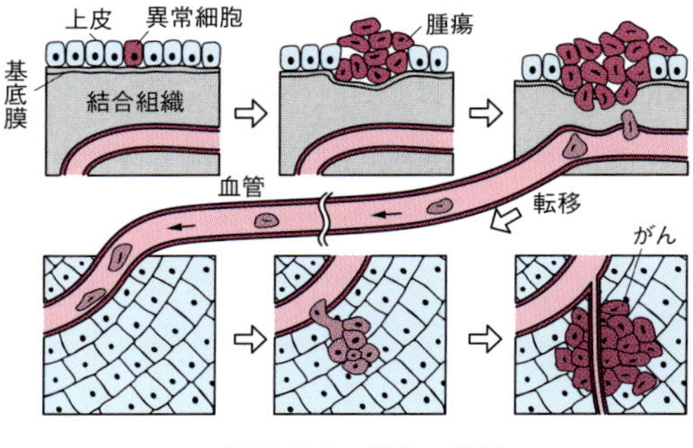

発がん

多くのがんは 5～10 個程度の遺伝子の突然変異が蓄積して多段階で発生する．がん細胞では通常，1 個かそれ以上のがん遺伝子と，複数個のがん抑制遺伝子が変異している．細胞が暴走するには，アクセルが勢いづくだけではなくブレ

[†] **がん（cancer）と癌（腫）（carcinoma）**；がんのうち，上皮組織に由来するものを癌あるいは癌腫という．筋肉組織や**結合組織**によるものを肉腫（sarcoma），造血細胞由来のものを白血病（leukemia）という．「がんセンター」などとひらがなで書くのは，親しみやすさをかもす意味のほかに，治療の対象から肉腫や白血病も除外しないことを表す意味もある．

[†] ***ras* 遺伝子（*ras* gene）と Ras タンパク質（Ras protein）**；遺伝子名は斜体（イタリック），遺伝子産物のタンパク質名は同じ綴りの立体（ローマン）で表す．大文字/小文字の使い分けやアルファベット/数字の組み合わせは生物種ごとで異なり，混乱の元になっている．（生物種；遺伝子名，産物名）で表すと：（ヒト；*RAS*, RAS），（ネズミ；*Ras*, RAS），（線虫；*unc-26*, UNC-26），（細菌；*lacZ*, LacZ）など．

図 7-5-1　がんの発達

ーキが故障する必要もある。がんに至るすべての条件が満たされるのはまれである。したがって，1個体で多数の細胞が同時並行にがん化するわけではなく，もともと1個のがん細胞が2分裂をくり返して時間をかけて拡大する。若年者のがんはまれで，加齢に伴ってがんの発生率は高まり，老年期に加速度的に上昇する。これは，変異の蓄積と1細胞からの増殖に時間がかかるせいである。

がんには潜伏期間がある。広島と長崎の多数の被爆者が白血病を発症し始めたのは，原子爆弾が投下されてから5年以上たってからである。喫煙者の肺がん率が急上昇するのは，喫煙開始後10～20年後以降であり，アスベスト（石綿）を吸引してから**悪性中皮腫**にかかるのは，平均35年後である。

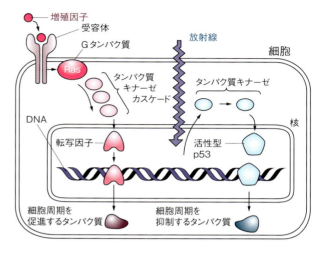

図 **7-5-2**　がん原遺伝子とがん抑制遺伝子

がんの要因と治療

がんを誘導する外的要因を発がん因子（carcinogen）という。発がん因子の多くはDNAに突然変異をもたらす**変異原**（mutagen）であり，化学物質と**電離放射線**がある。化学的変異原には，ニトロジェンマスタードを含むアルキル化剤などがある（図7-5-3a）。電磁波のうち，可視光線や赤外線のようにエネルギーが小さく物質の電離を引きおこさないものは変異原にならないが，高エネルギーのγ線や X線・紫外線は該当する。^{60}Coや^{137}Ceなど放射性同位元素やβ線（電子線）・α線（He原子核の流れ）も変異原である。

ウイルスの一部もがんを引きおこす。B型やC型の肝炎ウイルスは肝がんをおこし，ヒト - パピローマ - ウイルスは**子宮頸がん**の原因となる。そのほかも合わせると，すべてのヒトがんのうち約15％がウイルスによる。大腸がんの1つ**家族性大腸ポリポーシス**（familial adenomatous polyposis coli, APC）のように，遺伝性の変異が強く関係するがんもある。この例では*APC*というがん抑制遺伝子の変異が遺伝するので，同一家族内に発症する場合が多い。

がんの治療法には，外科手術による除去・**放射線療法**・化学療法の3つがある。局所に限定されたがんは，高エネルギー放射線を照射することで治療できることがある。がん細胞は多くの場合，DNAの損傷を修復する機構が衰えているので，正常細胞より放射線の障害を受けやすいと期待される。転移したがんに対しては，**抗がん薬**を使う**化学療法**（chemotherapy）が用いられる（図7-5-3b）。しかし化学療法薬は，正常な細胞にも作用して吐き気や脱毛・易感染性など副作用を生じることが多い。そこで特定のがん細胞に結合する**抗体**を用いた**分子標的薬**の開発が進められている。

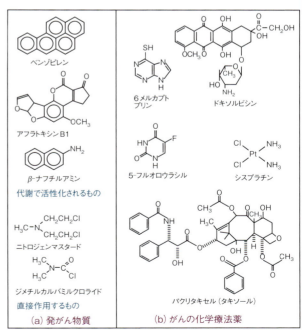

図 **7-5-3**　発がん物質と化学療法薬

受容体と創薬

ホルモンや神経伝達物質などは，受容体（7·3節）に結合して作用をあらわす。医薬品の大半も，そのような受容体を作用点として効果を発揮する。ヒトゲノム配列から受容体と推定される遺伝子産物のうち，その**リガンド**（6·4節側注）が未同定のものは，**孤児受容体**（orphan receptor）とよばれ，創薬（新医薬品開発）の有力な標的と期待されている。

カエルや哺乳類から心臓を切り出しても，冠血管に適切な栄養液を還流すれば，長時間正常な拍動を続ける。その還流液に種々の薬物を加えると，心拍に対するその**薬理学**的作用を研究することができる。このような実験手法をランゲンドルフ（Langendorff）法という。

一般に薬物はごく少量で心臓や腸など器官全体の収縮を増強したり抑制したりする。1933年にクラーク（Clark, A.J.）は，カエル心臓の収縮に対する**アセチルコリン**（ACh，7·3節）の抑制作用は，この分子が心筋の1/6000しかおおわない用量でも発揮されることを示した。この研究は，薬物が組織や器官の広域に化学的な作用を及ぼすのではなく，狭く限定された場所だけに結合して広く影響を及ぼす「信号」としてはたらくことを示した，歴史上画期的な実験である。

生体に投与された薬物の吸収・分布・代謝・排泄を研究し，その用法・用量と血中濃度を定量的・理論的に扱う研究領域を，**薬物動態学**（pharmacokinetics，PK）という。これに対し，薬物と受容体の相互作用から薬効を研究する領域を，**薬力学**（pharmacodynamics，PD）という。

受容体に結合するリガンドには，生理的な応答を導く**アゴニスト**（agonist，作動薬）と，結合はするがアゴニストの結合を妨げるだけで自らは応答を導かない**アンタゴニスト**（antagonist，遮断薬）とがある。生理的なホルモンや神経伝達物質はすべてアゴニストだが，合成治療薬にはアンタゴニストもある。薬効を定量的に扱う受容体理論は，酵素におけるミカエリス - メンテンの扱いに似ている（カフェアリス 3）。

問1 アゴニストの作用 受容体RとアゴニストAの結合の**解離定数**をK_Aとおくと，受容体占有率$P (= [AR]/[R]_{total})$はどのような式で表せるか。

$$R + A \underset{K_A}{\rightleftharpoons} AR$$

解答例 1）まず受容体の**恒常式**を立てる。　　　$[R]_{total} = [R] + [AR]$

2）解離定数の定義式$K_A = [A][R]/[AR]$を変形した$[R] = K_A[AR]/[A]$を恒常式に代入する。

$$[R]_{total} = K_A[AR]/[A] + [AR] = (K_A/[A] + 1)[AR]$$

$P =$ の形に変形すると，

$$P = [AR]/[R]_{total} = 1/(K_A/[A] + 1) \qquad (ca.7.1)$$

(ca.7.1)式は，酵素におけるミカエリス-メンテンの式に似ている(ca.3.3)。$[A] = 0$のとき$P = 0$である。$[A]$が大きくなるにつれPも大きくなるが，その傾き$dP/d[A]$は徐々に小さくなり，Pは一定値に漸近する。その一定値が最大値であり，P_{max}とおける。

薬物の作用（effect, E）はPに比例するが，その比例定数は薬物の種類によって異なる。すなわち$E = \alpha P E_{max}$とおくと，E_{max}は薬物の種類によって決まるパラメータである。もう1つのαは固有活性とよばれ，アゴニストは1，アンタゴニストは0である。中間の$0 < \alpha < 1$となる薬物は，部分アゴニスト（partial agonist）とよばれる。

さて，最大値の半分の薬効を示すアゴニスト濃度を，**50％有効濃度**（50% effective concentration,

EC_{50}）という。[A] = K_A のとき $E = (1/2)E_{max}$ すなわち $P = (1/2)P_{max}$ となるので，$K_A = EC_{50}$ である。

<u>問2　アンタゴニストの作用</u>　さらに，受容体とアンタゴニスト B の解離定数を K_B とおいて，P を [A] と [B] の関数として表せ。

解答例　1）問 1 と同様に，まず受容体の恒常式を立てる。　　　　　　$[R]_{total} = [R] + [AR] + [BR]$
2）アンタゴニストの解離定数の定義式 $K_B = [B][R] / [BR]$ も同様に変形し，恒常式に代入して計算すると，結局次のようになる。

$$P = [AR] / [R]_{total} = 1 / \{1 + K_A / [A](1 + [B] / K_B)\} \tag{ca.7.2}$$

最大値の半分の阻害を示すアンタゴニスト濃度を，**50%阻害濃度**（50% inhibitory c., *IC*$_{50}$）という。IC_{50} とは，$P = (1/2)P_{[B]=0}$ となるときの [B] のことだから，代入により $IC_{50} = ([A] / K_A + 1) K_B$ である。すなわち $IC_{50} > K_B$ となる。アゴニストの EC_{50} とは異なり，$IC_{50} \neq K_B$ である。

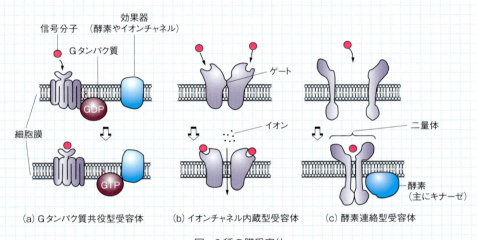

図　3種の膜受容体
(a) Gタンパク質共役型受容体　(b) イオンチャネル内蔵型受容体　(c) 酵素連絡型受容体

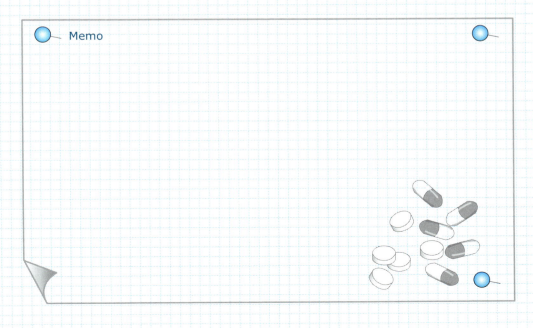

7章のまとめと問題

まとめ

1. 生体内で伝達される**信号**には，化学信号（化学物質）と電気信号（神経細胞の膜電位）がある。前者は，生命の誕生初期から存在するのに対し，後者は動物の神経系で発達した。化学信号には，細胞間で受け渡されるホルモン・神経伝達物質などと，細胞内で伝達される二次メッセンジャーとがある。哺乳類の全身的な**ホメオスタシス**（恒常性）は，内分泌系（ホルモン）と自律神経系で調節されている。

2. **内分泌系**：細胞間の化学信号のうち，循環系を介して遠隔に作用するものをホルモンという。ホルモンを分泌する器官には，内分泌に特化した専用の器官のほか，他の機能をもつ器官の付随的機能としてホルモンも分泌するものとがある。間脳の視床下部とそれに隣接した分泌器官の脳下垂体とが，内分泌系を全体的に統御する。

3. **自律神経系**：自律神経には交感神経と副交感神経があり，この2つは全身の標的器官を拮抗的に支配する。交感神経は末端でノルアドレナリンを分泌し，体を「戦い」に適した状態に導き，副交感神経はアセチルコリンを分泌し，「休息」に誘う。

4. **免疫系**：自己と非自己（異物）を見分けて，非自己を排除するしくみ。中枢リンパ器官（骨髄・胸腺）・末梢リンパ器官（脾臓・リンパ管・リンパ節）・リンパ液・リンパ球などからなる生体防御機構。

   1) **自然免疫**；先天的に用意された11種（ヒトの場合）の受容体（TLR）などが病原体を幅広く認識し，マクロファージなどで速やかに対処する。

   2) **獲得免疫**；抗体や受容体の遺伝子が後天的に再編成されて，多様な異物を特異的に処理する。ただし完全に機能するには5〜10日程度かかる。

      2a) **液性免疫**；B細胞が産生する抗体（免疫グロブリン，Ig）が，遊離状態の病原体に結合して毒性を中和する。

      2b) **細胞性免疫**；T細胞が，その受容体（TCR）で病原体に感染した細胞やがん細胞を認識し，特異的に攻撃する。

5. 感染症は外来の病原性細菌・ウイルスが体内に入り込んでおこるのに対し，**がん**は宿主生物自体の細胞が変化して異常に増殖することによっておこる。発がん物質・電離放射線・がんウイルスなどの環境要因とDNAの複製エラーにより，細胞増殖を調節する信号伝達系などのがん原遺伝子やがん抑制遺伝子が突然変異をおこす。この変異が多数蓄積して，がんの発症に至ることが多い。これら変異の多くは後天的に生じるが，遺伝で受け継ぐ一部の変異は遺伝要因となる。

問題

1. ホルモンを，その物質的本体の種類によって3大別せよ。また，それぞれの例を2つずつ以上挙げよ。
2. ホルモンや神経伝達物質を結合する細胞膜の受容体を，その分子構造や細胞内作用によって3大別せよ。
3. 交感神経と副交感神経を，次の3点について対比せよ。1)神経節の位置, 2)神経伝達物質, 3)生理作用。
4. 脊椎動物には，外来の病原体に抵抗する3重の生体防御系がある。それは何々か。
5. がん遺伝子とがん抑制遺伝子の例を1つずつ挙げ，それぞれ簡潔に説明せよ。

ゲノムの非決定性；遺伝子型の類似性と表現型の類似性が必ずしも一致しないことを示す例に，ショウジョウバエの同属異種間の比較研究がある。代表種キイロショウジョウバエと近縁種の計3種について，全遺伝子発現を網羅的に調べたところ，雌雄間では同種でも約半数6550個の遺伝子の発現パターンが違っていたのに対し，異種間でも同性ならもっと似ていた。同種なら異性でも，性染色体以外のゲノムは共通なので，ゲノム配列の違いと遺伝子発現の違いは並行関係にないことがわかる。

8章 発　生
兎が飛び出す手品の帽子

- 8・1　胚の初期発生　☞ p.100
- 8・2　発生の機構　☞ p.102
- 8・3　ボディープラン　☞ p.104
- 8・4　万能細胞　☞ p.106
- 8・5　植物の発生　☞ p.108

　動植物はたった1個の受精卵から細胞分裂をくり返し，体をつくっていきます。トンビの子は決してタカにはならず，決まってトンビになり，センダンは双葉のときからセンダンの性質を帯びています。

　このような現象がおこる理由について超自然的な説明を避けるためには，生物の種を決定づける「何か」が卵やタネにあらかじめ存在すると見る必要があるでしょう。

　生物の発生のしくみを説明する考え方として，20世紀の初めまで**前成説**と**後成説**という2つの考え方がありました。前成説では，受精卵の中に前もって成体の縮小版が存在しており，発生の過程でそれが拡大すると考えました。これに対し後成説では，成体は発生の過程で新しく創り出されると考えました。

　あらかじめ「何か」が存在するとした点で前成説は正しかった。その「何か」を，コード化された指令＝情報であるとは見通せず，物質的な実体だと仮定したのは間違っていましたが，それは情報理論も分子遺伝学もなかった時代的制約としてやむを得ないでしょう。一方，生物が発生の途上で根本的な変化を遂げることが，単なる見かけ上の錯覚ではないとした点で，後成説は正しかった。しかしその変化を引きおこす原因を，神秘主義的にしか述べられなかった点では，やはり時代の制約でやむを得ないながら，間違っていた。したがって両説は，それぞれ正しさを分有していたと見るべきだと思います。多くの書物で，前成説は間違っており後成説が一方的に正しいかのように書いているのは，不公平でしょう。

　では21世紀の現在，生物の発生の秘密はどこまで解明されたでしょうか。

8・1 胚の初期発生

受精卵が細胞分裂し、孵化あるいは出産されるまでの個体を**胚**(embryo)という。受精卵が胚を経て分化、複雑化して成体(adult)を形成する過程を**発生**(development)という。受精や発生の研究は、顕微鏡下で観察しやすい卵生のウニ（棘皮動物）やイモリ・カエル（両生類）を使って、胎生の哺乳類より先に進められた。

受精と卵割

卵を包むゼリー層に精子が触れると、精子の先にある**先体**(acrosome)という膜小胞が加水分解酵素を分泌し、ゼリー層を分解する（図 8-1-1）。卵の表面には、**細胞膜**と細胞外基質（2・4 節）をつらぬく受容体タンパク質があり、精子の先体突起にあるタンパク質を特異的に認識して、同じ種の精子のみ侵入を許す。卵と精子の細胞膜は融合し、精子の核が卵の細胞質に入り込む。卵の細胞膜はすみやかに**脱分極**し（5・2 節）、表層の小胞体から細胞質ゾルへの Ca^{2+} の流出が波状に卵全域に伝わる。すると、卵の表層が硬い**受精外皮**(fertilization envelope)となって、以後は同種でも精子は侵入できない。

受精が終了すると速やかな細胞分裂が続く。**細胞周期**の G_1 期と G_2 期（2・5 節）を跳び越して **S 期と M 期**がくり返されるが、タンパク質合成はほとんど行われず胚は大きくならない。**卵割**(cleavage)が続き、2 細胞期・4 細胞期・8 細胞期を経て、表面が桑の実状の凹凸をもった**桑実胚**(morula)になる。内部には溶液で満たされた腔所が形成され、中空の**胞胚**(blastula)となる。卵と初期胚には極性があり、一方を**動物極**[†]、他方を**植物極**[†]とよぶ（図 8-1-2）。

胚盤胞

哺乳類の初期発生は、ウニやカエルより緩慢に進行する。卵巣から排卵されたあと輸卵管で受精がおこる（図 8-1-1）。輸卵管内腔の繊毛運動により、卵は子宮に向かってゆっくり移動しながら卵割する。ヒトの場合、1 日半で第 1 分裂がおこり、2 日半で第 2 分裂、3 日で第 3 分裂が完了する。桑実胚の頃に子宮に達する。哺乳類の胞胚はとくに**胚盤胞**(blastocyst)とよばれる。100 個以上の細胞が 2 種類に分化する。そのうち扁平な一層の細胞からなる**栄養芽層**(trophoblast)が外を囲み、腔内には**内部細胞塊**(inner cell mass)が形成される。栄養芽層の細胞は子宮内膜の一部を溶かす酵素を分泌し、7 日目頃から胚の着床が始まる。着床の確定以降を妊娠という。

胚盤胞が子宮内膜に侵入すると、栄養芽細胞は分裂しその領域は広がり続けて、胎盤などの胚体外組織に分化していく。内部細胞塊は胚盤葉上層と胚盤葉下層に分かれ、平盤状の胚を形成する。ヒト胚は、

[†] **動物極**（animal pole）**と植物極**（vegetal p.）；動物極を中心とする動物半球は、メラニン色素の顆粒が豊富で色が濃い。植物極を中心とする植物半球は、栄養になる**卵黄**(yolk)が豊富で色が薄い。重力場で動物極が上方に位置する場合が多いが、軸方向は必ずしも重力方向に一致しない。動物極はのちに外胚葉から神経系や感覚系の動物性器官（5 章）を生じ、植物極は内胚葉から消化系などの植物性器官（6 章）を生じる。卵黄の量は卵割のパターンにも大きな影響を与える。

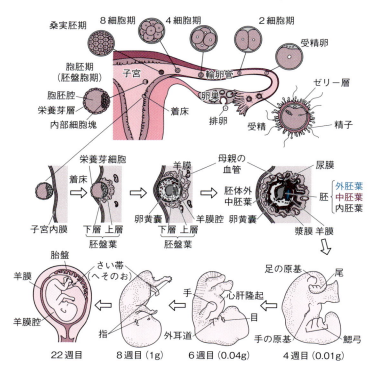

図 8-1-1 ヒトの発生

このうち胚盤葉上層から発生する。

原腸と胚葉

動物で最古の器官は腸である。胞胚の細胞は原腸形成（gastrulation）とよばれる劇的な再配置を行う。ウニ胚では植物極の細胞が胞胚腔に陥入（invagination）する（図8-1-2）。さらに陥入の度を深め，管状になったものを**原腸**（archenteron）といい，原腸の開口部を**原口**（blastopore）という。原腸の先が細胞層に接すると，2つの層が融合して原腸が貫通する。外層が**外胚葉**（ectoderm），原腸の内層が**内胚葉**（endoderm）になる。一部の細胞はこれら上皮性の結合から離れ，胞胚腔に遊離する。この細胞群を**間充織**（mesenchyme）といい，**中胚葉**（mesoderm）になる。三胚葉を備えた段階の胚を原腸胚（gastrula）という。カエルの発生も基本的にはウニと同様だが，さらに大規模な細胞の移動がある。カエルでは原口の陥入域は胚の背側にあたり，**背唇**（dorsal lip）とよばれる。

ウニや脊椎動物では原口が将来肛門になり，第2の開口部が口になる。このような動物を**新口動物**という（9・5節参照）。節足動物や軟体動物などでは，逆に原口が口になり2番目の開口部が肛門になる。こちらは**旧口動物**という。

神経管と原体節

チューブ状の動物体の原型が完成すると，続いて種々の器官形成（organogenesis）がおこる。原腸形成では細胞の大規模な移動が目立ったのに対し，器官形成はそれぞれの局所でおこる。脊椎動物で腸の次に構築される器官は，**脊索**（notochord）と**神経管**（neural tube）である（図8-1-3）。神経管はのちに，脳から脊髄までの中枢神経系と眼の一部になる。脊索は神経管を支える弾力性のある支持器官であり，のちには軟骨性あるいは硬骨性の椎骨によって代置され，脊柱内に痕跡をとどめることになる。

脊索は原腸の上方，背側正中に凝集した中胚葉から生じる。脊索から発する信号が，その直上の外胚葉に神経板を**誘導**する。神経板は内側に湾曲し，巻き込まれて外胚葉からくびれ，神経管を形成する。この外胚葉と神経管の間に**神経冠**（neural crest）という細胞の帯ができる。神経冠の細胞はのちに胚の様々な場所に移動し，末梢神経や頭蓋骨・歯など多様な組織に分化する。神経板があらわれてから神経管が形成されるまでの段階を神経胚（neurula）という。

脊索の両側には，また別の中胚葉の凝集が生じる。これを傍軸中胚葉とよび，脊索を生じた中軸中胚葉から区別する。傍軸中胚葉は前後軸に沿って分節して細片を生じ，**原体節**†という多数の立方体の塊に分離する。

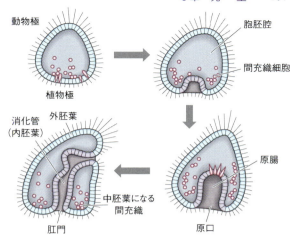

図 **8-1-2** ウニ胚の原腸形成

† **原体節**（somite）；節足動物や環形動物は前後軸に沿って体全体に明確な周期的分節構造があり，体節（segment）とよぶが，脊椎動物の原体節はこの傍軸中胚葉の特徴である。軸骨格に付随する骨格筋も分化する。中胚葉細胞の一部は集合して椎骨を形成するが，脊索はその中核となる。原体節の分節構造は胚発生の後半には不明瞭になるが，脊椎動物も基本的には体節動物であることを暗示する。

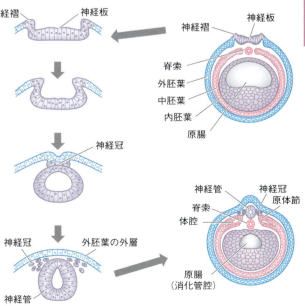

図 **8-1-3** カエル胚の神経管と原体節

8・2 発生の機構

発生の共通性

動物の体はきわめて多様だが，基本的なつくりは共通である。三胚葉からなるチューブ構造であり（前節），**上皮組織**の袋の中に筋肉組織と神経細胞が含まれ，**結合組織**がその間を埋める（5・1節）。**外胚葉**から表皮（皮膚の外層）・神経系・感覚器の多くが生じ，**内胚葉**からは消化系（腸管内腔の上皮）・呼吸系・排出系・生殖系が発生する。**中胚葉**からは循環系・運動系（筋肉・骨格）・結合組織が生じる。真皮（皮膚の内層）や消化系の平滑筋（腸管の外層）も中胚葉に由来する。

分子レベルのしくみにはさらに顕著な共通性がある。体の基本パターンを形成する遺伝子や，特定の器官を誘導する分子には，脊椎動物と無脊椎動物の壁を越えて，進化的起源を共有するものが多い。たとえばマウスでレンズ眼の発生を誘導する遺伝子（*Pax6*）をショウジョウバエに導入すると，そのままハエの複眼を誘導する。

酵母など単細胞の真核生物に比べ多細胞動物は，特徴的な2大遺伝子群をゲノムに共通にもつ。1つは細胞膜受容体やイオンチャネルおよび細胞間接着分子など膜タンパク質の遺伝子であり，もう1つは細胞ごとに異なる遺伝子発現を制御する転写調節因子の遺伝子である。この2タイプの遺伝子群は，発生の過程でも主役を演じる。

発生運命

発生中の細胞は二分裂をくり返すにつれ，その後の運命が分岐していく。どのような細胞に分化するかは胚の中における位置によって決まる。細胞は自らの位置に応じてゲノムの内から特定の遺伝子を選び出し発現させ，全体としてパターン形成（pattern formation）がなされる。

線形動物（図 9-5-3）の**線虫** *Caenorhabditis elegans* では，受精卵の第一卵割以降の全細胞の発生運命が追跡調査され，細胞系譜（cell lineage）が完全に記載されている（図 8-2-1）。雌雄同体の成虫は 959 個の体細胞からなり，うち 302 個が神経細胞である。発生の過程で正確に 131 個の細胞が**アポトーシス**†をおこすこともプログラムされている。他の動物ではそこまで徹底的に決められていないが，カエルなどでは胞胚表面のそれぞれの領域が将来どう分化するかが調べられ，**予定運命図**（fate map）がつくられている。

ただし正常な発生の過程では個々の細胞の運命が決まっていても，細胞の除去や移植のような人為的操作が加わればその運命が変わることもある。そのような可塑性の程度は動物ごとで異なる。節足動物や両生類などは発生運命が早めに決まり，移植などでも変わらない。そのような胚を**モザイク卵**（mosaic egg）とよぶ。一方，哺乳類やウニなどは比較的遅くまで未決定で，周囲の状況により調節される。そのような胚を**調節**

---

†**アポトーシス**（apoptosis）；細胞死のうち，外部からの傷害による事故死をネクローシス（necrosis，壊死）というのに対し，細胞にプログラムされた合目的的な自殺のこと。手の発生の過程で，丸い細胞の塊から一部の細胞が規則的に死んで指が掘り出されることなどもこれに含まれる。

†**シュペーマン**（Hans Spemann）；1869〜1941。ドイツの動物学者。特別な微細手術法を考案して両生類の発生をたくみに研究した。カエル胚で上皮がレンズに発生するには眼杯による誘導が必要であること，イモリ初期胚を結紮すると重複胚（シャム双生児）が形成されることなど，実験発生学で数々の現象を発見した。とくに学生のマンゴルト（Hilde Mangold）とのイモリ胚の研究で，1924年に形成体を発見したことは，その後の発生学に決定的な影響を与え，1935年にノーベル生理学医学賞を受けた。

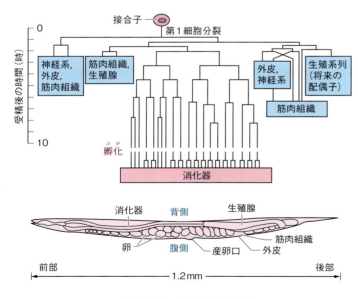

図 8-2-1　線虫の細胞系譜

卵（regulation egg）という．たとえば四細胞期のウニ胚を各割球に分離すると，それぞれ完全な幼生に発達する．

位置情報

個々の細胞の運命を左右する位置情報（positional information）の決定には2つの様式がある（図 8-2-2）．第1に，分裂前の細胞内に**細胞質決定因子**（cytoplasmic determinant）が不均一に分布していると，娘細胞はこの分子を不均等に受け取り，各細胞は生まれながらに異なる（次節1項参照）．第2に，細胞分裂は均等におこりながら，周囲の細胞から受け取る信号物質が不均等なために，その後の運命が分かれる場合がある．この細胞外信号が拡散性の化学物質だと，離れた細胞からも影響を受けうるし，細胞表面に固定された膜タンパク質だと，じかに接触する隣の細胞だけから作用を受ける．このように，他の細胞に影響を与えその発生運命を導く現象を**誘導**（induction）という．濃度勾配によって位置情報を与える分子を**モルフォゲン**（morphogen）という．

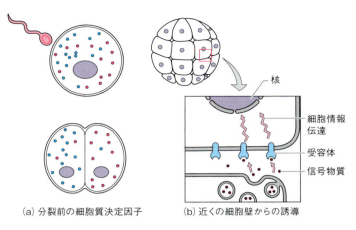

図 8-2-2　発生初期の位置情報

形成体

発生における誘導の重要性は，1920年代**シュペーマン**[†]らにより，イモリの胚における移植実験で示された（図 8-2-3）．初期原腸胚の**原口背唇**（前節）を切り出し，別の原腸胚の腹側に移植すると，そこにもう1つの神経管や**脊索・腎臓・体節・内胚葉**など一連の器官が形成され，新たな胚体が誘導された．このように，外胚葉に予定されている領域にはたらきかけて中枢神経系の形成を導き，自らも脊索などに分化する胚域を**形成体**（organizer）とよぶ．より広義には，接触する他の胚域にはたらきかけて特定の発生運命を誘導する部域をそうよぶこともある．

狭義の形成体は，中胚葉を背側化する作用と，上皮性外胚葉を神経に誘導する作用の2つをもつ．発生で最初の誘導現象はその前におこり，中胚葉誘導とよばれる．これはすなわち内胚葉性の植物極側からの作用で，外胚葉性の動物極側の細胞を，境界面（赤道領域）で中胚葉に誘導する作用である．2群の**ペプチド性細胞増殖因子**（7・2節）が，この誘導活性を示す．すなわち繊維芽細胞増殖因子（fibroblast growth factor, **FGF**[†]）ファミリーと形質転換増殖因子β（transforming g. f. β, **TGFβ**[†]）ファミリーである．

[†] **FGFとTGFβ**；これらは成体の組織やがん組織で先に研究の進んでいた分子である．これは，初期発生に特有の分子を想定していた発生学者の期待を裏切った．TGFβ群に属する骨形成タンパク質-4（bone morphogenetic protein-4, BMP-4）は，細胞が腹側中胚葉以外の型に分化するのを妨げる活性をもつ．形成体因子として挙げられるノッギン（noggin）やコーディン（chordin）という分泌タンパク質は，BMP-4に直接結合して拮抗することによって，中胚葉背側化因子および神経誘導因子としてはたらく．

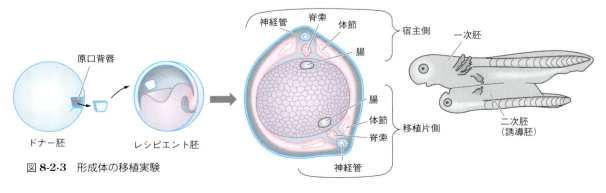

図 8-2-3　形成体の移植実験

8・3 ボディープラン

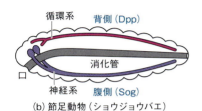

(a) 脊椎動物（アフリカツメガエル）

(b) 節足動物（ショウジョウバエ）

図 8-3-1　背腹軸と軸形成因子

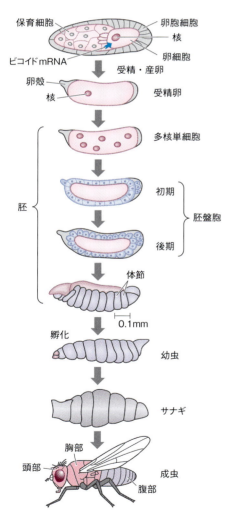

図 8-3-2　ショウジョウバエの発生過程

3 軸の形成

多細胞生物の特定の分類群に共通する基本的体制をボディープラン（body plan, 体の基本設計）という。動物では分類群として門のレベル（9・4 節）を考えることが多い。脊椎動物や節足動物など左右相称動物（図 9-5-3）では，背側と腹側・頭部と尾部・右と左の 3 方向の構造が見られる。これらはそれぞれ背腹軸（dorsoventral axis）・頭尾軸（anteroposterior a., 前後軸）・左右軸（left-right a.）という。卵細胞に形成される何らかの偏りや，精子が侵入する位置などによって受精卵に極性が生じ，発生の過程で徐々に 3 軸が形成される。

アフリカツメガエル Xenopus laevis では，精子の侵入位置が腹側に，反対が背側になり，上部（動物極，8・1 節）が頭部に，下部（植物極）が尾部になる。これらの過程で転写調節因子の濃度勾配が位置情報（p.103）を与える。背腹両側で BMP4 という腹側化タンパク質が合成されるが，背側ではコーディン（Chordin）という背側化タンパク質が合成され，腹側化を阻害する（図 8-3-1）。一方，頭部と尾部では wnt というタンパク質が合成され，その作用を阻害する物質との組み合わせで頭尾軸が形成される。ハエでは背腹軸が逆転している。

ショウジョウバエ Drosophila melanogaster の卵細胞には母体の保育細胞が隣接している（図 8-3-2 上部）。保育細胞のビコイド遺伝子（bicoid）から転写された mRNA は，細胞質連絡を通じて保育細胞から卵細胞に導入され，ビコイドタンパク質（Bicoid）は卵の前方で濃く，後方で薄くなる。この濃度勾配がハエ胚の前後軸の極性を決める。

卵極性遺伝子はビコイドのほかにも存在し，**カスケード機構**によって次々に別の遺伝子群を活性化することで，より精密な位置情報を確定して分節の形成を導く。カスケード下流の分節形成遺伝子（segmentation gene）には，ギャップ遺伝子群（gap genes）・ペアルール遺伝子群（pair rule g.）・セグメントポラリティー遺伝子群（segment polarity g.）の 3 組がある。

体節の決定：ホックス遺伝子

パターン形成カスケードの次の段階は**ホメオティック遺伝子**[†]群である。ハエにはホメオティック遺伝子が 8 つありクラスターをなす（図 8-3-3）。それぞれの遺伝子は異なる体節範囲で発現し，その前後軸に沿った配列は，ゲノム上の遺伝子の配列と正確に並行している。これらの遺伝子産物も転写因子であり，いずれもアミノ酸約 60 残基からなる保存性の高い DNA 結合モチーフを共有している。このモチーフを**ホメオドメイン**（homeodomain），このドメインをコードする塩基配列をホメオボックス（homeobox）という。ホメオボックスをもつ遺伝子はほかにもあり，**ホックス遺伝子**（Hox gene）と総称される。

ホックス遺伝子クラスターは，昆虫だけではなく脊椎動物を含むほとんどの動物に存在し，**神経管**と**中胚葉**の一部で発現している。

ゲノム上の配列と発現場所の配列の並行性も共通な上，マウスのホックス遺伝子をハエに導入しても部分的に代替できるほど，構造も似ている。

ただし脊椎動物には，ホックス遺伝子クラスターが4組もある。ナメクジウオやホヤ（図9-5-3）などのホックス遺伝子クラスターは1組だけだが，脊椎動物に至る系統でカンブリア紀（表9-1-1）にゲノム全体の重複が2度おき，4つに増えた（10・1節）。昆虫より複雑な脊椎動物の発生が，この4倍化で可能になったのだろう。魚類（条鰭類）ではさらに3回目のゲノム重複がおきた。

器官形成

ハエの成虫の外部器官の多くは，幼虫の体節に存在する**成虫原基**（imaginal discs）という未分化な細胞群から発生する。成虫原基はしわのある扁平な上皮性の袋で，幼虫の表皮につながっている。19個ある原基は幼虫の成長に合わせて口や眼・触角・前胸背面・肢翅・生殖器などに分化し，成虫への変態（metamorphosis）に合わせて，最終的に裏返ってつながり成虫の表皮を形成する。

これら成虫原基の発生にもホックス遺伝子が必須であり，それらによる位置情報によって発生の運命が決められている。翅原基を本来の場所から取り出して別の場所に移植しても，そこで翅を形成する。個々の付属器官内部のパターン形成も，体全体のパターン形成と同様に，3軸に沿った転写調節因子の濃度勾配にしたがって進行する。たとえば翅原基には，前後軸の後部だけで発現する遺伝子と，背腹軸の背側だけで発現する遺伝子とがある。この2つの遺伝子のオンオフで，翅が4区画に分けられる。それらの境界でもまた別の遺伝子が発現し，さらに細かなパターン形成を導いていく。

血管の配置

血管のうち大動脈や主な静脈など特別太い血管は，ボディープランの一環として形成されるが，それより細い血管は，局所的な**増殖因子**に応答して太い血管から芽を出し枝を伸ばすように成長する。増殖因子の放出部位はあらかじめ決定されておらず，局所的に酸素不足になった組織が，細胞の**信号変換**（7・2節）のしくみにもとづいて放出する。

このように柔軟な発生のしくみにより，血管の配置は不規則で個人差が大きい。心臓に栄養を送る冠状動脈でさえ人によって異なり，後室間枝が右冠状動脈から伸びる人と左冠状動脈から伸びる人がいる。冠状動脈が1本だけの人もいる。一卵性双生児の間でも，血管系は非血縁者間と同じくらいの違いがある。個人の両腕や両脚の血管の走行を比べると，指や骨とは違い主な静脈でも左右非対称である。このような血管配置の個人差は，**生体認証**（biometrics）にも利用される。

†**ホメオティック遺伝子**（homeotic genes）；ホメオティックとは，胸部に発生するはずの肢が，触角の生えるはずの頭部に生じるなど，形態だけはまともな器官が，本来とは違う異例の場所に生じることをいう。**モジュール**構造が置き換わる突然変異であり，強く印象的である。

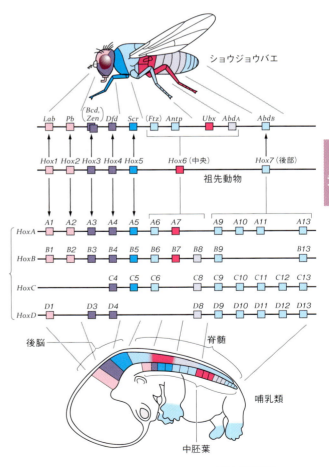

図 **8-3-3** ホックス（Hox）複合体 文献3)を参考に作図

†**全能性**（totipotency），
万能性（pluripotency），
多能性（multipotency）；
このうち "pluripotency" の日本語訳は必ずしも定着していない。明確に意味の異なる2つの語句 pluripotency と multipotency に，同一あるいは紛らわしい訳語を当てるケースがある（iPS細胞の側注参照）。

†**クローン**（clone）；遺伝的に同一の細胞や個体のこと。小枝の意味のギリシャ語 "klon" に由来。小枝の挿し木によって増やした木はもとの木と遺伝的に同一である。クローンは栄養生殖で増える植物や微生物にはありふれた現象だが，有性生殖で増える動物では珍しい。ただしそれは個体レベルの話であり，有糸分裂で増えた体細胞は基本的にすべて単一のクローンである。遺伝子の再編成で多数のクローンが生じるリンパ球はむしろ例外である。

8・4　万能細胞

分化能

発生中の細胞は，分裂しながら様々に異なる細胞に**分化**（differentiation）していく。細胞は変化してもゲノムの塩基配列は変化せず，**ゲノム等価性**（genomic equivalence）が保たれている。ただしリンパ球は例外で，免疫遺伝子の再編成がおこる（7・4節）。細胞の変化は遺伝子の発現調節の変化によって生じる。この変化には不可逆なものと，脱分化しうる可逆なものがある。

植物の場合，分化し特殊化した根などの細胞をいったん脱分化し，改めて体全体をつくることが可能である。このように個体を丸ごとつくれる最高の分化能を**全能性**†という。動物の体細胞は全能性を失っているが，受精卵はもっている。哺乳類の胚盤胞の**内部細胞塊**（8・1節）は，胎盤以外のすべての細胞に分化していく。このようにほぼすべての細胞種に分化できるが，それのみでは個体にはなれない性質を**万能性**†という。

自己増殖能と分化能をもつ細胞を**幹細胞**（stem cell）という。すべての血球細胞を生み出すことができる骨髄の造血幹細胞（図 6-2-4）のように，体細胞系列の幹細胞を**体性幹細胞**（somatic s. c.）と総称するのに対し，上で述べた内部細胞塊のように，初期胚由来の幹細胞を**胚性幹細胞**（embryonic s. c., ES細胞）という。体性幹細胞の分化能の幅は様々に異なるが，特定の一胚葉の範囲内に限られる。このような分化能を**多能性**†という。

クローン

クローン†を作出することをクローン化（cloning）という。植物や単離細胞のクローン化はあまり特別なことではない。

ウシなどの家畜では，16 ないし 32 細胞期の初期胚の核を利用する受精卵クローンが実用化されている。胚細胞の核を抜き出し，核を取り除いた未受精卵に**核移植**（nuclear transplantation）した上で，代理母となる雌ウシの子宮に移植して妊娠，出産させる方法である。好ましい肉質の食用家畜を大量に作出することなどに利用される。

一方，完全に分化した体細胞に由来する核を**初期化**（initialization）して全能性を回復させてつくる**体細胞クローン**†の技術も試みられてきた（図 8-4-1）。この技術は，脚の速い競走馬など，成獣の遺伝的形質が判明した上でそれを増やすことなどへの利用が考えられている。このような技術を，**生殖目的のクローン化**（reproductive cloning）という。

クローンという言葉の日常的なニュアンスには，コピーしたように丸ごと同じという意味合いがあるが，生物学的には遺伝子型（4・1節）が同一なだけである。生物の成熟には環境因子やエピジェネティックな変化（10・3節）も重要である。「コピーキャット」とよばれた最初のクローンネコは，親と同じ三毛猫ではあったが，毛色のパターンは異なっていた。クローンウシの群れでも，1頭がボスになり他はそれに服従した。ヒトでも一卵性双生児は自然なクローンといえるが，胎児期や幼児期を含め長期間にわたって成長・加齢する社会性動物のヒトでは，遺伝子型の規定力はさらに相対的である。

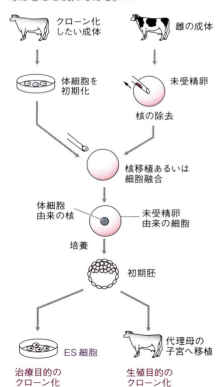

図 8-4-1　2つのクローン化

幹細胞工学

両生類などの胞胚の動物極にある予定外胚葉を切り出した断片が，帽子のような形から通称アニマルキャップとよばれる。この未分化な断片に，**TGFβ**スーパーファミリー（8・2節）に属する**アクチビン**（activin）というタンパク質（**モルフォゲン**）を添加すると，さまざまな組織や器官に分化させられることがわかった。低濃度だと血球，中濃度で筋肉や神経組織，高濃度だと脊索，もっと高濃度だと拍動する心臓が生じる。また中濃度の

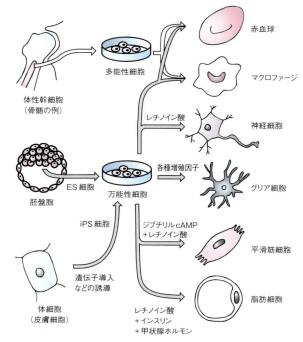

図 **8-4-2** 幹細胞工学

アクチビンとともに**レチノイン酸**を加えると，腎臓に分化する。

ES細胞も，培地に適切な誘導物質を加えると，ねらいの細胞への分化を誘導できる（図8-4-2）。たとえばレチノイン酸単独では神経細胞になり，ジブチリル cAMP を組み合わせると**平滑筋細胞**，インスリンや甲状腺ホルモンを組み合わせると脂肪細胞に導ける。

このような技術は，患部への移植など**治療目的のクローン化**（therapeutic cloning）としての利用が期待される。筋ジストロフィーの患者に骨格筋繊維を移植したり，パーキンソン病患者にドーパミン産生神経細胞，糖尿病患者にインスリン分泌細胞を補充したりする処置が開発されている。

iPS 細胞

しかしES細胞には2つの大きな問題がある。臓器移植の拒否反応をどう抑えるかという免疫学的問題（7・5節）と，個体に発生しうる能力をもつ初期胚を解体して使うことが許されるかという**生命倫理**的問題である。これらの問題の解決に，体性幹細胞の利用や体細胞の完全な初期化が追求されている。遺伝子工学的手法で皮膚の細胞に少数（当初4つ）の遺伝子を導入することにより，万能性を回復させる技術が2006年に成功し，**iPS 細胞**†と名づけられた。患者本人の体細胞を利用すれば，拒否反応の問題と倫理的問題をいずれも回避できる。また，患者の体細胞を少量取り出し，初期化後に患部組織に誘導すれば，インビトロ（p.46側注）の**病態モデル**を作ることができるので，発症メカニズムの解析や創薬にも利用できる。

以上のような幹細胞工学（stem-cell engineering）に期待が高まる一方で，天然の幹細胞の力も見直されている。たとえば，成体の脳には幹細胞がまったく残っていないため再生が不可能だと長く思われてきたが，成人の脳にも神経幹細胞が発見され，リハビリテーションの工夫と持続による脳機能の回復が，従来より有望になってきた。

† **体細胞クローン**（somatic cell clone）；1997年，ヒツジの成獣の体細胞から核移植することによって，クローンの子羊ドリーが誕生した。乳腺の細胞を栄養の乏しい培地による半飢餓状態で培養することにより，脱分化を実現できた。しかし6歳になったドリーは，通常ならもっと老齢で見られる肺病の合併症にかかり，安楽死させられた。核の初期化が不完全であったと推測されている。

† **iPS 細胞**（induced pluripotent stem cell, 誘導万能性幹細胞）；「人工多能性幹細胞」とも訳される。皮膚から調製した線維芽細胞に4つの遺伝子（Oct3/4, Sox2, c-Myc, Klf4）を導入することで初期化し，人工的に万能性が誘導された幹細胞。2006年にマウスで，翌年にはヒトでの成功が発表された。この4遺伝子の産物は，開発者 山中伸弥の名から「山中因子」と呼ばれる。明るい希望が広がり，山中は早くも2012年にノーベル生理学・医学賞を受けた。ただし発がん遺伝子 c-Myc が含まれ，遺伝子導入ベクターにレトロウイルスが使われたことから，他の遺伝子やベクターへの代替なども追求されている。

†茎 (stem);イチゴのランナーのように地表を水平に這い無性生殖する芽茎や,地下で栄養を蓄える地下茎 (subterranean s.) などがある。地下茎は形態が多様で,ジャガイモやシクラメンのようにかたまりになった塊茎 (tuber),レンコンやショウガのように肥大して水平に伸びた根茎 (rhizome),タマネギやユリのいわゆる球根のように肥厚した葉が密生する鱗茎 (bulb),サトイモやコンニャクのように茎自体が短縮肥大し球状になる球茎 (corm) などがある。

†植物ホルモン (plant hormone, phytohormone);植物体内で生産され,離れた場所に移動し,成長や分化など生理的機能に微量で影響を与える有機化合物。オーキシンのほかにジベレリン (giberellin)・サイトカイニン (cytokinin)・アブシシン酸 (abscisic acid)・エチレン (ethylene)・ブラシノステロイド (brassionsteroid) が知られている。合成薬品も含め,植物に何らかの生理活性を示す化合物をまとめて植物調節物質 (plant regulator) とよぶ。

8・5 植物の発生

3つの器官

植物には藻類・コケ類・シダ植物・裸子植物・被子植物がある。そのうち種の大半を占め,地上の食物連鎖の源となり,食料として人類を養う被子植物に,ここでは焦点を当てる。植物の体も動物の場合と同様,**細胞・組織・器官**の階層的構造をなす (5・1節)。植物の基本的な器官は3つで,全体を支え地下から水と無機物を吸収する根 (root)・地上で太陽光を受ける**光合成**器官 (3・4節) の葉 (leaf)・地上の中心軸として根と葉を結び栄養や水を運ぶ茎†である (図 8-5-1 中央)。茎は環境に適応してとくに多様な機能をもつように変形した。花 (flower) は葉が変形した生殖器官である。

双子葉類の多くは,垂直に深潜する1本の直根 (taproot, 主根) と,そこから枝のように横に広がる側根 (lateral root) を分化するが,単子葉類やシダ類の多くは,多数の細い根が茎から伸び,浅いマット状に広がるひげ根 (fibrous) を形成する。ニンジンやテンサイに見るように,直根はしばしば肥大し有機栄養を貯蔵する。根端近くの表皮細胞は根毛 (root hair) を伸ばして表面積を広げ,水や無機物を吸収する。

3つの組織系

これらの器官はいずれも3つの組織系 (tissue system) からなる (図 8-5-1 左)。植物の全体を被覆して保護する**表皮組織** (dermal tissue)・植物体を貫通して水や栄養を運ぶ**維管束組織** (vascular t.)・内部空間を埋め支持や貯蔵の役割を果たす**基本組織** (ground t.) である。表皮の大部分はポリエステルとロウの重合体からなる**クチクラ** (cuticla) でおおわれ水の損失を防ぐ一方,葉の裏では**気孔** (stomata) が開閉してガス交換を調節する。維管束は,水と可溶性無機物を根から上方に運ぶ**木部** (xylem) と,光合成産物の糖を葉から他の場所へ運ぶ**篩部** (phloem) からなる。

基本組織には柔組織・厚角組織・厚壁組織の3種が含まれる。柔軟で増殖能のある**柔組織** (parenchyma) は,あまり特殊化していない代表的な植物細胞で,茎頂端や根端では分裂組織として,葉では光合成をする葉肉細胞としてはたらく。栄養貯蔵の役割も担い,果物や野菜の可食部の大半を占める。円柱状や縄状の**厚角組織** (collenchyma) の一次細胞壁は厚いが,硬いリグニンは欠く。順応性があり,葉や茎で生き生きと伸長しながら組織を機械的に支える。リグニンが沈着し木化した厚い二次細胞壁をもつ**厚壁組織** (sclerenchyma) は,頑丈な支持体としてはたらくが,多くは死んだ細胞であり,成長に伴った伸長はできない。長年にわたって植物を機械的に支える骨格としてはたらき,切り倒されても木材として利用される (p.66 側注)。

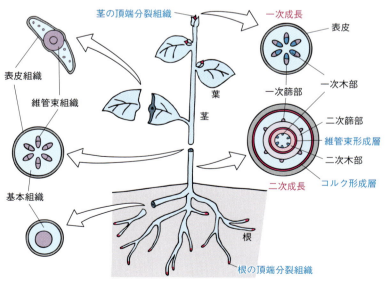

図 8-5-1 植物の組織系と成長

堅果の殻や種皮にも含まれ，麻や亜麻の繊維としても利用される。

成　長

動物の胚は，大まかにいえば幼体や成体の縮小版であり，全体が分裂・分化して成長する。それに対し植物は，体の末端の未分化な**分裂組織**（meristem）だけが分裂して，新たな構造を付け加えることで成長する。また動物の全身や植物の葉は，ある大きさで停止する**決定成長**（determinate growth）をするのに対し，植物の茎と根は，若いときだけでなく一生を通じて**無限成長**（indeterminate g.）をする。

分裂組織には2つのタイプがある（図 8-5-1 右）。**頂端分裂組織**（apical m.）は根の先端と茎の芽にあり，植物体を縦方向に伸長させる**一次成長**（primary g.）を行う。草本植物（herbaceous plant）の体はほとんど一次成長でつくられる。一方，木本植物（woody p.）は，一次成長が止まった部分でも横に太くなっていく。**二次成長**（secondary g.）とよばれるこの肥厚成長は，茎と根の全長にわたって同心円筒状に分布する**維管束形成層**（vascular cambium）と**コルク形成層**（cork c.）という2層の**側部分裂組織**（lateral m.）の，接線方向の細胞分裂によっておこる。

植物の成長も，あらかじめすべてが遺伝的に決定されているわけではなく，環境条件に応じて変化する。たとえば枝の先端を摘み取ると，横の枝の発生が促進される。これは，頂端分裂組織が除かれると葉腋の分裂組織が停止指令を解かれることでおこる。この例では，頂端分裂組織から放出される**植物ホルモン**[†]の1種オーキシン（auxin）がはたらいている。

花の形成

頂端分裂組織は，気温や光・栄養状態などの条件が整うと，成長を停止し花を形成する。たとえば日照時間の変化によって，**花芽分裂組織決定遺伝子**（floral meristem-identity gene）のスイッチが入ると，無限成長する栄養分裂組織は，決定成長する花芽分裂組織に転換される。葉の原基は相対的位置関係にもとづき，それぞれ特殊化した花の付属器官に分化する（図 8-5-2）。この器官は4つの同心円に配置される。野生型だと最外層から順に，がく片・花弁・雄ずい（雄しべ）・心皮（雌しべの構成要素）となる。花のパターン形成は，それぞれの原基で位置情報にもとづいて，どの器官決定遺伝子（organ i. g.）が発現するかで決まる。シロイヌナズナを使った実験において，それらの遺伝子の発現を実験的に撹乱すると，本来雄ずいの生ずべき場所に花弁ができるといった表現型を示すことから，ショウジョウバエの**ホメオティック遺伝子**[†]にたとえられる。表現型のパターンは，A・B・Cの3群の遺伝子にもとづく **ABC モデル**でうまく説明できる。

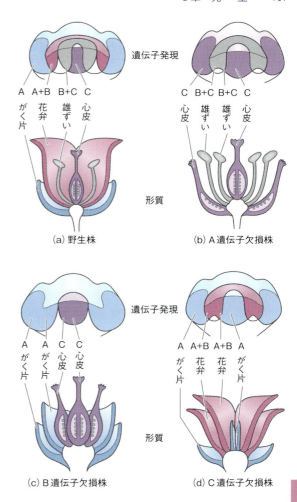

図 8-5-2　花の発生の ABC モデル

[†] **ホメオティック遺伝子**；8・3節参照。シロイヌナズナのホメオティック遺伝子は，変異体の表現型から *Apetala2* などの A 群，*Apetala3* などの B 群，*Agamous* などの C 群，*Sepallata* 群の，計4群に分類される。同様な表現型や遺伝子はナズナ以外でも同定された。遺伝子の多くは重複によって生じた相同なファミリーで，植物進化の過程で保存されている。しかしホックス遺伝子ではなく，MADS ファミリーに属する。このファミリーは植物以外でも**転写因子**としてはたらく。

核酸語とタンパク語

前章まで カフェアリス では，数値計算や文字式の変形など，数式を扱ってきた。しかし生物学では，核酸のヌクレオチド配列（塩基配列）やタンパク質のアミノ酸配列という文字列の転写・翻訳も重要である。ここではその文字列の変換の課題を解いてみよう。

問1 DNAの二重らせん ゲノムDNAの片方の鎖が次のような塩基配列をもっている場合，もう一本の鎖はどのような塩基配列になるか。

    5′ TAGGATGGCA CAGATACGTA GGTGC 3′
    (   )

ヒント 塩基対になれるのは，A-TとC-Gの組み合わせである（1・5節）。一方の鎖がAなら他方の鎖はT，一方がGなら他方はCが対合する。なお10残基ごとの区切りは，単に見やすくするための習慣である。

解答例 5′ TAGGATGGCA CAGATACGTA GGTGC 3′
    (3′ ATCCTACCGT GTCTATGCAT CCACG 5′)

このような場合，塩基配列には方向を示す3′，5′の番号をつける習慣にしよう。一般に，塩基配列に番号がついていない場合は，左を5′末端に右を3′末端にしている。しかしこの解答例のように，もとの鎖のすぐ隣に相補鎖を並べて書くなら，その鎖は通常とは違う左が3′末端，右が5′末端になるので，番号を表示しておく必要がある。

二重鎖の片方の配列が決まると他方の配列も自動的に決まる。このことが遺伝（4章）や細胞分裂（2・5節）・発生（8章）に重要である。「**二重らせん**」という言葉は，DNAの分子構造から離れて現代生物学の象徴のように使われるが，ゲノム情報の観点からは，「らせん」であることより「二重」であることの方が重要である。

問2 転写 問1解答例の二本鎖の配列に遺伝子の開始コドンが含まれているとすると，それはどこか。またこの遺伝子の転写産物であるmRNAの塩基配列を書け。

解答例 開始コドンはATGなので，上の鎖の5～7残基目である。mRNAの塩基配列は；
    5′ UAGGAUGGCA CAGAUACGUA GGUGC 3′

ATGは下の鎖にも左から15残基目にあるように見えるが，遺伝子はあくまで5′末端から3′末端の方向なので，そこはATGではなくGTAである。コドンが含まれる鎖を**センス鎖**，その相手を**アンチセンス鎖**という。mRNAはセンス鎖をそのまま写し取る。ただしRNAではDNAのTをUに置き換える。RNAポリメラーゼはアンチセンス鎖を**鋳型**（4・2節）にするわけである。

5残基目のAUGから解答を書き始める人もあるが，開始コドンの「開始」とは翻訳の開始点であり，転写はもっと上流から始まるので，4残基目までも含めるべきである。

問3 翻訳 問2の解答例のmRNA鎖にある遺伝子が翻訳された時のアミノ酸配列を書け。ヒトの細胞質・ヒトのミトコンドリア・大腸菌の3つの場合について答えよ。

解答例　翻訳は5残基目の開始コドンATGから始まる。コドン表（図4-4-1）にもとづいて，
　　ヒトの細胞質；　　　　　　Met Ala Gln Ile Arg Arg Cys
　　ヒトのミトコンドリア；　　Met Ala Gln **Met** Arg (stop)
　　大腸菌；　　　　　　　　　Met Ala Gln Ile Arg Arg Cys

　本書のコドン表には，ヒトのミトコンドリアの「方言」も記載している。細胞質での翻訳は，ヒトと大腸菌で共通である。ただし原核生物の開始メチオニンは，もともとホルミル（formyl）化されている（fMet）。真核生物のカンジダ菌や原核生物のマイコプラズマなどの一部のコドンを例外として，核ゲノムの**遺伝暗号**はかなり普遍的である。普遍暗号で終止を指定するUGAは，哺乳類から大腸菌にわたる幅広い生物の一部の遺伝子で，21番目のアミノ酸セレノシステイン（Sec）を指定する。コドン単独ではどちらを意味するか見分けられないが，mRNA内の当該コドンの近傍や3′ **UTR領域**（4・5節）のヘアピンループ構造で区別される。

　一方ミトコンドリアゲノムは，多くの生物で普遍暗号からずれており，また哺乳類・ショウジョウバエ・出芽酵母・トウモロコシなど高等動植物の相互間でも異なる。数十個の遺伝子しか翻訳しない系（2・3節）では，遺伝暗号自体の変異さえ比較的おこりやすい（10・4節参照）。

問4　分子進化　問1と同じ遺伝子の領域が，動物ごとで下のような塩基配列になっていたとする。これらの生物の進化における分岐の順番はどう推定できるか。赤字は，ヒトの配列と異なる塩基を示す。

　　ヒト　　　　　　　　5′ TAGGATGGCA CAGATACGTA GGTGC 3′
　　ニワトリ　　　　　　5′ TCGAATGGCC CAAATTCATC GGTGT 3′
　　トカゲ　　　　　　　5′ GTGAATGGCT CAAATGCATC GGTGT 3′
　　ティラノサウルス　　5′ CCGAATGGCC CAAATCCATC GGTGT 3′

ヒント　この問題は9章の予習になるが，種間の塩基の違いの数を数えれば，比較的簡単に推理できる。

解答例　塩基の違いの数が最も少ないのは，ニワトリとティラノサウルスの間の2である。トカゲとニワトリの間，トカゲとティラノサウルスの間がその次に少なく，ともに4である。これらのことから，ヒトと他の3種の共通祖先とが分岐した後，後者からトカゲが分岐し，最後に鳥と恐竜が分岐したと推定できる。

　実際，鳥類は恐竜の一部が進化したものと考えられている（図9-4-2参照）。

　合計9か所の塩基置換のうち，最初の3つは非翻訳領域である。残りの6か所は翻訳領域だ

生物間で塩基の異なる数				
	ヒト	ニワトリ	トカゲ	ティラノサウルス
ヒト				
ニワトリ	8			
トカゲ	9	4		
ティラノサウルス	9	2	4	

が，そのうち5か所は指定するアミノ酸が変わらない**同義置換**である（図9-2-1参照）。さらにそのうち4か所はコドンの3残基目である。18残基目は**非同義置換**で，GがAに置き換わるとArgからHisに変わる。

　ゲノム情報データベースの整備が進んでおり，多様な生物種のDNAやタンパク質の，具体的な配列データや立体構造情報がウェブで公開されている。巨大加速器を使わないとできない閉じた物理科学に対し，基礎知識と好奇心さえあれば誰にでも手の届く開かれた生命科学は，まじめな勉学の対象になるだけではなく，サイエンスカフェ風の社交やナード（nerd，豊富な知識を保持するが内向的な者）的な趣味に対しても，安価でかつ水準の高い素材を提供している。

8章のまとめと問題

まとめ

1. 動物は次のような段階を経て発生する。
   1) **卵割期**；受精卵1個から細胞分裂をくり返して，細胞が2個，4個，8個・・・と増える。
   2) **胞胚期**；中空の球状構造。
   3) **原腸胚期**；表層の一部が陥没して原口となり，他方に貫通して原腸ができる。残る表層は外胚葉，貫入部は内胚葉になる。また表層の一部は内腔に遊離し，中胚葉になる。この時期，細胞は大規模に移動する。昆虫などでは原口が口になり（旧口動物），脊椎動物では他方が口になる（新口動物）。
   4) **神経胚期**；脊椎動物では，背側の外胚葉が貫入し神経管ができる。神経管はその後，眼の一部と脳から脊髄までの中枢神経になる。この時期以降，大規模な細胞移動は収まり，その他の器官も体軸に沿ってそれぞれの場で形成される。

2. 動物のボディープランは，多段階の**転写調節因子のカスケード反応**によって決まる。このカスケード上流の因子は動物群（門）によって違うが，中核のホックス遺伝子クラスターは全動物に保存され，前後軸に沿った発現のパターンで位置情報を与えて体節や器官の配置を決める。発生の位置情報は，細胞間で拡散する信号物質とその膜受容体でも与えられる。これらにより，細胞の発生上の運命が決まっていく。

3. 細胞の分化能は次のように整理できる。ヒトの移植治療や家畜の優良品種増産などを目的とする幹細胞工学が開発されつつある。
   1) **全能性**；受精卵のように，あらゆる細胞に分化し個体に成長しうる。
   2) **万能性**；哺乳類 胚盤胞の内部細胞塊に由来する胚性幹細胞（**ES細胞**）のように，胎盤以外のすべての細胞に分化しうる。ただしES細胞には，移植の拒否反応や生命倫理の問題があるため，体細胞の万能性を回復する**iPS細胞**の研究も進められている。
   3) **多能性**；体性幹細胞は，一胚葉の範囲内ながら多くの細胞に分化しうる。たとえば多能性造血幹細胞からは，すべての血液細胞が由来する。

4. 動物は体全体のバランスを保ちながら，器官・組織がそれぞれ**決定成長**する。これに対し植物は，頂端分裂組織による伸長成長と側部分裂組織による肥厚成長とにより**無限成長**する。ただし個々の葉は決定成長するし，葉の集団から派生した花は，ホックス遺伝子にあたる転写調節因子の位置情報に基づいてパターン形成する。

問題

1. 棘皮動物（ウニ）や両生類（カエル）の卵が体外に産み落とされ静止して発生するのに対し，哺乳類の胚は母親の体内にとどまり移動しながら発生する。哺乳類における初期胚発生の各段階と，体内位置との対応を記せ。
2. 胚の細胞は分裂しながら，それぞれの位置にふさわしい性質をもつ細胞へと別々に分化していく。同じ遺伝子型を共有する細胞が，異なる表現型をもつ細胞へと決定づけられるしくみを2つ述べよ。
3. ゲノム情報にもとづく動物の体の発生の道筋には，遺伝因子でほぼ完全に決定づけられる面と，環境因子によって変化する面とがある。後者の可塑的な現象には，人工的・実験的な操作による結果と，生体認証にも利用される自然な現象とがある。以上3つのケースについて，それぞれ例を挙げよ。
4. クローンの形成について，次の3つの場合の例を2つずつ挙げよ。
   1) 自然に生じる例，2) 伝統的な利用技術の例，3) 遺伝子工学や幹細胞工学の例
5. 植物の組織を5つに分類し，それぞれ簡潔に説明せよ。

9章 生物の進化と歴史
生物が織りなす三千万世界

9·1 生物の歴史 ☞ p.114
9·2 小進化 ☞ p.116
9·3 大進化 ☞ p.118
9·4 分類と進化 ☞ p.120
9·5 生物の主な系統 ☞ p.122

　原始の太陽系では，水素やヘリウムのガスと，鉄や岩石や氷の塵が太陽の周りをめぐっていました。そのうち塵が集まって無数の微惑星になり，それらがさらに衝突しあって約46億年前に地球が誕生しました。はじめは小天体の衝突が続いたために，地球は岩石も溶けるほどの高温になりましたが，冷えて海が生成し，安定に存続するようになると，生命が誕生する条件が整っていったでしょう。38億年前の最古の岩石にすでに生命の痕跡が示され，また35億年前の堆積岩には確かな生物化石が見つかっています。条件が整うと生命はわりに早く誕生したようです。

　生物はその後長い年月をかけて進化し，現在は3000万種が地球に暮らしているといわれています。最も単純な生物でさえ，膨大な数の巨大分子が協調してはたらいており，それぞれの体が小宇宙をなしているといえます。仏教には，太陽と月がめぐる須弥山世界が1000の3乗個，つまり10億個集まってこの宇宙ができていると見る「三千大千世界」という宇宙観がありますが，われわれの生物圏は3000万種のミクロコスモスからなる大宇宙だといえるでしょう。

　生物の遺伝的形質の累積的変化を**進化**（evolution）とよびます。そのうち，種レベル以上の分類階級の創出や，絶滅を伴う大幅な変化を大進化（macroevolution），個体群や種内の遺伝的形質の変化や，その分布のずれを小進化（microevolution）とよびます。この章ではこれら進化のしくみと歴史を学びましょう。

9・1 生物の歴史

化学進化

生物の誕生する前に，有機化合物が生まれ複雑化する，化学進化（chemical evolution）の過程があったと考えられる。かつて有機物は，生物なしには生じないと考えられていた。しかし，還元的な大気に稲妻のような火花放電をすると，アミノ酸を含む多数の有機物が生成されることが 1953 年に示された。1969 年には，南オーストラリアで採集された古い隕石の中から多数のアミノ酸が検出された。1970 年代には電波天文学の発展により，宇宙にも多種類の有機化合物が見つかった。

低分子有機化合物が加熱や加圧，および無機触媒で重合することも示されている。酵素やリボソームなしでできた重合体は組成も結合状態もランダムだが，初期の地球で弱いながらも触媒としてはたらいたかもしれない。

両親媒性の脂質分子は，水中で**リポソーム**という閉じた二重層小胞を自発的に形成する（1・3 節，2・1 節）。すなわち，単純で原始的ながら外界と内部を峻別する閉じた障壁が，無生物的に形態形成されるわけである。その内腔に弱いながら触媒活性をもつ**親水性**の有機化合物が閉じ込められると，素朴な細胞様構造になる。

生物は代謝機能（3 章）と同時に自己複製能（4 章）をもつ必要がある。現生の生物では，**代謝**を**酵素タンパク質**が，**複製**を **DNA** が，それぞれ担っている。このように複雑な分子が，複数同時に出現したとは考えにくく，「タマゴが先かニワトリが先か」という難問があった。1980 年代の始めに，触媒活性のある **RNA** すなわち**リボザイム**（3・1 節）が発見されると，これがタマゴとニワトリの役割を合わせもつ最初の自己複製体ではないかと考えられるようになった。生物界は，リボザイムが主役を務める **RNA ワールド**（RNA world）から誕生したのかもしれない。

生命の誕生が地球に限られないという証拠を，宇宙に探す努力が続けられている。水が存在する火星やエウロパ（木星の衛星）も有力な候補場所とされている。太陽系以外にも多数の惑星が見つかりつつあり，地球型惑星の発見も期待されている。

原核生物

生命の最古の証拠は，グリーンランドのイスア（Issua）で見つかった約 38 億年前の変成岩の**化学化石**（chemical fossil）候補である。炭素の安定**同位元素**[†]の比が特異な値で，生物による有機物の生産を示唆すると主張されているが，議論が残っている。西オーストラリアのノースポール

[†] **同位元素（isotope）**；陽子の数が等しいため化学的性質は同じだが，中性子の数が違うため質量の異なる原子を同位元素という。そのうち放射線を出して崩壊する核種を放射性同位元素（radioactive i.），永続的な核種を安定同位元素（stable i.）という。たとえば炭素 C の場合，最も多い ^{12}C と微量な ^{13}C は安定同位元素で，^{14}C は放射性同位元素である。$^{12}C/^{13}C$ 比のわずかな違いで，その物質が生物由来か否かなどが推定できる。半減期 5730 年の ^{14}C の含量は，8 万年より新しい年代の決定に利用できる。

表 9-1-1 生物の歴史

代	紀	世	年代	できごと
新生代	第四紀	完新世	0 万年	人類文明の発展
		更新世	1	ホモサピエンス（ヒトの種）の出現；氷河期
	新第三紀	鮮新世	258	ヒト属の出現
		中新世	533	ヒト科の出現；哺乳類・被子植物の放散が継続
	古第三紀	漸新世	2303	霊長目の多くの群の出現
		始新世	3390	哺乳類の多くの目の放散；被子植物の優占が進行
		暁新世	5600	哺乳類・鳥類・送粉昆虫の大放散
顕生代			6600	
	中生代	白亜紀		被子植物の出現；白亜紀末の大絶滅
			1.45 億年	
		ジュラ紀	2.01	恐竜の繁栄；裸子植物の優占が継続
		三畳紀	2.52	裸子植物の優占；恐竜と哺乳類型爬虫類の出現
	古生代	ペルム紀	2.99	爬虫類の放散；昆虫の多くの目の出現；紀末の大絶滅
		石炭紀	3.59	爬虫類・種子植物の出現；無種子植物の巨大森林
		デボン紀	4.19	四肢類（両生類）・昆虫の出現；硬骨魚の多様化
		シルル紀	4.44	維管束植物（無種子）の出現と多様化
		オルドビス紀	4.85	節足動物・植物の陸上進出；海産藻類の繁栄
		カンブリア紀	5.41	カンブリア大爆発（多くの動物門の突然の出現）
原生代	新原生代		10.00	エディアカラ生物群；最古の後生動物の化石
	中原生代		16.00	最古の多細胞生物（小型藻類）の化石
	古原生代		25.00	最古の真核生物の化石（グリパニア）
始生代（太古代）	新始生代		28.00	最古の O_2 発生型光合成生物の化石（ストロマトライト）
	中始生代		32.00	
	古・原始生代		40.00	最古の生物の化石（原核生物）
冥王代			46.00	高温の無生物時代

にある堆積岩からは，約35億年前の最古の微小な化石（fossil）が見つかっている（表9-1-1）。球状や繊維状の化石で，現生の細菌とほぼ同じ大きさである。数百個体が密集している所もある。

同じ西オーストラリアから，藍色細菌（2・3節）がつくるストロマトライト（stromatolite）とよばれる構造体の，27億年前の化石も見つかっている。藍色細菌は，細菌で唯一酸素 O_2 発生を伴う**植物型光合成**（3・4節）をする細菌である。もともと O_2 がない地球を O_2 で満たしていったのは，植物が出現するずっと前の藍色細菌である。O_2 発生型光合成のしくみは複雑なので，**O_2 非発生型光合成**をする別の細菌が，それより早くから存在したはずである。

当初 O_2 は海中に溶け，二価鉄イオン Fe^{2+} と反応して酸化鉄となり，縞状鉄鉱床を堆積していった。現在工業的に使われる鉄鉱石の大半が，その赤色岩石層から採掘される。22億年前頃からは O_2 が大気にも放出され，2億年ほどの間に O_2 分圧が現在の1割程度にまで上昇した。O_2 は反応性が高いので，生物の有機物を酸化し細胞に損傷を与える毒である。また一方で，これを利用した**酸素呼吸**（3・3節）の系ができると，有機化合物から大量のエネルギーを引き出しうるようになった。これは「酸素革命」とよべるほど大きな影響を生物界に与えた。

真核化と多細胞化

北米五大湖のスペリオル湖南側に露出する21億年前の縞状鉄鉱床には，グリパニアとよばれる化石が見つかっており，最古の真核生物だと考えられている。真核生物がもつ**ミトコンドリア**†と**色素体**†（葉緑体など）の祖先は当初，宿主細胞の**飲食作用**（2・2, 4・5節）のしくみによってエサとして取り込まれたか，寄生体として侵入した細胞だと考えられるので，それまでに**内膜系**や**細胞骨格**も発達していたはずである（図9-1-1）。内膜系は核膜とともに，細胞膜の陥入で発達したと考えられる。

最古の明確な多細胞真核生物の化石は，カナダの地層で発見された12億年前の小型藻類の化石である。大型の多細胞生物が化石記録に現れるのはずいぶん後で，南オーストラリアの5.7億年前の**エディアカラ生物群**（Ediacara biota）や中国ドウシャントウオの5.8億～6億年前の化石である。クラゲやウミエラに似た動物や藻類の成体や，卵割中の動物胚らしい微小構造など，豊富な化石が見つかった。生物誕生以来の長い停滞の後に，急激な大型化と多様化がおこったことになる。これは，7.5～5.7億年前に陸地のすべてを氷河が覆い海洋が氷結した，**全球凍結**（snowball earth）の終結によって導かれた。多細胞化は原生代の間に，藻類・植物・菌類・動物など異なる系列で独立に何度もおこった。

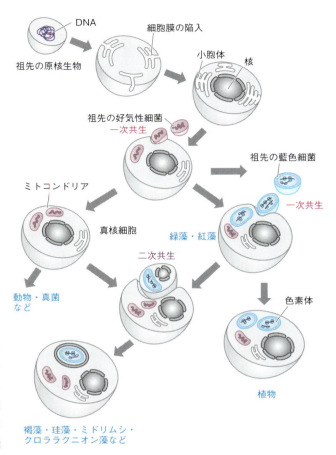

図 **9-1-1** 連続的細胞内共生による進化

†**ミトコンドリア**（mitochondria）と**色素体**（plastid）；この2つの細胞小器官は，生物進化の過程で原核細胞が**細胞内共生**してできた（2・3節）。これらがもつ独自のゲノムのサイズや遺伝子数は，独立生活の好気性細菌や藍色細菌よりずっと少ない。大部分は進化の過程で宿主の核ゲノムに移行した。したがって真核生物の核ゲノムは，複数の生物に由来するキメラ（chimaera）であるといえる。

9・2 小進化

突然変異

進化の素材は，ゲノムDNAの変化である突然変異（mutation）によって用意される。そのうちDNAの塩基配列の小さな変化を点突然変異（point m.）という。塩基置換（base substitution）はそのよい例だが，塩基の**欠失**（deletion）や**挿入**（insertion）も含まれる（図9-2-1）。翻訳領域（4・5節）での欠失や挿入は，たまたまその塩基数が3の倍数でなければ，**読み枠**のずれ（frame shift）を生じるが，その影響は1遺伝子内にとどまる。

遺伝子重複（gene duplication）も，進化につながる変異の重要な源泉である。重複には，規模の大きいものと小さいものがある。相同染色体の組換え（2・5節）の位置が少しずれたり，トランスポゾン†で短い配列がゲノムに挿入されたりすると，少数の遺伝子が増加する。一方，栽培コムギなど植物では，より大規模な染色体倍加も比較的おこりやすい。**倍数体化**（polyploidy）は，染色体が複製されながら，細胞質は事故で分裂しないことで生じる。これは種分化（次節）にも関わる。これらの間の中規模な重複は，細胞機能のバランスを崩すため存続しにくい。存続できた重複遺伝子は，その後の点突然変異などで新しい機能を獲得しうる。配列が類似した遺伝子のまとまりを遺伝子ファミリー（gene family）という。ホックス遺伝子（図8-3-2）・ヒストン（2・3節）・Ig（7・4節）・Gタンパク質共役型受容体（7・3節）などがある。遺伝子が隣り合ってクラスターをなすものもあるが，複数の染色体に分散しているものも多い。クラスター内の相同遺伝子は，縦列重複で生じたと考えられる。

原核生物では，遺伝子の**水平移動**（lateral transfer）も進化に重要である（図9-2-2）。重篤な腸管出血を引きおこす**病原性大腸菌O157**堺株のゲノムにある5361個の遺伝子のうち，研究室などでも安全に使われる非病原性大腸菌K-12株とも共通なものは，7割の3729個に過ぎない。その共通領域は両株できわめて近縁だが，毒素遺伝子などを大量に含む残りの3割は，この600万年に何度かにわたって，バクテリオファージ†によって他の病原菌などから持ち込まれたと考えられる。遺伝子の水平移動は，真核微生物やウミウシ・ホヤなどでも報告されている（p.92 TLR側注）。

有性生殖

進化の素材としての多様性をつくりだす上で，有性生殖による遺伝子の混合も重要である。個体群や種が全体としてかかえる多様な遺伝子の集合を遺伝子プール（gene pool）という。遺伝子プールは生殖によって次の世代（generation）に引き継がれるが，減数分裂と受精で対立遺伝子が混合され，様々な組み合わせの遺伝子セットをもつ個体が生成される（カフェアリス 10問2）。染色体単位でのランダムな分割（減数分裂）と組み合わせ（受精）に加え，減数分裂時に対合する相同染色体の間の交差（**DNA組換え**，2・5節）によって，混合の程度はさらに高まる。

自然選択

種や個体群には遺伝的形質の異なる個体が含まれており，環境に適応（adaptation）した個体がその他の個体より多く生き残り

---

†**トランスポゾン**（transposon）；細胞内でゲノム上のある位置から別の位置に転移できるDNA単位。転移因子（transposable element）・転移性遺伝因子などともいう。DNA断片が直接転移するDNA型と，転写と逆転写の過程を経るRNA型とがある。かつては前者のみが狭義にトランスポゾンとよばれた。後者はレトロトランスポゾン（retrotransposon）ともよばれる。前者の一部は複製を伴わない「カット＆ペースト」型（動く遺伝子）で，前者の残りと後者は複製を伴う「コピー＆ペースト」型である。10・4節でも詳述。

†**バクテリオファージ**（bacteriophage）；細菌に感染する**ウイルス**。感染時に他の細胞や生物から外来遺伝子を持ち込んだり，増殖後に宿主の遺伝子を他に広めたりして，遺伝子の水平移動を仲介する。遺伝子の運搬が一細胞内にとどまる転移因子（上述）とは異なる。

```
もとの塩基配列
       630       640
5' CCACAGCTGCCAATTA 3'
   ProGlnLeuProIle

塩基置換（非同義置換）；633G→T, Gln211His
5' CCACATCTGCCAATTA 3'
   ProHisLeuProIle

塩基置換（同義置換）；633G→A
5' CCACAACTGCCAATTA 3'
   ProGlnLeuProIle

欠失        ↓        ;633del
5' CCACACTGCCAATTAA 3'
   ProHisCysGlnLeu ;

挿入        ↓        ;633insT
5' CCACATGCTGCCAATT 3'
   ProHisAlaAlaAsn ;
```

図9-2-1　点突然変異とその表記

子孫をつくる。この現象を自然選択（natural selection）という。英国の博物学者**ダーウィン**（Charles Darwin）は1859年に出版した著書『種の起原』で，自然選択が進化の主なしくみであると主張した。

ダーウィンはこの考えを，栽培植物や家畜の育種における**人為選択**（artificial s.）からの類推で発想した。人類は自分たちに好都合な形質をもつ作物や家畜を選び出し，繁殖させ利用してきた。優れた個体の一部を温存して幾世代も繁殖をくり返した。その結

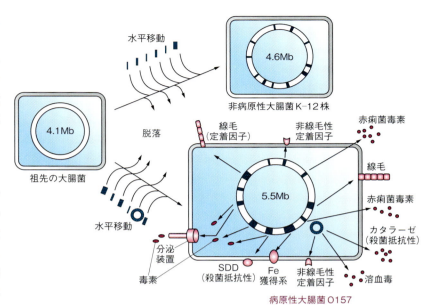

図 9-2-2　遺伝子の水平移動

果，野生の祖先種からかけ離れて収穫の多い穀物や走りの速い競走馬などを作出してきた。犬にはチワワからセントバーナードまでいるように[†]，愛玩動物はヒトの気まぐれな好みに従って多様に発散した。短い人類史でそのような改変が達成できるなら，長い地質学的歴史の過程では相当な変化をもたらしうるだろう。

自然選択のうち，異性との交配の機会をめぐる競争によるものを**性選択**（sexual s.）という。被食の危険性を高めるため，通常の自然選択ではとても説明できそうにない雄クジャクの羽のように華美な形質も，寄生虫に冒されていない強い雄を配偶者に選ぶ雌クジャクの性選択で説明しうる。

遺伝的浮動

集団の遺伝的構成を変えるのは自然選択だけではない。集団のサイズが小さく，また遺伝子型ごとの**適応度**（fitness）の差が小さいほど，遺伝子型の頻度はランダムに変動しうる。このような変動を遺伝的浮動（genetic drift）という。災害や環境変化などにより集団の個体数が劇的に減少すると，遺伝的多様性も下がりやすい。これはビン首効果（bottleneck effect）とよばれる。地上を走る動物のうち最速のチーターは，**遺伝的多様性**がとくに低いが，これは約1万年前に個体数が激減したビン首効果によるらしい。少数の個体が大集団から隔離されると，遺伝的多様性が減少して偏った遺伝子プールが確立し，元の集団とは異なる進化の道筋をたどる独自の集団になりうる。これを創始者効果（founder effect）という。

DNAの塩基配列やタンパク質のアミノ酸配列を中心とする生体分子の進化を，分子進化（molecular evolution）という。適応度に差をもたらさないため自然選択にかからない変異を，**中立変異**[†]という。進化の過程で種間の差異としてゲノムに定着した変異の大部分がそのような中立変異だとする考えを，**分子進化の中立説**（neutral theory）という。実際，遺伝子としての活性を失った偽遺伝子（pseudogene）の方が，真正の遺伝子より変異の蓄積速度（進化の速度）が速い。

[†] チワワやポメラニアンのような小型犬は，秋田犬やセントバーナードのような大型犬に比べ，インスリン様増殖因子1（IGF-1）遺伝子の発現レベルが低くなっている。

[†] **中立変異**（neutral variation）；適応度に変化がなく，正にも負にも選択のかからない変異。ゲノム中の非翻訳領域の多くがそれにあたる（ジャンク領域）。また翻訳領域の中でも同義置換（図9-2-1）はアミノ酸配列に影響しない。さらに，たとえアミノ酸残基が置き換わっても，タンパク質の機能に影響しなければ中立変異である。

9・3 大進化

生殖的隔離

種（species）の性質が徐々に変化すること（前節）とともに，新しい種の出現すなわち**種分化**（speciation）が進化の要点である。種の第一義的な定義は**生物学的種概念**[†]とよばれ，「自然界における相互の交配により，生存可能でかつ繁殖力のある子孫をつくることができる構成員の集団あるいは集団群であり，他の集団の構成員とはそれができないもの」とする。言い換えると自然な遺伝子流動（gene flow）でつながった遺伝子プールの集団（群）である。

異なる種は**生殖的隔離**（reproductive isolation）で分かたれている。遠縁の種は，繁殖期が春秋に分かれていたり，求愛ディスプレイなど繁殖行動が違っていたりなど，受精前障壁（prezygotic barrier）で隔てられている。近縁の種では，受精しても胚発生が正常におこらなかったり，雑種が虚弱で生存力が弱かったりなど，受精後障壁（postzygotic b.）で隔てられている場合もある。ウマとロバの雑種ラバのように，頑丈で使役に耐えながら不妊の場合もある。

種分化

棲んでいた湖の水位が下がって分断された魚のように，集団が地理的に隔離されると遺伝子流動が妨げられ，**異所的種分化**（allopatric s.）が生ずる。ダーウィンが観察したガラパゴス諸島の小鳥（フィンチ）も，大陸から移住した祖先種が各島に隔離され種分化をおこしたと考えられる。いったん地理的に隔離されると，それぞれの遺伝子プールで異なる**突然変異**が蓄積し，種々の生殖的障害も発生する。集団が小さいほど変異の蓄積が速く，再びまみえても生殖が成立しない独立種となりやすい。

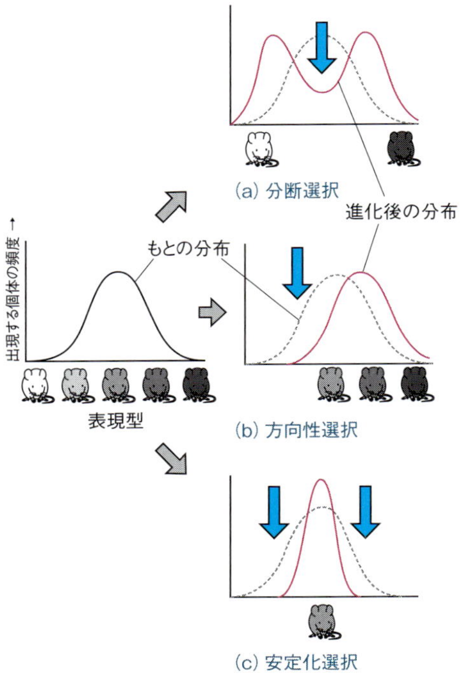

構成員が相互接触を保ったままでも**同所的種分化**（sympatric s.）がおこりうるが，その条件は厳しい。即時的な生殖的隔離のおこる例に，植物に多い**倍数体化**がある（前節）。**突然変異**で生じた四倍体の個体は，野生型の二倍体個体と交配できない。たとえ交配できて三倍体の子が生まれても，**減数分裂**時に染色体が対合できず，配偶子が形成されないので不稔である。しかし四倍体自体が生存可能で相互に交配もできるなら，新種として存続しうる。

集団内の**表現型**が当初連続的であっても，両極端の表現型が中間型より有利な場合は**分断選択**[†]がおこり，これは種分化を促す（図 9-3-1）。たとえば，くちばしの小さな小鳥がついばむのに適した柔らかい液果と，くちばしの大きな小鳥が割るのに有利な堅果のみがある環境では，中間の小鳥は繁殖しにくい。

ガラパゴス諸島のフィンチのように，ある生物が未開の新環境に遭遇した際に，それぞれの環境に適応した他数の種が出現する現象を**適応放散**（adaptive radiation）という。大陸から隔絶した海底火山の噴火で高々100万年以内に誕生したハワイ島のような裸地に，遠くから少数の種がたどり着いた場合や，中生代末期のような大量絶滅をくぐりぬけた生存者に，大量

[†] **生物学的種概念**（biological species concept）；複数集団間の生殖を観察するのは不可能な場合も多いため，現実の種の判定には他の定義も使われる。形の類似性にもとづく形態学的種概念（morphological s. c.）は無性生殖の生物にも適用可能である。絶滅種ではやはり化石の形態にもとづく古生物学的種概念（paleontological s. c.）が適用される。ゲノム配列や生理学的・生化学的・免疫学的性質の類似度や分岐順にもとづく系統学的種概念（phylogenetic s. c.）も多用される。

図 9-3-1　選択の方向性
(a) 分断選択
(b) 方向性選択
(c) 安定化選択

生態的地位（ecological niche）が与えられた場合などに適応放散がおこる。

新奇性の由来

大進化の大きな変化も小進化と種分化の漸次的な累積で生じる。哺乳類の眼はビデオカメラのように多数の組織が協調して精巧にはたらくため，小さな変化の集積で発生したとは信じがたいかもしれないが，現存する動物だけを見ても複雑さの程度が様々な光感覚器官が実在し，中間型もそれぞれ立派に役立っている（図 9-3-2）。

軟体動物のうち小皿形のツタノハガイがもつ光受容細胞の単純で平らな集合体は，レンズもなく像を結ぶことはできないが，明暗を感じられるだけで上空を横切る捕食者の影に備えることができる。小さな巻貝オキナエビスガイのように光受容細胞層が凹形にくぼむだけで，光の方向も感じ取れるようになる。頭足類のオウムガイのようにくぼみの口が狭まると，初歩的なピンホールカメラの原理で低分解能ながら像を結べる。殻にトゲが整然と並ぶホネガイには原始的なレンズがある。ヤリイカはさらに分化した**角膜**や**網膜**を備え，脊椎動物に匹敵する複雑な眼をもつ。これらの眼は構造の複雑さに対応した**視覚**情報を与え，それぞれの種に適した役割を果たしている。

遺伝的な変異はわずかでも，器官の諸部分の相対的な大きさや位置が変わると，外見的な表現型は大きな違いになることがある。たとえば鳥類の翼・哺乳類の前肢・魚類の胸びれなどは外形も機能も異なるが，骨格には類似性が見られ，相同器官だとわかる（図 9-3-3）。カンガルーなどは前肢と後肢の大きさが非常に異なる。肢の全体的形態が変わる際には，その神経や血管の配置も並行して変わる。それぞれの組織の形が独立のメカニズムで規定されるのなら，そのような並行関係が実現するのは奇跡的に難しいだろう。しかし実際には，末梢から分泌される**増殖因子**に誘導されて神経や血管の走行は全体的形態に追随する（8・3節）。

器官の基本的なプランが不変でも幅広い可塑性をもつことは，脊椎動物の3つの翼の構造を比べるとさらにわかりやすい。鳥の前肢の骨格は，上腕・下腕・指掌とも細く伸びた単純な構造で，広い翼の大部分は皮膚に生えた羽毛が受け持っている。これに対しコウモリの前肢は，指掌の複数の骨が長く伸び広がっている上さらに後肢と尾も翼に参加しており，全体として複雑に動かせる。プテラノドンなど絶滅した翼竜ではさらに異なり，翼の大部分を薬指だけで支えている。

† **分断選択**（disruptive selection）；対立遺伝子の頻度に与える選択の影響には3つのタイプがある。これはそのうちの1つ。逆に，両極端の形質より中間型の適応度が高い場合は安定化選択（stabilizing s.），一方の極端な**表現型**が有利な場合は方向性選択（directional s.）となる。これらは種分化ではなく単一種の遺伝子プールの変動すなわち小進化を招く。

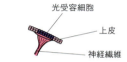
(a) 光受容細胞の平らな集合体

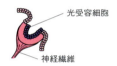
(b) 眼杯

(c) ピンホールカメラ型の眼

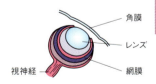
(d) 原始的なレンズをもつ眼

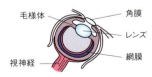
(e) 複雑なカメラ型の眼

図 9-3-2 軟体動物の眼の進化 文献2）を参考に作図

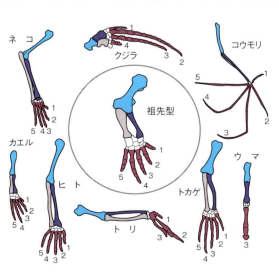
図 9-3-3 脊椎動物の前肢の進化

9・4 分類と進化

分類学

生物の分類学（taxonomy）は，1748年に『自然の体系』を出版したスウェーデンの博物学者**リンネ**[†]によって体系化された。彼の体系から現在の生物学にも引き継がれている重要な特徴に，**種の命名法と階層的分類法**がある。

リンネは，欧州の学問的共通語であったラテン語の2語で種名を構成する**二名法**（binominal）を始めた。たとえばキリンの学名は *Giraffa camelopardalis* である。1語目は**属**（genus）の名であり大文字で始まる名詞，2語目は属内の種を特定する**種小名**（species epithet）であり小文字で始まる形容詞，ともに斜体で書く。ヤマネコ *Felis silvestris* から派生したイエネコなどの**亜種**（subspecies）は，*F. silvestris catus* の要領で三名法で記される。

リンネはまた，いくつかの種から属を構成し，いくつかの属で科を，またいくつかの科で目を構成するというように，階層的なカテゴリーを設けた（図9-4-1）。現在の主要な分類階層は種・属・**科**（family）・**目**（order）・**綱**（class）・**門**（phylum あるいは division）・**界**（kingdom）である。7階層で不足の場合は，接頭辞「亜（sub-）」や「下（infra-）」「上（super-）」を付けて下位や上位の階層を増設する。

相同と相似

リンネの分類体系はもっぱら共時的な形質の類似性にもとづいていたが，現在の分類学は通時的な進化の**系統**（phylogeny）を解析する**系統学**（systematics）を基盤としている。現存する生物の形態学的・生化学的形質の類似性とともに，地質学的な過去の記録である**化石**（fossil）なども，生物の系統の判断に援用される。

形質の類似性には，共通祖先に由来する**相同**[†]だけではなく，系統には無関係の**相似**[†]もある。たとえば，胎盤をもつ真獣下綱（**有胎盤類**）のモグラと，袋で育児をする後獣下綱（**有袋類**）のフクロモグラは共通に，大きな前肢で地中に穴を掘って暮らし，小さな眼と円錐形の鼻を保護する厚い皮膚を細長い体に備えている。これらの形質は異なる祖先から独立に生じたものであり，相同ではなく相似である。相似性は，遺伝的基盤の異なる生物が，よく似た環境へ適応して形質が近づく**収斂**（convergence）によって生じる。これとは逆に形質の差が開いていくことを**分岐**（divergence）とよぶ。収斂は，遺伝的基盤が共通の生物が，独立ながら同様な変化の道筋をたどる**平行進化**（parallelism）と概念的には異なるが，実際の区別は難しいことがある。

系統樹

種の系統関係と進化の歴史を樹木の枝分かれのような形で表現した図を**系統樹**（phylogenetic tree）という（図9-4-2）。ダーウィンの『種の起原』（9・2節）に載っている唯一の図も系統樹である。系統関係と階層的分類は深く対応しており，枝（系統）を下に向ってたどると，共通祖先が古くなるほど分類階層は広がる。

ある祖先種とそれから生じた子孫種をすべて含む群を**単系**

[†] **リンネ**（Carolus Linnaeus）；1707～1778。ルンド大学で医学を学び，ラプランドに学術探検し，ウプサラ大学の教授および植物園長として活躍した植物形態学者。主著『自然の体系 Systema Naturae』では動物・植物・鉱物の3界を取り扱い，版を重ねて広く大きな影響を与えた。

[†] **相同**（homology）**と相似**（analogy）；相同と相似の区別は形質に関して判断すべきであり，器官に関して即物的に当てはめると誤ることもある。たとえば前節で述べたトリの翼とコウモリの翼は，飛翔器官としては相似に過ぎないが，前肢として脊椎動物全体の共通祖先から分岐したという意味では相同である。

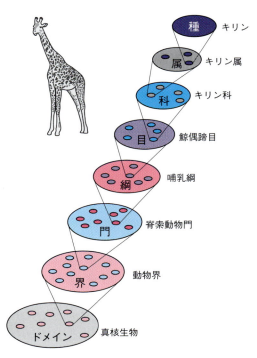

図 **9-4-1** 生物の階層的分類

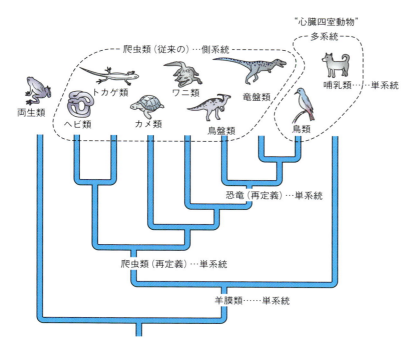

図 9-4-2 四肢類（四足動物）の系統と分類

統†というのに対し，複数の異なる祖先種から生じた子孫種の集まりは**多系統**†，単系統群から特定の子孫種を除いた群を**側系統**†という。たとえば哺乳類は単系統だが，爬虫類は単系統群から鳥類を除いた集まりなので側系統である。鳥類を含めて爬虫類の概念を定義し直せば，単系統になる（図 9-4-2 の**爬虫類（再定義）**†）。サメやエイも魚類（fish，条鰭類）からは側系統である（図 9-5-3 参照）。哺乳類と鳥類はともに4室の心臓をもつが，これはかけ離れた系統で独立に生じたので（6・2節），「心臓四室動物」は多系統である。

単系統の分類群をクレード（clade，分岐群）といい，体の複雑さが同一水準にある生物群をグレード（grade，段階群）という。たとえば，多細胞化は動物や植物など多くの系統で別々に生じたので，多細胞生物という集合はグレードである。

分子系統学

タンパク質や**核酸**の一次構造の比較から系統を同定する分野を分子系統学（molecular systematics）という。とくに最近ゲノム情報が膨大に集積し，一般に供されている（カブトガニアリス8）。その数学的な解析法も発展し広く使われている。共通の祖先遺伝子から分岐した多数の遺伝子を比べて，塩基配列の類似度が高いものほど，一般には系統的に近縁だと考えられる。

遺伝子の塩基配列が一定の速度で変化するなら，配列を比較すると，分岐の順序だけでなく分岐の絶対年代をも推定できる。これを**分子時計**（molecular clock）という。進化速度の一定性は**分子進化の中立説**で根拠づけられる（9・2節）。すなわち種のゲノムに定着する変異が，多様な個々の環境条件に対する適応度で選択されるのではなく，ランダムな突然変異の発生頻度をそのまま反映するなら，その進化速度は統計的な誤差の範囲内で一定になると期待される。実際の進化速度は，系統によって変動することもあるものの，ある範囲では一定だと見なすことができる。

† **単系統**（monophyly），**多系統**（polyphyly），**側系統**（paraphyly）；生物の分類群として多系統は認められないが，単系統（クレード）だけを認める**分岐分類**の立場と，側系統も認める**進化分類**の立場がある。分岐分類は画一的に判定しうる点ではすっきりしている。しかし魚類や爬虫類も認められず，命名や認知は煩雑になる。質的に顕著な進化を経た生物群をくくり出し，その他の形質を共有する分類群を認めるには，進化分類の考え方が必要である。

† **爬虫類（再定義）**；単系統の「爬虫類（再定義）」には，馴染みは薄いながら蜥形類（sauropsida）という名称がすでにある。羊膜類（amniote）が蜥形類と哺乳類との2綱に分かれるわけである。"Sauropsida"は「竜弓類」と訳すこともあるが，こちらは単弓類（synapsida）に対比する訳語である。単弓類とは，哺乳類に近縁絶滅種ディメトロドンやキノグナトゥスなどを加えて拡張した古生物学的な術語である。

9・5　生物の主な系統

原核生物

原核細胞（2・1 節）からなる原核生物（prokaryota）の大部分は，単細胞の微生物（microorganism）だが，酸素発生型光合成をする藍色細菌（9・1 節）には，繊維状に連なり 2 種類の細胞が分化したものもある．原核生物は，**細菌**（bacteria）と**古細菌**（archaea）に分けられる．

古細菌には，温泉のような高温を好む超好熱菌（extreme thermophile）や，塩湖や塩田に生息する超好塩菌（extreme halophile）など**極限環境生物**（extremophile）が多い．また CO_2 などを H_2 で還元してメタン CH_4 を生成する菌など，代謝が特殊なものも多い．古細菌は，核膜や細胞小器官をもたず染色体が環状である点などは細菌と共通だが，DNA に結合するヒストン様タンパク質がある点や，翻訳の開始メチオニンがホルミル基の修飾を受けていない点などは，むしろ真核生物（eukaryota）に近い．そこで，細菌とも真核生物とも異なる第 3 の生物といわれる．生物分類上も，界（前節）より上位にこれら 3 つの**ドメイン**（domain，図 9-4-1）を置くことがある．

原生生物

原生生物（protist）はすべて真核生物で，多くは単細胞の微生物だが，その他の点ではきわめて性質の異なる生物の集合である．**五界説**†では原核生物・植物・真菌・動物と並ぶ 1 つの界とされていたが，多系統であるため多くの界に分割され，分類群としての地位は失った（図 9-5-1）．繊毛で動くゾウリムシや仮足で動くアメーバのように動物的なもの，光合成をする褐藻やミドリムシのように植物的なもの，胞子で増える粘菌や卵菌のように菌類に含まれていたものなどがある．マラリア原虫やジャガイモ疫病菌のように，ヒトや作物の病原体として注目されるものも多い．

植物

植物（plant）は，光合成（3・4 節）をするので栄養を他の生物に依存しない**独立栄養**（autotrophic）の真核生物だが，どの範囲を植物界とするかは定義による（図 9-5-2）．最も狭くは，コケ類・シダ類・種子植物をまとめた陸上植物（land p.）を指す．

藍色細菌の**細胞内共生**で色素体を獲得した**単系統**の光合成真核生物をすべてまとめるなら，シャジクモ（車軸藻）・緑藻・紅藻まで広く含まれる．光合成生物のうち褐藻やミドリムシなどは，紅藻や緑藻が原生生物に二次共生したものである．これらは，その色素体は単系統だが，生物本体は別系統なので，植物には含めないことが多い．

古生代のオルドビス紀に陸上に進出した植物（表 9-1-1）は，**頂端分裂組織**（8・5 節）や多細胞性の胚を共通にもつ．そのうちシルル紀に維管束を獲得し

---

† **五界説**；生物の全体を本文の 5 界に分ける考え方．原生生物が多系統の寄せ集めであることなどから系統分類としては問題が大きく，分子系統学にもとづく図 9-5-1 のような体系に移行すべきである．しかし生態学的地位など種々の性格を感覚的に捉えやすいので，脊椎動物と種子植物に興味が偏りがちなナイーブな心性を啓蒙する意義は大きい．

† **被子植物**（angiosperm）；人類が食料のほとんどを頼る被子植物は，伝統的に子葉の数で双子葉類（dicot）と単子葉類（monocot）とに二分類されていた．20 世紀末の解析で，双子葉類は多系統だと確認され，マメ・ナス・ブナなどの**真正双子葉類**（eudicot）と，モクレン類およびスイレン類に分割された．イネ・ヤシ・ランなどの単子葉類は単系統である．

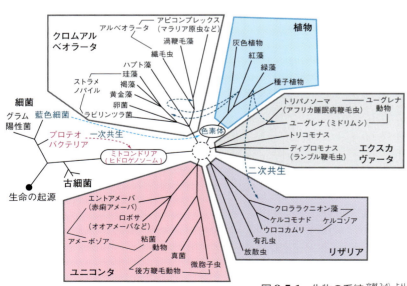

図 9-5-1　生物の系統 文献 2-4) より

た系統は，構造を複雑化させ丈高く成育できるようになり，石炭紀には**無種子維管束植物**の巨木が林立する地上初の森林を出現させた。一部の植物は種子を獲得した。そのうち，古生代の終わりの高温乾燥の気候に適応した裸子植物は，中生代を通じて草食恐竜など爬虫類に食料を供給した。他方の花を咲かせる**被子植物**†は，花粉を運ぶ送粉昆虫などと共進化（coevolution）し，新生代の景観を一変させた。

真菌

キノコやカビ・酵母などの真菌（fungus，菌類）は，地面に生えているということからかつては植物に含められていたが，光合成能はなく栄養を他の生物に依存する**従属栄養生物**（heterotroph）であり，五界説でも別界である。系統的にも植物からはまったく離れており，むしろ動物に近い（図9-5-1）。

真菌は強力な加水分解酵素を**外酵素**（exoenzyme）として菌体外に分泌し，多糖・タンパク質・脂質などを消化してから吸収する能力があるので，細菌と並ぶ分解者としてほとんどすべての生態系の維持に必須である（12章参照）。真菌の分解力はヒトの社会にも重要で，発酵飲食品に糖の甘味やアミノ酸の旨味を与える有用微生物として利用される。

真菌のうち糸球菌（glomeromycete）は，陸上植物の9割の根に共生して**菌根**（mycorrhiza）をつくる。植物の生育は菌根菌に大きく依存しており，維管束植物の最古の化石にも菌根菌が付いている。

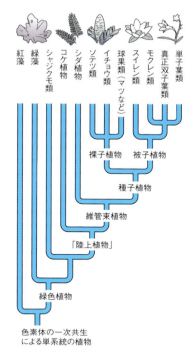

図 **9-5-2** 植物の系統

動物

動物（animal）は，他の生物を捕食して有機物を獲得する従属栄養の真核生物である。真菌とは違い食物を食べてから消化するが，消化液が外分泌される（6章扉）という意味では真菌と同じである。多細胞性である点も植物や真菌と共通だが細胞壁はなく，代わりに細胞外基質のコラーゲンや骨が体を支える（2·4節）。大部分の動物は有性生殖で卵と精子の受精から個体の胚発生が始まる。すべての動物でボディープランには**ホックス遺伝子**群が関与する（8·3節）。海綿動物を除く大多数の動物は，特殊化した2種類の細胞，神経と筋肉をもつ（5·1節）。

動くという形質は**多系統**である。単細胞のいわゆる原生動物（protozoa）は，原生生物の多数の界に分属する。多細胞動物すなわち後生動物（metazoa）は，単系統であり，36門に分類されている（図9-5-3）。左右相称（bilateral symmetry）の動物は古くから，原口（8·1節）が口になる**旧口動物**（protostome，前口動物）と，肛門になる**新口動物**（deuterostome，後口動物）に分けられる。前者はさらに，節足動物門や線形動物門を含む**脱皮動物**（Ecdysozoa）と軟体動物門や環形動物門を含む**冠輪動物**（Lophotrochozoa）に分岐した。後者には，われわれヒトを含む脊索動物門とヒトデやウニなど棘皮動物門が含まれる。

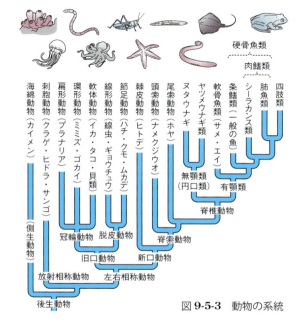

図 **9-5-3** 動物の系統

悠久の生物進化

46億年の長い地球の歴史のうち38億年あるいはそれ以上の期間を生物は生きてきた。生物の歴史はあまりに長くて実感では捉えにくいが，その期間をぐっと縮めて1日あるいは1年になぞらえるとイメージし易くなる。

問1　地球史の1年換算　46億年の地球の歴史を1年に縮めると，次の出来事は何月何日に当たるか。カッコ内は今から何年前かを示す。

　　最古の化石（38億年），最古の真核生物（21億年），最古の多細胞生物（12億年），
　　カンブリア紀の大爆発（5億4000万年），脊椎動物の陸上進出（3億6000万年），
　　恐竜の絶滅（6500万年），類人猿の出現（2500万年），ヒト科の誕生（700万年），
　　現生人類（*Homo sapiens*）の誕生（20万年），文明発祥（1万年）

解答例　計算としては単純な比例計算だが，月・日・時刻への換算が少し面倒だろう。
　　最古の化石（3月5日），最古の真核生物（7月18日），最古の多細胞生物（9月27日），
　　カンブリア紀の大爆発（11月19日），脊椎動物の陸上進出（12月3日），恐竜の絶滅（12月26日），
　　類人猿の出現（12月30日0時23分），ヒト科の誕生（12月31日10時40分），
　　現生人類の誕生（同日23時37分），文明発祥（同日23時59分）

広い意味での生物は，まるで冬眠から覚めたように早春から現れるが，私たちになじみ深い動植物が姿を見せるのは秋も深まってからである。さらに人類が現れるのは大晦日，それもホモサピエンスに限れば除夜の鐘も鳴ろうかという時刻である。地球史の大半は微生物だけが生息する期間だった。

現存するあらゆる生物とともにヒトも，祖先をさかのぼると38億年前の原核生物にたどり着き，その間で系統が途切れることはない。その系統全体で何世代を重ねてきただろうか。また，その間にどれくらいの突然変異が蓄積しただろうか。

問2　世代数と突然変異　ヒトの系統が次の5段階を経て進化してきたと仮定すると，合計で何世代になるか。また，1世代につき10億bp当たり1bpの突然変異が蓄積したと仮定すると，ゲノムはのべ何回書き換えられた計算になるか。それぞれの数値はゲノムサイズと世代時間を示すとする。

　　1）原核生物，4 Mb，30 min　　　　　　2）単細胞真核生物，10 Mb，1 day
　　3）多細胞生物（脊椎動物以前），100 Mb，1 month　4）脊椎動物（ヒト科以前），1 Gb，1 year
　　5）ヒト科，3 Gb，20 years

解答例　（世代数）＝（合計時間）／（世代時間）の計算を5段階で足し合わせると，
（世代総数）＝ $(38 - 21) \times 10^8 \times 365 \times 24 \times 60 / 30 + (21 - 12) \times 10^8 \times 365$
　　　　　　$+ (12 - 5.4) \times 10^8 \times 12 + (5.4 - 0.07) \times 10^8 + (0.07 - 0) \times 10^8 / 20$
　　　　　　$= (297840 + 3285 + 79.2 + 5.33 + 0.0035) \times 10^8 = 3.01 \times 10^{13}$

15兆世代を重ね，その大部分は原核生物の時代だったという計算になる。
　また，（ゲノムの書き換えののべ回数）は単純に（突然変異の頻度）×（世代数）で計算できるので，
（ゲノムの書き換えののべ回数）＝ $10^{-9} \times (297840 + 3285 + 79.2 + 5.33 + 0.0035) \times 10^8$
　　　　　　$= 297840 + 328.5 + 7.92 + 0.533 + 0.00035 = 3.01 \times 10^4$

のべ3万回ほど全ゲノムが総書き換えされた計算になる。

しかし実際には，遺伝情報伝達系やエネルギー変換系などの多くの遺伝子に，細菌からヒトまで配列の保存された部分があるので，ゲノム全体が平均的に書き換えられたわけではなく，ほとんど変わらなかった部分と平均以上にめまぐるしく変わった部分とが混在している。

また，生物の進化は単純な塩基置換だけでおこったのではなく，**染色体倍加**や**遺伝子重複**も重要な要因になっている。またそれら要因の重要性のバランスが，原核生物と真核生物の間など生物群ごとでも違っていることも肝心な点である。

原核生物は増殖の面でも，真核生物とは異なった戦略を採っているように見える。

問3　細菌の増殖　生物実験室で夕方の7時に大腸菌1細胞を培地に植菌した。20分ごとに二分裂をくり返すと，翌朝9時には細胞はいくつになっているか。その重量はいくらになっているか。また，2日（48時間）後ではどうなるか。ただし栄養や容器の制限はないものと仮定する。

解答例　翌朝の場合，（細胞数）$= 2^{14 \times 60 / 20} = 2^{42} = 4.40 \times 10^{12}$（個）
細胞の形を$1\mu m \times 1\mu m \times 2\mu m$の直方体で密度を$1.1 g/cm^3$と置くと（カフェアリス2），
（細胞の重量）＝（細胞1つの体積）×（細胞の比重）×（細胞数）
$\quad\quad = (1\mu m \times 1\mu m \times 2\mu m) \times 1.1 g/cm^3 \times 4.40 \times 10^{12}$
$\quad\quad = (2 \times 1.1 \times 4.40) \times (10^{-4} \text{cm})^3 g/cm^3 \times 10^{12}$
$\quad\quad = 9.68 \times 10^{-4 \times 3 + 12} g = 9.68 g$

翌々日の場合も同様に考えて，（細胞数）$= 2^{48 \times 60 / 20} = 2^{144} = 2.23 \times 10^{43}$（個）
（細胞の重量）$= (1\mu m \times 1\mu m \times 2\mu m) \times 1.1 g/cm^3 \times 2.23 \times 10^{43}$
$\quad\quad = (2 \times 1.1 \times 2.23) \times (10^{-4} \text{cm})^3 g/cm^3 \times 10^{43}$
$\quad\quad = 4.91 \times 10^{-4 \times 3 + 43} g = 4.91 \times 10^{31} g = 4.91 \times 10^{25}$ トン

一晩だと約10gで，試験管やフラスコに十分おさまる常識的な量だが，二晩になるととたんにべらぼうな重量になる。地球の質量は$5.97 \times 10^{27} g$なので，地球8千個分の重さである。

二分裂増殖には，かくも激しい威力がある。

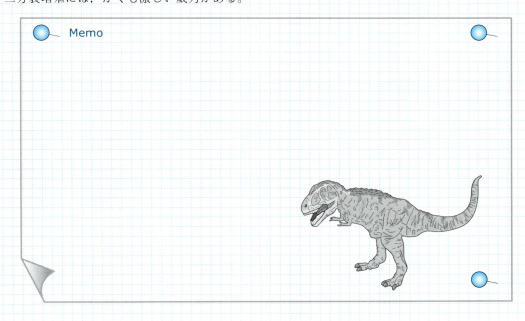

Memo

9章のまとめと問題

<u>まとめ</u>

1. **46億年**の地球の歴史を1年にたとえると，物質レベルの化学進化を経て，早春にはすでに生物の誕生した証拠がある。その後約半年間は微生物のみの時代が続くが，梅雨入りの頃には光合成細菌がO_2を発生し始める。小さな多細胞生物の出現は秋の初めで，海中で動物が多様化したのは秋の終わり，脊椎動物が陸上に進出したのは12月に入ってからである。恐竜の絶滅はクリスマス，類人猿の出現は12月30日の未明，現生人類の誕生は除夜の鐘のなり始める頃，文明の発祥はカウントダウン1分前である。
2. 生物の進化はゲノムDNAの変化を伴う。ゲノムは次のような過程を経て進化する。
    1) **遺伝子の変化**；塩基置換・欠失・挿入・シャフリングなどの突然変異。
    2) **遺伝子の増加**；遺伝子重複や染色体倍加。原核生物などでは他種からの水平移動。
    3) **遺伝子の混合**；真核生物では有性生殖（減数分裂と受精）により対立遺伝子（アリル）の組み合わせが変わる。
    4) **ゲノム（遺伝子セット）の変遷**；自然選択と浮動（中立進化）。
3. **地理的隔離**に続く突然変異の蓄積などで，種内の複数の集団の間に**生殖的隔離**がおこると，種が分化する。動植物の複雑な体は，個々の部品の積み上げで組み立てられるのではなく，ホックス遺伝子を含む転写調節因子のカスケード反応などで階層的に制御されている。したがって比較的わずかな遺伝的変異により，器官の諸部分の相対的な大きさ・位置・数・構成が変わると，表現型には大きな新奇性が生じうる。
4. 生物は進化の系統に基づき，**種・属・科・目・綱・門・界**などで階層的に分類される。種名はラテン語の二名法で表される。分子系統学は，分類群の分岐の順序や絶対年代に有力な手がかりを与える。生物の分類には，単系統だけを認める分岐分類の立場と，側系統も認める進化分類の立場がある。
5. 生物は**分岐**と**共生**（合体）によって進化した。古細菌の祖先にプロテオバクテリアの祖先が細胞内共生したのが真核生物。真核生物に藍色細菌が細胞内共生して植物ができた。そのうち緑藻や紅藻は，ユニコンタ以外の3群の生物に二次共生し，褐藻やミドリムシなどが生じた。
    1) **原核生物**：a) 古細菌；超好熱菌・メタン生成菌など。b) 細菌；プロテオバクテリア・藍色細菌など。
    2) **真核生物**：a) 植物；緑藻・紅藻など。b) ユニコンタ；動物・真菌など。c) クロムアルベオラータ；褐藻・マラリア原虫など。d) エクスカヴァータ；ミドリムシ・トリパノソーマなど。e) リザリア；有孔虫・放散虫など。

<u>問 題</u>

1. 地球の大気組成や埋蔵資源のうち，生物由来のものを3つ挙げ，簡単に説明せよ。
2. 転移因子（トランスポゾン）とバクテリオファージ（ウイルスの一部）の共通点と相違点を挙げよ。
3. 脊椎動物の眼と無脊椎動物（軟体動物や節足動物）の眼の相違点と共通点を挙げよ。
4. 動物における相同と相似の例を挙げよ。また，両者の区別で注意すべき点にはどのようなことがあるか。
5. 動物の定義として「動くこと」を採用すると，生物の系統分類の上でどのような問題が生じるか。同様に，植物の定義に「光合成をすること」を採用するとどうか。

10章 ヒトの進化と遺伝
涸（か）れざる魅惑の源泉

10·1　霊長類への道　☞ p.128
10·2　ヒトの進化　☞ p.130
10·3　ヒトの遺伝子と調節　☞ p.132
10·4　ヒトゲノム　☞ p.134
10·5　遺伝病　☞ p.136

　ヒトが最も強い関心をいだく生物は，ヒトです。小説も映画・テレビドラマ・新聞のニュース・うわさ話などもほとんどすべてヒトを扱っています。生命科学の世界でも，最も重点の置かれている研究対象がヒトであることは論を俟ちません。研究に携わる人の数も注がれる資金の額も，医学を初めとするヒトを調べる分野が圧倒的です。

　一方でヒトは生物進化の産物であり，他の生物と親戚・きょうだいです。類縁が近い動物ほど体のしくみも共通です。知能や社会行動の解明にサル類が使われたり，病気や治療の研究にネズミ類が使われたりするのも，それらの動物とヒトが近縁であることにもとづいています。

　人間の本性（human nature）は進化的に多層です。妊娠と授乳は哺乳類が爬虫類と分岐した後で獲得された形質であり，ヒト型の色覚は霊長類が他の哺乳類から分かれてから現れた能力です。ヒト科の分岐後に達成された安定的二足歩行は，大きな脳を支え知性を可能にする一方で，腰痛や分娩の苦しみの起源にもなりました。この章では，ヒトの由来と遺伝的基盤について学びましょう。

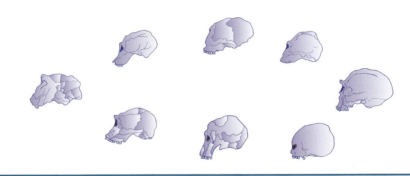

10・1 霊長類への道

脊索動物門

脊索（notochord）とは，前後軸に沿って伸びる弾力のある棒状の構造で，骨格の代わりに体を支える支持器官である（8・1節）。頭索類のナメクジウオは脊索動物門（Chordates，図9-5-3）の祖型ともいえるが，尾索類のホヤは大規模な脱落でゲノムが小型化している。メクラウナギからは有頭類とよばれ，脳・眼・耳・頭蓋をもつ。無顎類のヤツメウナギのゲノムは全体が重複して倍化しており，その他の脊椎動物ではさらに重複して四倍化している（8・3節）。これら脊椎動物の胚にも脊索はあるが，発生の過程で多数の椎骨からなる**脊椎**（背骨）に置き換わる。

脊椎動物亜門

原生代にはわずかな動物の化石しか発見されていないが，古生代の初めには爆発的に多様化し，現存する動物門の半数以上が集中的に出現した（表9-1-1）。脊椎動物（vertebrate）もこの**カンブリア爆発**（Cambrian explosion）の時期に誕生した。カンブリア紀の脊椎動物は，佃煮の小魚のように小さく目立たない海底の動物だったが，その後出現したサメやエイなど顎と硬い歯を獲得した軟骨魚類（Chondrichthyes）は，捕食性の脊椎動物として最大の体を誇っている（図9-5-3）。いわゆる魚類の多数を占める硬骨魚類（osteichthyan）は，リン酸カルシウムを沈着した硬い骨を備えている。

3億6000万年前に胸びれと腹びれから前肢と後肢を生じた**四肢類**（tetrapod）は，陸上に進出した。四肢類のうち両生類（amphibian）は，卵に殻がなく幼生期を中心に湿った環境が必要だが，**爬虫類**†は，卵が殻におおわれ体はケラチン（2・4節）の鱗に守られて，乾燥した環境に適応している。爬虫類の多くは，暑いときは日陰で暮らし涼しいときは日光浴をして，体温調節を体外環境に頼る**外温性**（ectothermic）であるのに対し，鳥類は活発な代謝で体温を維持する**内温性**（endothermic）である。

† **爬虫類**（reptile）；爬虫類は中生代に2つの系統で翼を発達させ空中に進出した。最初は前肢の長い薬指から後肢に膜を張った翼竜類（pterosaur）であり（9・3節），その後絶滅した。2番目は恐竜（dinosaur）の一部で前肢全体に羽毛をたくわえた鳥類（bird, avian）であり，今も大空を制している。鳥類を除いた恐竜は側系統であり，恐竜類を単系統の分類群として認めるには，鳥類を含めて再定義する必要がある（9・4節）。

哺乳綱

哺乳類（mammal）は，育児のために乳をつくる乳腺を発達させた。他の動物に比べ脳が大きく学習能力が優れているのは，長い育児期間に子が親を観察して生存技術を学ぶせいかもしれない。鳥類と同じく4室の心臓を含む循環系（6・2節）と呼吸系のおかげで代謝の活発な内温性である。体毛と皮下脂肪も体温の維持を助ける。熱源を外部に頼る爬虫類が昼間活動して夜は眠るのに対し，哺乳類の多くは夜間に活動して恐竜全盛の中生代をひっそりと生き延びた。脊椎動物の多くや昆虫は4色の**色覚受容体**（オプシン，5・3節）をもつが，夜行性の哺乳類は2色を失い青色と橙色だけしか残らなかったのと引き換えに，聴覚と嗅覚が鋭くなった。のちに樹上生活で3色目を取り戻した霊長類では，橙色オプシンが赤色と緑色に分化した。

哺乳類の大部分は胎生（viviparous）で，母親の**胎盤**（placenta）を通して血液から栄養分をもらう胎児期を経るが，カモノハシなど**単孔類**（monotreme）だけは卵生（oviparous）である。母親の袋の中で長期間養育されるカンガルーなどの**有袋類**（後獣類）も胎盤をもつのに，**真獣類**（eutherian）だけを有胎盤類とよぶのは，後者の胎盤が複雑だからである。

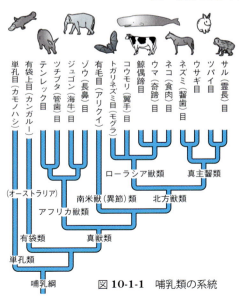

図 **10-1-1** 哺乳類の系統

哺乳類の進化は**大陸移動**と関係が深い（図 10-1-1）。古生代末には地球の全大陸がつながって超大陸パンゲアを形成していたが，中生代ジュラ紀には北のローラシア大陸と南のゴンドワナ大陸に分かれ，ゴンドワナはさらに東西に分裂した。中生代末までにローラシア大陸はさらに北米とユーラシアに分かれた。西ゴンドワナ大陸はアフリカと南米に分割された。東ゴンドワナ大陸は，インド亜大陸とマダガスカル島が離れていったあと，新生代に南極とオーストラリアに分裂した。

有袋類は中生代には世界中にいた。しかしその後，北方の大陸では大規模に**適応放散**した真獣類に駆逐され，隔離されたオーストラリアと南米で多様化した。単孔類もオーストラリアとニューギニアだけに分布する。真獣類はそれぞれの大陸で進化し，アフリカ獣類・南米獣類・ローラシア獣類・サル目とネズミ目を含む真主齧類（Euarchontoglires，別名 超霊長類）の4上目に分かれた。

ローラシア獣上目は多くの目からなり，家畜もたくさん属する。オオカミやライオンを含むネコ目（食肉目）からはイヌやネコが飼いならされ，サイやバクを含むウマ目（奇蹄目）からはウマが家畜化された。またイノシシ・シカ・カバ・ラクダなどを広く含む偶蹄類からは，ブタ・ウシ・ヒツジなどが家畜化された。なお，イルカやシャチも含むクジラ類は別目とされていたが，核ゲノムの SINE（10・4 節参照）などの解析からカバと近縁であることが判明し，鯨偶蹄目としてまとめられた。

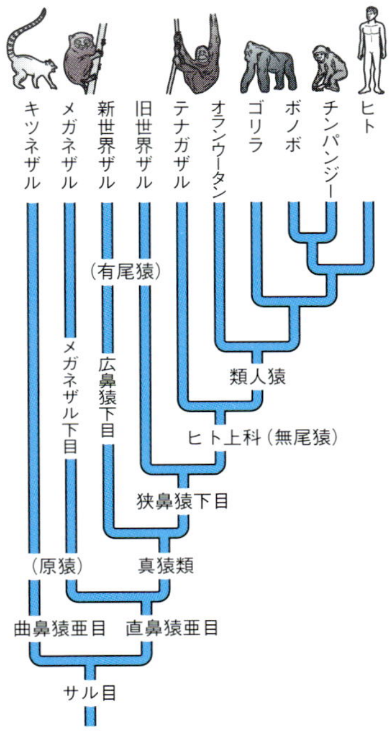

霊長目

サル目（primate，霊長目）は，地上を闊歩する猛獣から逃れて樹上生活に移った哺乳類であり，手と眼の精密な協調が可能である。他の哺乳類とは違い，ものをつかむのに適した器用な四肢をもつ。親指は他の指とは離れて動く。真猿類ではとくに，完全に向かい合わせにできる対向性拇指である。他の哺乳類の鉤爪とは異なる平爪をもつ。脳が大きくあごが短いため顔は平らで，前面に並んだ両眼の視野が重なり合うため遠近感が鋭い。

有尾猿（monkey）・無尾猿（ape，猴）・ヒト（human）の3つを合わせて真猿類（anthropoid）とよぶ。有尾猿には，マントヒヒ・ニホンザル・テングザルなどアフリカやアジアで進化した旧世界ザルと，リスザル・クモザルなど南米に生息する新世界ザルがある。新世界ザルは，鼻の穴の間隔が広く（広鼻）外を向き，尾で枝をつかむことができ，一夫一妻制の種が多いのに対し，旧世界ザルは，鼻の穴が正面に並び（狭鼻），尾はバランスを取るだけで，基本的に一夫多妻か乱婚的である。いわゆる**類人猿**（hominoid）とは，チンパンジー・ボノボ・ゴリラ・オランウータンの4種の大型無尾猿だが，これに小型無尾猿のテナガザル類とヒトを加えてヒト上科（Hominoidea，類人猿類）とする。サル目の系統†には，真猿類のほかに東南アジアのメガネザルやロリス，マダガスカルとその近隣諸島だけに生息するキツネザルやアイアイなどが含まれる。これらは原猿類とよばれてきたが，単系統ではない。

ヒト上科は約 2500〜2000 万年前に旧世界ザルから分岐した。ヒトを例外に旧大陸の熱帯地域だけに分布する。基本的にはやはり樹上生活者だが，テナガザルとオランウータン以外はある程度の時間を地表で過ごす。ヒトは完全に木から下りたサルである。

図 10-1-2　サル目の系統

† **サル目の系統**；側系統を認めず単系統だけで分類し命名すると，サル目に限らず一般に分類階層は多層化し煩雑になる。サル目の現在の分類では，真猿類はメガネザル下目と合わせて直鼻猿亜目とし，他の原猿類を曲鼻猿亜目とよぶ。旧世界ザルとヒト上科を狭鼻猿下目とまとめ，新世界ザルを広鼻猿下目として対比する。サル目では，尾のないこと（無尾猿）は単系統の共通派生形質だが，尾のあること（有尾猿）は側系統である。

10・2 ヒトの進化

初期の人類

現生人類はヒト Homo sapiens のただ1種しかないが，チンパンジーよりヒトに近い化石の人類（hominid）は約20種が発掘されており，**ヒト亜族**[†]（Hominina）としてまとめられる（図10-2-1）。初期人類の遺跡はすべてアフリカの東部か南部・中部で発見されている。最古の化石は2002年に発見された**サヘラントロプス** チャデンシス Sahelanthropus tchadensis であり，約700万年前に生きていた。

ヒト亜族は下半身から人間になった。初期から後肢が長くなり，**直立二足歩行**していた形跡を示す。一方，初期人類の脳の体積は約 400～450 cm³ で，平均 1300 cm³ の現生人類の1/3に過ぎない。顔の上半分より突き出たあごと大きな歯も，とくに平らな顔をもつ現生人類よりチンパンジーに近い。

1000万年前にインド亜大陸がユーラシア大陸に衝突してからヒマラヤ山脈が隆起すると，アジアとアフリカは乾燥し森林が後退してサバンナが広がった。二足歩行の開始はアフリカのこの自然環境の変化に関連しているらしいが，樹上生活とも並存したようで，進化の道筋はよくわかっていない。

アウストラロピテクス属

400～200万年前にヒト亜族は劇的に多様化した。系統は枝分かれして多くの種が同時代に共存していた。その多くは**アウストラロピテクス属**[†]であり，脳はまだ 400～500 cm³ だった。移動形式は様々で，樹上と地上で過ごす時間の割合も種によって異なった。

アファレンシス A. afarensis は多数の化石が発掘されており，全身の特徴がよく調べられている。下あごが長く脳の大きさもチンパンジー並みだった。二足歩行していたが，腕が長いことから樹上でも移動できたと考えられる。1974年にエチオピアで発見された化石は，体の40%もの骨格がそろっており，「ルーシー」と名づけられた。324万年前の雌で身長はわずか1mである。タンザニアで見つかった350万年以上前の足跡の化石は，直立歩行する女・男・子の3人家族のものである。アフリカヌス A. africanus は完全に直立歩行し，手や歯は現生人類に似ているが，脳はまだ1/3だった。現生の類人猿も簡単な道具を使うので，人類も初めから道具を使っていただろう。ガルヒ A. garhi には**石器**を使っていたらしい証拠がある。

ヒト属

脳が大型化し始めたのは，約200万年前に現れた**ヒト属 Homo** からである。鋭利な石器を製作することから「器用なヒト」という意味で命名さ

[†] **亜族**（subtribe）；分類階層（9.4節）のうち属と科の間に族（tribe）を置くことがあり，亜族はその下位階級。ヒト科には類人猿（10.1節）がみな含まれ，ヒト族にもチンパンジーとボノボが含まれる。族のほかに，目と綱の間に置かれる区（cohort）などもある。

[†] **アウストラロピテクス属** Australopithecus；属名は南の類人猿の意。この属のうち，硬い食物に適した強力なあごと大きな歯のあるがっちりした頭蓋骨をもっていたボイセイ A. boisei・ロブストス A. robustus・エチオピクス A. aethiopicus をまとめて頑丈（robust）型とよび，本文で述べたきゃしゃ（gracile）型と区別する。頑丈型は単系統の可能性が高く，別属としてパラントロプス属 Paranthropus に分ける考え方もある。

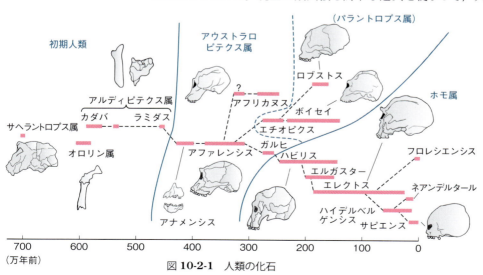

図 10-2-1　人類の化石

れたホモ ハビリス *H. habilis* は，ヒト属最古とされていたが，脳の体積や身体の特徴から，帰属が疑問視されている。190～150万年前のエルガスター *H. ergaster* は，900 cm³ 以上の大きな脳と，長距離の歩行に適した股関節と，すらりと長い足をもっていた。指は比較的短くまっすぐなので，もはや樹上生活の時間はなくなっていたらしい。咀嚼器が縮小す

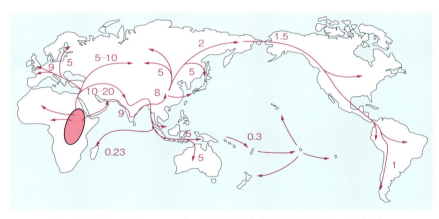

図 10-2-2　ヒト（*H. sapiens*）の拡散の順序と年代　数値は×1万年前。

ることから，**火の使用**で負担が軽減されていったと推定される。

　ヒト科で最初にアフリカ以外の地に進出したのは，エレクトス *H. erectus* らしい。出アフリカの最古の化石はグルジアで発見された180万年前のものである。エレクトスは最終的にインドネシア群島まで移動し，絶滅した。ただし1.8万年前まで生き延びた子孫の化石が発見され，**ホモ フロレシエンシス**†と命名された。

　アフリカに現れその後ヨーロッパに広がったハイデルベルゲンシス *H. heidelbergensis* から50万年前に分岐した**ネアンデルタール人** *H. neanderthalensis* は，現生人類を上回る大きな脳をもち，額は突出し骨太で大型だった。火や炉を使い，石と木から高度な道具を製作していた。重い負傷や病気の後も長年生存したことを示す化石が残っており，障害をもった仲間にも食料を分け与える**社会性**が備わっていたらしい。死者を埋葬した跡や装身具も発見されているが，楽器・壁画・シンボル操作（言語）・交易などの証拠はない。3万年前に絶滅したが，骨に残るDNAの配列を解析した結果，そのゲノムの数％が現在のヒトにも受け継がれていることが判明した。アフリカ人とユーラシア人が分岐したあと，後者はネアンデルタール人と交雑したと考えられている。

　<u>ヒト</u>

　ヒト *H. sapiens* の最古の化石は，東アフリカで発掘された19.5万年前のものである。初期のヒトも現在と同じくほっそりしている。ネアンデルタール人やエレクトスに比べ，眼窩上隆起（目の上の骨のでっぱり）は弱い。10万年前頃までに出エジプトを果たした上，それまでの人類より急速かつ隅々まで全世界に広がった（図10-2-2）。1.5万年前までにはベーリング海峡からアメリカ大陸にも渡った。

　ヒトの急速な拡散は，身体的な形質の違いよりも，幅広い環境に適応する道具を生み出す思考能力によるだろう。斜めに交差する幾何学模様が彫られた7.7万年前の黄色土の塊が2002年に南アフリカで発見され，抽象的な表象能力を示す最古の芸術品と見られている。規則的な孔のあけられた7.5万年前のダチョウの卵やカタツムリの殻も見つかり，ひもを通して装飾品として使ったらしい。3.2万年前までには，写実的でみごとな洞窟壁画を描くようになっていた。このような能力は，完全な言語とともに現れたのかもしれない。**言語**は仲間とのコミュニケーション力を飛躍的に増し，複雑な工程による道具や衣服・住居などの作製も可能にした。

†**ホモ フロレシエンシス** *H. floresiensis*；2004年にインドネシアのフロレス島で頭蓋骨の化石が発見された。脳がアウストラロピテクス属に近いほど小さく背も低いが，ホモ エレクトスの子孫だと判明した。島への隔離が小型化を招くことは他の哺乳類でよく研究されており，このそばでも小型の原始的なゾウも発見されている。驚くべきことに，ネアンデルタール人の絶滅より後まで生き延びていた。

10・3 ヒトの遺伝子と調節

真核生物の遺伝子

4章では遺伝子の基本構造として，比較的単純な原核生物の例を中心に示したが，ヒトをはじめとする真核生物の核の遺伝子は，いくつか大きな違いがある．まず，タンパク質をコードする**翻訳領域**がひとつながりになっておらず，**エキソン**が**イントロン**で分断されている（4・5節）．第2に，遺伝子間にも長い**非翻訳領域**がある（次節参照）．ヒトではそれがゲノム全体の98.5％を占め，遺伝子の密度は約120 kb当たり1個に過ぎない．

第3に，原核生物では関連する複数の遺伝子が隣り合って**オペロン**として存在し，その上流の**プロモーター**から一続きのmRNAとして転写されるため，共通に調節される（4・3節）．真核生物では遺伝子が1つずつ分かれて存在し，別々に調節されると考えられてきた．しかし最近，複数の遺伝子を載せた転写産物も見つかっている．

第4に，多くの遺伝子に対して，転写を制御する調節配列（control element）が**非コード領域**にいくつも分散して存在し，遠く離れた位置からも作用する（図10-3-1）．翻訳開始点の上流にプロモーターと近位調節配列（proximal c. e.）があるほか，遠位調節配列（distal c. e.）が数千残基も離れた上流や下流，イントロン中にも存在する．各調節配列はたいてい12残基以下の短いもので，それが10個程度集まって領域をなす．**転写**を促進する領域を**エンハンサー**（enhancer），抑制するものを**サイレンサー**（silencer）という．遠隔のエンハンサーは，プロモーターまでの間のDNAが屈曲して直接作用する．

転写調節

遺伝子発現の調節は，転写段階が最も重要で広く行われている．原核生物では**RNAポリメラーゼ**自身がプロモーターを認識し単独でもはたらく（4・3節）のに対し，真核生物のポリメラーゼがはたらくには，**基本転写因子**（general transcription factor）というタンパク質群が必要である．そのうち1つがプロモーター内のTATAボックスを認識する．これらの転写因子とポリメラーゼが集合して転写装置を構成すると転写が開始される．

これとは別に，一部の組織や発生段階に限って産生され，特定の遺伝子群に作用する特異的な転写調節因子もある（図10-3-2）．そのうち活性化因子（activator）は，エンハンサーの調節配列を識別して結合し，遺伝子の転写を促進する．抑制因子（repressor）は逆に転写を阻害する．直接DNAには結合せず間接的に作用するコアクチベーターやコリプレッサーもある．レベルや**選択的スプライシング**（4・5節）の違いで，様々に異なる細胞が生じる．これら組織特異的な転写因子の発現自体も別の転写因子で制御されており，そのもとは発生の**カスケード反応**にさかのぼる（8・3節）．作用を受ける遺伝子と同じDNA鎖になければならない調節配列を**シス作用性の因子**† というのに対し，溶液中を拡散して作用する転写因子を**トランス作用性の因子**（trans-acting e.）という．

エピジェネティクス

以上の発現調節は，タンパク質因子が結合・乖離することによるDNAの制御だった．これに対しクロマチン（2・3節）の化学修飾による発現調節も知られている．具体的には，DNAの**メチル化**とヒスト

---

†**シス作用性の因子**（cis-acting element）；ゲノムには調節を受けるべき遺伝子が多数あるのに比べると，シス作用性の調節配列の種類は格段に少ない．それがエンハンサーなどの中で多様に組み合わさることで，組織の種類や発生の段階ごとで異なる精密な調節を可能にしている．動物の進化では，この調節配列の組み合わせの改変が大きな役割を果たしている．

†**エピジェネティクス**（epigenetics）；ここまで学んできた遺伝現象は，セントラルドグマに沿ってDNA塩基配列の情報が発揮される現象である（4章扉の図）．これをジェネティック（genetic）な系を扱う遺伝学（genetics）とよぶのに対し，塩基配列によらずに細胞の運命を左右する現象や，それを扱う研究分野として，これに「上」の意の接頭辞epi-をつけたエピジェネティクス（epigenetics）という語が新たに提唱された．なお[カフェアリス]8のような課題は，ジェネティクス内の作業である．

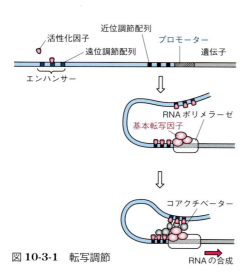

図 10-3-1　転写調節

ンのアセチル化やメチル化・リン酸化などである。ヒストンの**アセチル化**はリシン残基でおこるため，正電荷が減って隣のヌクレオソームと結合しにくくなり，クロマチン構造が弛緩する。その結果，付近の遺伝子には転写装置が結合しやすくなり，発現が活性化される。ヒストンのメチル化は逆にクロマチンの凝集を促進する。

ほとんどの動植物の DNA にはメチル化された塩基が含まれている。とくに哺乳類の **CpG 配列**のシトシンの 5 位は，約 7 割がメチル化されている。高度にメチル化されるほど遺伝子は不活性化され，脱メチル化で活性化される。雌の体細胞にある 2 本の X 染色体は，一方が高度にメチル化され不活性化されている。DNA 複製の際，メチル化酵素は娘鎖を正確にメチル化するので，胚発生中に生じたメチル化のパターンは分化した組織に持ち越される。このしくみは正常な発生や細胞分化に必須であり，**遺伝的刷り込み**（genetic imprinting）の機構にもなっている。

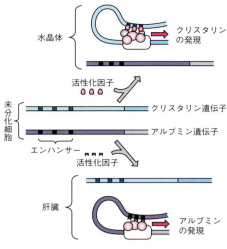

図 10-3-2　組織特異的遺伝子発現

クロマチンの化学修飾は，細胞記憶（cell memory）のメカニズムとなっている。このように，DNA の塩基配列の変化を伴わず，遺伝子発現の様相が細胞分裂を越えて安定的に次世代細胞に伝わる現象を**エピジェネティクス**†という。エピジェネティックな変化は一般に，着床前の初期胚の段階（8・1 節）で解消・初期化され，次世代個体には持ち越されない。しかし，胎児期の母体の環境が成人後にも影響し，さらには子孫にも伝わる可能性（獲得形質の遺伝）が示唆されている。

転写後調節と非コード RNA

mRNA の寿命の違いも，組織ごとの各タンパク質の存在比に重要な影響を与える。一般に原核生物では寿命が短いのに対し，真核生物では数時間から数週間と長く，3′ UTR の塩基配列が大きく左右する。

最近，**非コード RNA**（non-coding RNA, ncRNA, 非翻訳 RNA）が大量に見つかり，その一部はタンパク質遺伝子の転写後調節に関わっている。ncRNA のうち**マイクロ RNA**（microRNA, miRNA）は 20 〜 25 残基の短い二本鎖 RNA で，特定の標的 mRNA と塩基対を形成する。mRNA の 3′UTR に部分的相補配列があると結合してその翻訳を阻害するほか，完全に相補的な配列をもつ mRNA は分解に導く。miRNA はまず長い前駆 RNA として転写され，ヘアピン構造の中間体となり，ダイサー（Dicer）とよばれる酵素で切り出されて成熟する。動植物に幅広く分布するが，ヒトにも 1000 種類以上の miRNA があり，全タンパク質遺伝子の 3 分の 1 以上を調節している。miRNA は，短い上に各々が何百種類もの mRNA を制御するので，ゲノムに占める領域は狭い。**低分子干渉 RNA**（small interfering RNA, siRNA）も，21 〜 23 bp の短い二本鎖 RNA で，幅広い真核生物においてウイルスに対する生体防御機構である **RNA 干渉（RNAi）**†の主役分子として見つかった。

これらの短い調節 RNA に対し，200 nt† 以上の ncRNA を**長鎖 ncRNA**（long ncRNA, **lncRNA**）とよぶ。しばしば mRNA と同様なキャップ構造やポリ A テールをもち，スプライスされるものもある。ヒトやマウスのゲノムは 90 % 以上の領域が転写されているが，役割不明のものも多い。役割の解明された lncRNA の 1 つに Xist（イグジスト）がある。8 個のエクソンからなる長さ 17,000 nt の RNA であり，上述の X 染色体不活性化の過程ではたらく。

† **RNA 干渉**
（RNA interference, RNAi）；
この現象は，生物学の実験手法として発見された。人工的な二本鎖 RNA を線虫や酵母・植物などの細胞に外から注入すると，それと同じか似た配列の mRNA が分解される。これは遺伝子をノックダウンする遺伝子工学的手法として愛用されている。RNAi は，外来の二本鎖 RNA ウイルスの増殖を妨げる生体防御反応として進化したと考えられる。siRNA のほとんどは外来性であり，免疫系における抗体と比べられる。しかし一部は内在性（endo-siRNA）で，細胞自身が遺伝子を調節する生理的なしくみでもある。

† **nt**；nucleotide の略で，一本鎖の核酸の長さの単位。二本鎖 DNA の長さの単位は bp。p.11 側注と p.54 カフェアリス 4 を参照。

10・4 ヒトゲノム

ヒトゲノム[†]（human genome）は長い線状の核ゲノムと，短い環状のミトコンドリアゲノムの2つからなる（2・3節）。

ミトコンドリアゲノム

ミトコンドリアゲノム（mitochondrial g.）は長さ 16.6 kb で，37 個の遺伝子のうち 22 個は tRNA，2 個は rRNA（23S と 16S）の遺伝子であり，ミトコンドリアにおける翻訳（4・4節）に必要な安定 RNA をすべてまかなっている。残り 13 個は，呼吸鎖や ATP 合成酵素（3・3節）をコードする約 100 の遺伝子の一部である。あとの約 90 は核ゲノムにあり，細胞質で翻訳されて，そのポリペプチドがミトコンドリアに移入される。

核ゲノムには普遍的遺伝**コード**が使われているのに対し，ミトコンドリアの**コドン**は一部が異なる「方言」になっている（図 4-4-1）。わずか 13 遺伝子を翻訳するだけなので，遺伝コードの変化を制約する縛りが緩いためだろう。このゲノムはコンパクトであり，遺伝子密度は平均 0.45 kb に 1 個と高い。DNA 配列の 93 ％が**翻訳領域**，5 ％が**調節領域**など保存性の高い部分であり，保存性の低い**非翻訳領域**は 2 ％に過ぎない。いずれの遺伝子にも**イントロン**はなく，遺伝子は多数まとめて 1 本の RNA に転写される。このように，核ゲノムよりむしろ細菌ゲノムに近い点が多い（2・3節）。

核ゲノム

核ゲノム（nuclear g.）の 24 本の染色体のうち，2 本は**性染色体**（sex chromosome）の X と Y であり，あとの 22 本は**常染色体**（autosome）として通し番号が付けられている（図 10-4-1）。染色体はギムザ染色できれいな濃淡の縞模様に染め分けられ，400 〜 850 のバンドが見分けられる。濃く染まる G バンドは**クロマチン**（2・3節）が高度に凝集しており，淡く染まる R バンドは凝集度が低い。染色体上の位置は，記号 p（petit，短腕）・q（queue，長腕）と，**セントロメア**寄りの近位から端（**テロメア**）寄りの遠位に向かう番号とで示される（2・5節側注）。テロメアの短縮は，老化やがん化に関わる。

DNA の長さにはかなりのバラツキがあり，最長は 1 番の 249 Mb，最短は 21 番の 48 Mb である。Ensembl ウェブサイトの 2015 年 1 月更新の集計表では，総延長約 3.4 Gb（3,384,269,757 bp）であり，そこにタンパク質遺伝子 20,300 個，偽遺伝子（pseudogene）14,424 個，RNA 遺伝子 24,885 個（うち短鎖 7,715，長鎖 14,863）が含まれている。ヒトと同じ**真主齧上目**（超霊長類，10・1節）に属するマウスのゲノムと比較すると，両者で高度に保存されている DNA 領域は 5 ％に満たず，その一部が翻訳領域である。前節の初めで述べた遺伝子の特徴は，この核ゲノムの特徴である。

反復配列

非コード領域は反復配列に満ちている（表 10-4-1）。ゲノム中に分散する散在反復配列と，反復単位が連続して並ぶ縦列反復配列がある。

散在反復配列のほとんどは，細胞内で移動・増殖する転移因子（9・2節）に由来するが，突然変異により転移活性を失った「化石」が多い。しかし活発なものも存在し，疾患をひきおこすことがある。DNA **トランスポゾン**は原核生物に一般的で，

[†] **ゲノム**（genome）：ゲノム（4・1節）はもともと，遺伝子（gene）と染色体（chromosome）から合成された語である。しかしヒトを初めとする真核生物のゲノムでは，遺伝子以外の領域が広い（前節と本節）。しかも単なるジャンク領域（機能をもたない無意味な配列）だけではなく，調節領域やマイクロ RNA など，遺伝子以外の機能をもった配列が多数見つかっている。

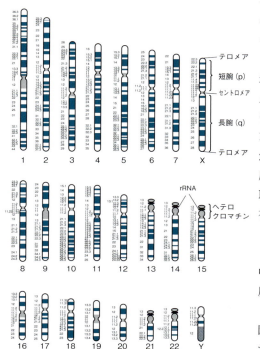

図 10-4-1 ヒトの 24 本の染色体

表 10-4-1　ヒトゲノムの構成

分類	合計長(Mb)	割合(%)	備考
全体	3,200	-	
遺伝子と遺伝子関連配列	1,200	37.5	
翻訳領域（コード領域）	48	1.5	エキソンのうち UTR を除く。
非翻訳領域（イントロン，UTR，偽遺伝子など）	1,152	36.0	
遺伝子間 DNA	2,000	62.5	
散在反復配列（interspersed repeat）	1,400	43.8	トランスポゾン＝転移（性遺伝）因子。
DNA トランスポゾン	90	2.8	ヒトではほとんど化石化。
RNA トランスポゾン＝レトロトランスポゾン	1,330	41.0	
LTR 型レトロトランスポゾン	250	7.8	ヒトではほとんど化石化。レトロウイルスの残骸（ERV）。
非 LTR 型レトロトランスポゾン	1,080	33.2	
LINE	640	20.0	6～8 kb からなり，85 万コピー。LINE-1, -2, -3 の 3 群。
SINE	420	13.2	100～400 bp からなり，約 150 万コピーあり。
その他	600	18.7	
縦列反復配列（tandem repeat）			
サテライト DNA			しばしば全長数百 kb で反復単位は 200 bp 程度以下。セントロメアに多い。
ミニサテライト DNA			全長 0.1～20 kb で反復単位は 10～50 bp 程度。テロメア近傍に多い。
マイクロサテライト DNA	90	2.8	全長 100 bp 以下で反復配列は 1～6 bp 程度。ゲノム全域に分布。
その他			

抗生物質耐性因子の導入などにもはたらき，進化的にも重要だが，動物のゲノムで活性のあるものはまれである。RNA トランスポゾンは真核生物に特有である。

RNA トランスポゾンは 3 種類ある，長鎖末端反復配列（long terminal repeat, **LTR**）をもつ LTR 型レトロトランスポゾンは**レトロウイルス**†の残骸であり，ヒトではこの数百万年に一度も転移していない。他に自律的に転移できる長鎖散在性核内反復配列（long interspersed nuclear element, **LINE**）と，近隣の LINE に随伴して転移する短鎖散在性核内反復配列（short i. n. e., **SINE**）がある。ヒトの SINE には，全哺乳類に見られる MIR（mammalian-wide interspersed repeat, 分散型反復配列）ファミリーと，霊長類に特有な **Alu 反復配列**（Alu repeat）ファミリーがあり，その分布は類人猿の進化にも示唆を与える。

縦列反復配列は，反復の全長によって**サテライト DNA**†・ミニサテライト DNA・マイクロサテライト DNA の 3 つに分類される。

遺伝的多型

ヒトゲノムの塩基配列は個人間でほとんど同一だが，全長の約 0.3％に個体差が存在する。これを**遺伝的多型**（genetic polymorphism）という。厳密には，集団中の頻度が 1％以上の個体差を多型，1％未満の物を突然変異（mutation, 9・2 節）とよび分ける。

最も多いのは 1 塩基の置換や欠失・挿入で，**一塩基多型**（single nucleotide p., **SNP**）という。数百万か所が同定されている。そのうちコード領域（cSNP）や調節領域（rSNP）にあるものは表現型に影響を及ぼすが，それらはごく一部であり，大部分はイントロン（iSNP）や遺伝子間（gSNP）にあって影響しない。しかし病因遺伝子の位置を特定するマーカーとして利用される。

次に多いのはマイクロサテライトの縦列反復回数の多型で，**STRP**（short tandem repeat p.）とよばれる。翻訳領域にある CAG など 3 塩基の反復回数多型は，ハンチントン病など**トリプレット反復病**（triplet repeat disorder）の病因となる。STRP は数十万か所にあるとされ，親子鑑定や犯罪捜査の個人識別に利用される。

ほかに散在反復配列の有無や，ミニサテライトの反復回数（VNTR, variable number of t. r.），さらに大規模な欠失・挿入・ブロック置換・逆位などもある。

†**レトロウイルス（retrovirus）**；RNA をゲノムとしてもつウイルスのうち，その RNA に**相補的**な DNA（cDNA）を**逆転写**酵素（reverse transcriptase）で合成して，宿主の核ゲノムに挿入されて増殖するもの。標準的なレトロウイルスのゲノムは，コアタンパク質・逆転写酵素・外被タンパク質をそれぞれコードする 3 つの遺伝子 gag・pol・env をおもな構成要素とする。

†**サテライト DNA（satellite DNA）**；サテライト（衛星）という名称は，実験上の観察から付けられた。ヒトの組織から抽出した DNA を塩化セシウムの密度勾配遠心法で分画すると，主要バンドより密度の小さい位置に別の細いバンド（サテライトバンド）ができる。そこに含まれている DNA は，特定の反復配列を含み GC 含量が平均からずれているため，密度もずれている。

10・5 遺伝病

遺伝因子と環境因子

ヒトの形質にも，メンデルの遺伝法則に従うものがある（4・1節）。湿った耳垢や右巻きのつむじは，それぞれ乾いた耳垢や左巻きのつむじに対して顕性に遺伝する。しかし大多数の形質は，多数の遺伝子座に支配され遺伝の様式も複雑な上，環境の影響も大きい（8・4節）。ほとんどの形質には遺伝因子と環境因子の両方が影響する。この2つはたがいに複雑に絡み合っており，両者の影響力のバランスは，％で表せるようなものではない。遺伝子型が表現型として発現される過程で，どのような環境因子がどういうしくみで関わってくるか，という観点が必要である。

環境因子にも，気候などの自然環境，産業・経済・文化などの社会環境，家庭の生活習慣，個人の生活設計など様々なものがある。**先天性代謝異常症**のフェニルケトン尿症は遺伝子の欠損に基づくため，新生児を放置すれば知的障害をはじめ重い症状が現れるが，早期に診断して低フェニルアラニン食で保育すれば，発症を防止できる。病因が不明だった100年前には運命的だったが，現在では環境因子で左右される。

メンデル遺伝する疾患

病気にも顕性か潜性のメンデル遺伝をするものがある（表10-5-1）。突然変異には，遺伝子産物の機能を減弱あるいは消失させる**機能喪失性**（loss of function）の変異と，遺伝子産物にこれまでなかった異常な機能を獲得させる**機能獲得性**（gain of function）の変異がある。

前者は**潜性**の形質を生じさせる場合が多い。これは，多くの遺伝子産物は必要量が厳密には決まっておらず，量が通常の半分になる異型接合体（4・1節）でも正常に生きていけるためである。異型接合で変異をもつ人は保因者（carrier）とよばれる。Cl⁻輸送体（CFTR）の遺伝子も，異型接合では**嚢胞性繊維症**†を発症しない。ただし一部の遺伝子は，半分量では機能を維持できなかったり，機能を喪失したポリペプチドが正常なポリペプチドと競合したりして，顕性遺伝になる。

一方，機能獲得性突然変異はふつう顕性形質を生じる。なぜなら，正常な**対立遺伝子**（アリル，4・1節）があっても，異常な対立遺伝子の挙動を抑制できないせいである。たとえばトリプレット反復病（前節）の**ハンチントン舞踏病**（Huntington's disease）では，伸長したポリグルタミン配列が異常な凝集体を形成し，神経変成による舞踏運動や性格変化・精神障害をおこす。この病気は不可逆的に進行し死を免れることはできないが，明白な症状は35〜45歳になってから現れるので，遺伝子は子孫に伝わりうる。筋繊維の変性で筋肉萎縮と筋力低下が進行する遺伝性筋疾患を，**筋ジストロフィー**という（表10-5-1）。症状に共通性があるものの，原因遺伝子や遺伝様式の異なる複数の疾患が含まれている。

伴性遺伝はX染色体の遺伝子によっておこり，X連鎖性遺伝ともいう。Y染色体には男性になることを決定する***SRY*遺伝子**†のほかにはわずかな遺伝子しかない。

多因子疾患

生活習慣病や精神疾患・がんなどは，複数の遺伝子と様々な環境因子の影響を受ける多因子疾患である。ありふれたがんは孤発性だが，一族のうちで複数の人が特定の稀ながんにかかる場合もある。このような家族性のがんでは，家系分析から原因遺伝子の特定につながる場合がある。家族性乳がんから，**DNA修復**に

---

†**嚢胞性繊維症**（cystic fibrosis）；Cl⁻輸送体（CFTR）が欠損して細胞外にCl⁻が異常に蓄積し粘液層が肥厚するため，消化管からの消化吸収障害や慢性閉塞性肺疾患，発汗異常による電解質喪失，再発性細菌感染など様々な症状をもたらす。白人（Caucasoid）に多く3000人に1人の割合で幼少期に発症するので悲劇的な疾患として関心が深いが，黒人には少なく黄色人種ではさらにまれである。

†***SRY*（sex-determining region of Y）遺伝子**；性決定因子。精巣を形成するのに必要な遺伝子群を活性化する転写因子をコードする遺伝子。性染色体のうち，X染色体はヒトに必須の多くの遺伝子を含むが，Y染色体は*SRY*などごく少数の遺伝子しか含まない。精子はXあるいはYのいずれか一方をもち，卵はXをもつ。受精によってXXを受け継ぐと雌（女，♀）に発生し，XYを合わせもつと雄（男，♂）に育つのが一般的だが，Xが*SRY*を含んだりYが*SRY*を欠いたりする突然変異もあり，性別は*SRY*の有無に従う。

表 10-5-1　遺伝子の関わる疾患の例

疾患名	遺伝子	位置	備考
メンデル性遺伝病			遺伝子座位が常染色体か性染色体か，遺伝が顕性か潜性によって4分類。
常染色体潜性遺伝			4区分のうち罹患率が最も高く，種類も数千が知られている。
白皮症（albino）I型	TYR	11q14.2	メラニン色素合成に必要なチロシナーゼ遺伝子の変異。皮膚がん等へ。
フェニルケトン尿症	PAH	12q24.1	芳香族アミノ酸代謝の先天性代謝異常症。フェニルアラニン水酸化酵素。
ガラクトース血症 I 型	GALT	9p13	糖代謝の先天性代謝異常症。Galactose-1-phosphate uridyltransferase。
福山型先天性筋ジストロフィー	FCMD	9q31	フクチン遺伝子3'UTRの挿入変異。中枢神経症状を伴う。日本に特に多い。
囊胞性繊維症	CFTR	7q31.2	細胞膜の塩素イオン（Cl⁻）輸送体の遺伝子欠損で生じる致命的な疾患。
常染色体顕性遺伝			致死性疾患は生殖年齢前に発症すると子孫を残さないので罹患率は低い。
ハンチントン舞踏病	HD	4p16.3	神経変成による舞踏運動や性格変化・精神障害をおこす。CAGの反復。
筋緊張性ジストロフィー	DMPK	19q13.3	タンパク質キナーゼ遺伝子の3'UTRのCTG反復。mRNA核外移出異常。
軟骨形成不全症（小人症）	FGFR3	4p16.3	低身長。繊維芽細胞増殖因子受容体3の遺伝子の点突然変異。
伴性潜性遺伝			男性の罹患率は高いが女性ではまれ。
血友病	FVIII, FIX	Xq28, Xq27	血液凝固のVIII，IX因子の変異による血液凝固異常症。
デュシェンヌ型筋ジストロフィー	DMD	Xp21.2	ヒトのもつ最長の遺伝子（2.3 Mb，79エキソン）の変異。
伴性顕性遺伝			症状は男性で重篤。父親から娘に伝わり息子には伝わらない。
X染色体顕性低リン性クル病	PHEX	Xp22.1	骨の石灰化の障害により骨が軟化するくる病／骨軟化症の1つ。
脆弱X染色体症候群	FMR1	Xq27.3	CGGトリプレット反復病。メンデル的に遺伝するまれな精神発達障害。
多因子疾患			複数の遺伝因子と様々な環境因子の影響を受ける。生活習慣病の多くも。
がん	BRCA1（17q21），BRCA2（13q12-q13），APC（5q21）ほか多数。		
統合失調症	COMT（22q11.2），CHRNA7（15q13.3，α7nAChR），CACNG2（22q13）など多数の候補を探索中。		
ほかにアルツハイマー病・糖尿病・肥満・高血圧・心臓病・脳梗塞・アルコール依存症・躁鬱病（そううつびょう）など多数。			
染色体異常による疾患			
ダウン症（21トリソミー）		21	21番染色体が1本多い。知的障害，心疾患，低身長など。
18トリソミー		18	18番染色体が1本多い。口唇裂，口蓋裂など多くの奇形と重度の知的障害。
クラインフェルター症候群		X	XXY，XXXYなどX染色体が過剰。二次性徴の欠如や不妊等，症状は軽度。

付加的な役割を果たす転写の**コアクチベーター**（10・3節）をコードする BRCA1 と BRCA2 という**がん抑制遺伝子**が同定された。やはり稀な**家族性大腸ポリポーシス**から見つかった APC 遺伝子は，ありふれた孤発性の大腸がんでも原因の1つになっている。

統合失調症†は比較的頻度が高く，大きな苦しみを与える家族性疾患として，遺伝子研究のうちでも優先度の高い疾患である。10以上の染色体領域との連鎖が示されている。有望な候補遺伝子に COMT（catechol-O-methyl transferase）遺伝子の Met158Val 変異がある（表記は図9-2-1参照）。ただしこの遺伝子型は統合失調症全体の一部で見つかるに過ぎない。アルツハイマー病や糖尿病・肥満・高血圧・心臓病・脳梗塞・アルコール依存症・躁鬱病（そううつびょう）などでも遺伝子解析が進められている。

遺伝子検査

フェニルケトン尿症以外にも早期に診断できる遺伝性疾患は多いが，有効な治療法が確立しているものは少ない。出生後の新生児の血液や尿および妊娠時の母胎の羊水（ようすい）の生化学的検査で表現型を調べる診断法は従来からある。現在では，DNAの塩基配列から**遺伝子型**を突き止める遺伝子検査も実施されている。こちらでは表現型に顕（あらわ）れる前の診断も可能だし，そもそも妊娠の決断前のカウンセリングにも使われる。

胎児の出生前診断には，妊娠15週頃に行う**羊水穿刺**（せんし）（amniocentesis）がある。子宮に針を刺し，羊水を10～20 mL採取する。この液に含まれる化学物質を同定・定量する診断もあるが，遺伝子検査では液中に脱落した胎児の細胞を用いる。染色体レベルの大きな異常は，細胞の顕微鏡画像に基づく核型（karyotype）から判断するが，より小さな突然変異は，DNAの塩基配列を解析する。妊娠10週頃に実施できる**絨毛膜採取**（chorionic villus sampling）では，子宮頸（けい）から管を子宮に挿入し，胎盤から組織の試料を採取して分析する。いずれにせよ条件によっては低いながらも母親や胎児に危険性があるので，重篤な疾患や奇形の恐れが高い場合にのみ用いられる。

† **統合失調症（integration dysfunction syndrome）**；統合失調症の研究には2つの困難がある。第1にこの病気は，多因子によるだけではなく，様々な組み合わせの因子による症候の総称であり，単一の疾患ではない。故に旧名の精神分裂病（schizophrenia）から2002年に改名された。第2に精神疾患の原因追究は一般に，社会的・政治的論争の的になり，学問的探求が難しくなりがちである。右派は遺伝因子を，左派は環境要因を重視しがちで，遺伝性と家庭環境の共有という要因との区別が厳格に求められる。

限りないゲノム情報の豊かさ

DNA は生命情報の分子レベルの担体である。電子情報の媒体（メディア）と情報収容力を比べてみよう。

二者択一の指定を情報の基本単位として bit（ビット）で表す。8 bits を 1 byte（バイト, B）といい, 2^{10} bytes = 1024 bytes = 1 kB, 2^{10} kB = 1 MB などとする。CD（コンパクトディスク）の 700 MB など, 記録容量もこの単位で表示する。ただし $2^{10} \fallingdotseq 10^3$ なのでこちらで計算することもある。

一方 DNA の塩基は A, T, G, C の 4 種類あり, 1 bp は四者択一の情報を与えるため 2 bits と言える。二重らせん構造の DNA の塩基対（bp）は 2 個の塩基からなるとはいえ, 一方が決まると他方も決まってしまうので情報量は 1 本鎖と同じである。ゆえに 4 bp で 1 byte, 1 Mb は 0.25 MB に当たる。

問 1　DNA と DVD　2 本鎖 DNA 1 g 当たりの情報量は何 bits, あるいは何 MB か。DVD と比べてどちらが何倍か。

ヒント　DVD は通常 4.7 GB で約 16.5 g である。一方, ヌクレオチド単量体（dNMP）の平均分子量は約 340 であり, それが脱水縮合して DNA を構成する。

解答例
(DNA 1 g の情報量) = {1 / (塩基対の分子量)} × N_A × (1 / 4) bytes
　　　　　　　　 = [1 / {(340 − 18) × 2 g / mol}] × 6.02 × 10^{23} mol^{-1} × (1 / 4) bytes
　　　　　　　　 = {6.02 / (322 × 2 × 4)} × 10^{23} bytes / g
　　　　　　　　 = 2.34 × 10^{20} bytes / g = 234 EB / g　（エクサバイト）
(DVD 1 g の情報量) = 4.7 GB / 16.5 g = 285 MB / g
(DNA 1 g の情報量) / (DVD 1 g の情報量) = 2.34 × 10^{20} / 2.85 × 10^8 = 8.21 × 10^{11}
DNA の情報量の方が約 1 兆倍大きい。

子供は両親から 50% ずつ遺伝情報を引き継ぐ。その組み合わせは多様なため兄弟姉妹でも遺伝的形質は様々である。

問 2　きょうだいの遺伝的多様性 (1) 染色体間のシャフリングのみの場合　ある 1 組の両親から生まれる子供の遺伝子型は, 何通り考えうるか。ただし, 染色体のランダムな分配だけを考え, DNA の組換えは無視する。また, それぞれの遺伝子型の子が 1 人ずついて, 定員 1000 人の小学校に入学するなら, 小学校はいくつ必要か。

解答例　親の細胞がもつ 23 対の染色体のそれぞれ一方を含む配偶子（精子と卵）が受精して子供に受け継がれるので,
(卵の種類) × (精子の種類) = 2^{23} × 2^{23} = 7.04 × 10^{13}
約 70 兆通りである。定員 1000 人の小学校が 700 億校必要である。

実際の有性生殖では染色体の単位で混合されるだけではなく, 相同染色体どうしで組換えがおこる。しかもその組換わる位置は配偶子ごとで異なるので, さらに格段の多様性が生ずる。具体的に何倍になるかは, 組換えの頻度や条件によって異なる。

問 3　きょうだいの遺伝的多様性 (2) 相同染色体に組換えのある場合　すべての染色体がそれぞれ,

1000 個の遺伝子をもち，隣り合う遺伝子間 1 か所のみで組換えがおこると仮定すると，1 組の両親から生まれる子供の遺伝子型は，何通り考えうるか．

解答例　例えば，卵を通して受け継ぐ第 1 染色体の 5′ 末端の遺伝子は，母親のもつ 2 本の第 1 染色体のいずれかに由来する（ここで 2 通り）．その遺伝子より 3′ 側に 999 個の遺伝子があるので，2 本の染色体でそれぞれ 999 通りの組換え染色体が生じ得る（ここで 2×999 通り）．また同じことが，第 2 染色体以降でも生じ，卵の遺伝子型が決まる（ここで $(2 \times 999)^{23}$ 通り）．同じことが精子でもおこるので結局，

$$(2 \times 999)^{23} \times (2 \times 999)^{23} = (1998)^{46} = 6.71 \times 10^{151}$$

6.71×10^{151} 通りとなる．$(1998)^{46}$ の計算を電卓が受け付けない場合でも，$x = (1998)^{46}$ とおいて対数をとると計算できる．

$x = (1998)^{46}$,

$\log x = \log(1998)^{46} = 46 \times \log 1998 = 46 \times 3.30 = 151.827 = 151.827 \times \log 10 = \log(10^{151.827})$,

$x = 10^{0.827} \times 10^{151} = 6.71 \times 10^{151}$

計算を簡単にするためこれほど単純な組換えを仮定しても，子供の遺伝子型の多様性は問 2 に比べ桁違いに跳ね上がっている．

遺伝子型と表現型の関係を深く理解するためには，それらの分布を定量的に計算してみるといい．

問 4　血液型の分布　母親の血液型（表現型）が A 型で父親のそれが B 型の場合，子供の血液型はどれがどういう割合になるか．両親の遺伝子型は不明だが集団の遺伝子プールから推定されており，母親は AA : AO が 60 : 40 の確率で，父親は BB : BO が 30 : 70 だとする．

ヒント　ABO 式血液型は 1 つの遺伝子座で決まるが，3 つの対立遺伝子（allele）A，B，O がある．A と B は共顕性（ともに顕性）で O は潜性である．

解答例　母親の卵（半数体）の遺伝子型は A 型と O 型の可能性があり，それぞれの確率は，

A : O = $(0.6 \times 1.0 + 0.4 \times 0.5) : 0.4 \times 0.5 = 0.8 : 0.2$

父親の精子（半数体）の遺伝子型は B 型と O 型の可能性があり，それぞれの確率は，

B : O = $(0.3 \times 1.0 + 0.7 \times 0.5) : 0.7 \times 0.5 = 0.65 : 0.35$

この両者が受精してできる子供（倍数体）の遺伝子型は，その組み合わせで AB 型，AO 型，BO 型，OO 型の可能性があり，それぞれの確率は両者を掛け合わせて，

AB : AO : BO : OO = $(0.8 \times 0.65) : (0.8 \times 0.35) : (0.2 \times 0.65) : (0.2 \times 0.35)$
= 0.52 : 0.28 : 0.13 : 0.07

となる．子供の血液型（表現型）はこの遺伝子型と 1 対 1 対応しており，AB : A : B : O が 0.52 : 0.28 : 0.13 : 0.07 である．

遺伝子の分布を計算するにはこのように，

1) 親世代（P 世代，二倍体，$n = 2$）の遺伝子型　　2) その表現型
3) その配偶子（半数体，$n = 1$）の遺伝子型
4) 子供世代（F_1 世代，二倍体，$n = 2$）の遺伝子型　5) その表現型

の各段階を区別して順を追って考えていけばよい．同様の道筋でさらに子供世代の配偶子，孫世代（F_2 世代）と拡張することができる．血液型には他に Rh ＋/－式などもあり，別の遺伝子座によって決められる．遺伝子座が複数ある場合は計算が複雑にはなるものの，相互に独立か連鎖しているかを特定できるなら数値化して同様の段階を追って計算しうる．

10章のまとめと問題

まとめ

1. 古生代の初めにおこった**カンブリア爆発**で動物が劇的に多様化した。その際，脊椎動物の祖先も誕生した。古生代のうちに四肢類（両生類）として陸上に進出した。中生代に哺乳類が誕生し，恐竜と共存した。新生代にサル目（霊長類）が出現した。霊長類には，有尾猿（monkey）と無尾猿（ape，類人猿）とヒト（human）が含まれる。

2. 人類（**ヒト科**）は約700万年前にアフリカで，チンパンジーやボノボとの共通祖先から分岐し，直立二足歩行し始めた。5属20種（あるいは亜種）以上の化石人類が見つかっており，400〜200万年前には多くの種が共存していた。**ヒト属**（Homo属）から脳が大型化した。約20万年前に**現生人類**（ホモ サピエンス）が誕生し，道具・衣服・住居などを作り出す知的能力のおかげで，世界中に拡散していった。3万年前にネアンデルタール人が，1.8万年前にホモ フロレシエンシスが絶滅したあとは，現生人類1種だけになった。

3. **ヒトゲノム**は，核ゲノムとミトコンドリアゲノムからなる。核ゲノムは，22本の常染色体と2本の性染色体（X, Y）からなる。遺伝子間の非翻訳領域（UTR）が長い上に，遺伝子内の翻訳領域もイントロンで分断されている。UTRには，トランスポゾン（転移因子）に由来する散在反復配列や，サテライトDNAなどの縦列反復配列が満ちている。ミトコンドリアゲノムはミトコンドリア内の環状DNAであり，大部分が翻訳領域である。核ゲノムより細菌ゲノムに性質の近い点が多い。

4. **核ゲノム**の遺伝子はオペロン（4・3節）を構成せず，転写調節はふつう遺伝子1つずつの単位でなされる。翻訳領域のすぐ上流のプロモーターと近位調節配列だけではなく，数千bpも離れた上流や下流，イントロン内などに分散するエンハンサーやサイレンサーの遠位調節配列にも影響される。また，マイクロRNAはmRNAの寿命や翻訳の段階を調節する。さらに，シトシンのメチル化など，DNAやヒストンの化学修飾によるエピジェネティックな調節もある。

5. 生物の形質（表現型）は遺伝子型にもとづいて発現されるが，程度は様々ながら環境との相互作用に影響されることが多い。他の生物に比べヒトではとくに，遺伝因子に対して**環境因子の比重**[†]が高い。

6. 生活習慣病・がん・精神疾患などヒトの病気の多くは，多数の遺伝子と環境因子の影響を受ける**多因子疾患**である。病気の一部はメンデル遺伝し，遺伝子型が比較的ストレートに表現型を支配する。メンデル遺伝をする先天性代謝異常症や筋ジストロフィーなどは，それぞれ特定の染色体上の特定の遺伝子の塩基置換やトリプレット反復などによる。

問題

1. 哺乳類のおもな目（もく）の系統関係と大陸間分布，大陸移動との関係を説明せよ。
2. ヒトの次のような形質は，それぞれ哺乳類・サル目（霊長目）・ヒト上科（類人猿＋ヒト）・ヒト科・ヒト属（Homo属）・ヒト（Homo sapiens）のいずれの段階でおもに獲得したものか：脳が大型・3色の色覚・無毛・胎生・直立二足歩行・火の使用・道具の使用・言語・芸術・他個体を助ける社会性。
3. ヒトの核ゲノムとミトコンドリアゲノムを対比せよ。
4. ヒトゲノムにおける遺伝子の位置は，「11q14.2」とか「Xp20.1」などと表されることが多い。これらの意味を説明せよ。
5. マイクロサテライトDNAの多型による遺伝病の例を3つ挙げよ。

[†] **環境因子の比重**；ヒトで**環境因子**の重みが高い理由には次のようなものがある：1) 神経系を含む身体が未発達の状態で誕生するため，後天的に学習する行動形質が多いこと。2) 文明が高度化し社会階層も複雑化するとともに，自然環境も多様な地球全体に生存域を広げたため，栄養・衛生条件が幅広いこと。3) 民族文化や家庭の価値観が多様化しているため，学習環境も幅広いこと。4) 観察者側としてのヒトの関心自体が，他の生物に対しては種間の相違に，自分たちに対しては種内の相違に，それぞれ向かいやすいこと。

11章 脳と心
脳内動物園の三猛獣

11・1 脳の構造 ☞ p.142
11・2 感情 ☞ p.144
11・3 知覚と行動 ☞ p.146
11・4 記憶と学習 ☞ p.148
11・5 知性と意識 ☞ p.150

　ヒトの脳には1000億の神経細胞と100兆のシナプスがあるといわれています。環境への適応能力が高く，柔軟性と正確さを兼ね備えた優良な生物マシンです。脊椎動物の脳は，胚発生の初期においてはほとんど同じようなつくりですが，その後の発達は動物ごとで異なり，各領野間の相対的な大きさも違ってきます。

　ヒトの脳は3つの階層からなるという「**脳の三位一体説**」が唱えられました。反射や生得的行動に関わる脳幹や間脳および大脳基底核（反射脳）・情動を制御する大脳辺縁系（情動脳）・理性をつかさどる大脳新皮質（理性脳）の3つです。これらは動物の進化の過程で順次積み上げられてきたとの考えから，それぞれ爬虫類脳（恐竜脳）・旧哺乳類脳（獣脳）・新哺乳類脳（人間脳）ともよばれます。ヒトが判断や行動をする際，これらがある程度まとまりのある領域としてはたらき，たがいに相互作用すると見なします。

　それぞれが進化の途中でまったく新しく付け加わったと考えるのは正しくありません。また反射脳や情動脳がヒトではじゃまものだと考えたり，独立で実体的な人格だと見なしたりするのは間違いです。しかし，ヒトの脳も長い進化の産物であることを認識し，脳のはたらきには部域間の協調や葛藤も含まれていることを意識するためには，印象深くて魅力的な見方の1つではないでしょうか。

　この章では，ヒトを中心に脳のはたらきを見ていきましょう。

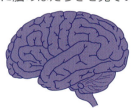

11・1 脳の構造

脳の基本設計

目や耳や鼻でとらえた外界の情報をすぐ中枢に伝えられるよう，脳は顔のすぐ後ろに配置されている（図 11-1-1c）。脳は柔らかい組織なので，頭蓋骨に守られた上，3重の膜で包まれ，さらに脳脊髄液に浮かんでいる。

脳は大事な器官なので，心臓から拍出される血液の約 1/4 が回される。脳に流れ込む血管は左右の頸動脈と椎骨動脈の計 4 本もあり，仮に 1 本が詰まっても血液の供給は途絶えない。これら動脈の末端には**血液脳関門**（blood-brain barrier）という厳しい障壁があり，有害物質を遮断する（5・2 節）。したがって脳内に作用させたい医薬品は，この関門を通過できるよう工夫する必要がある。

脊椎動物の胚発生の初期においては共通に，神経管の先端に前脳（forebrain）・中脳（midbrain）・後脳（hindbrain）という 3 つの膨らみが現れる（同図 a）。ヒト胚では 4 週目に現れるこの 3 部分は，5 週目からさらに細分化し大脳・間脳・中脳・橋・延髄に 6 区分される（同図 b）。2～3 か月目には大脳が急速に発達し，その外側部である大脳皮質が形成される。この大脳皮質は，脳の他の部分を取り巻き覆い隠すほどに拡張する。

脳幹

脳幹（brain stem）は**中脳・橋・延髄**の 3 部域に分けられるが，物理的には，脊椎の中にある**脊髄**（spinal cord）まで含めて一つながりである（図 11-1-2）。脳幹は，橋を除きせいぜい指 1 本くらいの太さだが，脳の中軸をなし呼吸や心拍など生命維持に重要な機能の中枢を含む。

脳幹には神経細胞体の集まる神経核を含む場所があり，そこから**軸索**が大脳皮質や小脳などに伸びている。その軸索末端からは種々の**神経伝達物質**†が放出され，注意や警戒・食欲・動機などの信号を伝える経路になっている。延髄（medulla oblongata）には，**呼吸系・消化系・循環系**などの内臓機能を制御する中枢がある。橋（pons）も延髄の呼吸中枢を制御する。

脳幹にはまた，より高次の脳と下位の脊髄を結ぶ軸索が通り，上行する感覚情報と下行する運動指令（11・3 節参照）の伝達路にもなっている。

脳幹全体の背側部に**網様体**（reticular formation）という構造体

† **神経伝達物質**（neurotransmitter）；中枢神経系では一般に，興奮性神経細胞はグルタミン酸を，抑制性神経細胞は γ-アミノ酪酸やグリシンを，それぞれ放出する。しかしこれら脳幹から投射する神経細胞は，**ノルアドレナリン・ドーパミン・セロトニン・アセチルコリン**など特徴的な神経伝達物質を放出し，それぞれ特殊な調節機能を果たしている。

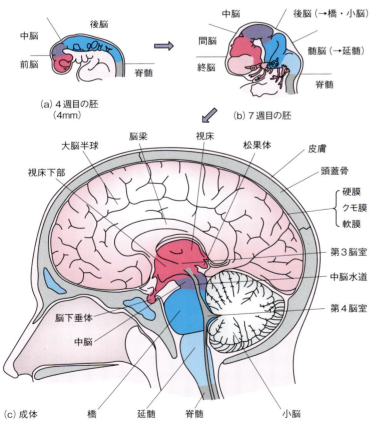

図 11-1-1 ヒト脳の構造と発生

が広がっている（図 11-2-2 参照）。まばらな細胞体の間を神経繊維が網目状に結んでおり，白質にも灰白質にも入らない特異な構造である。網様体は呼吸と循環の中枢であり，脳幹の生命維持機能の主役である。網様体の一部である**網様体賦活系**[†]は，感覚入力を選別するフィルターの役割を果たし，睡眠と覚醒を制御する。橋と延髄には睡眠中枢があり，中脳には覚醒中枢がある。

小脳と間脳

　小脳（cerebellum）は首の付け根の上あたりにあるカリフラワー状，こぶし大の塊で，橋で脳幹につながっている。重さは 120 〜 130 g と脳全体の 10％くらいに過ぎないが，大脳よりも細かい横方向のしわがあり，引き延ばすと大脳半球に匹敵する新聞紙半ページほどの表面積がある。小脳には神経細胞が 1000 億個もあり，300 億個の大脳よりもずっと多いので，「小」脳とよぶのは心苦しい。小脳にも大脳と同じく灰白質の**皮質**（cerebellar cortex）があるが，大脳新皮質の 6 層構造とはまったく異なる 3 層構造である。

　おもな機能は運動の協調や統合である。運動の活発な動物ほど小脳が大きい。視覚や聴覚とともに関節の位置や筋緊張の感覚情報を統合し，大脳からの運動指令も受け取って，ヒトではたとえば自転車に乗るなどの運動を精密に制御する（11・3 節）。

　間脳（interbrain）は脊椎動物の進化において，前脳のうちで最も初期に生じた部域である。視床・視床下部・**松果体**（pineal body，視床上部）を含む（図 11-1-1）。松果体は視床に含めることもある。**視床**（thalamus）は多くの神経核から構成される部位で，大脳皮質に向かう嗅覚以外のあらゆる感覚情報と大脳皮質から出る運動指令を中継する入出力中枢である。

　視床下部（hypothalamus）は重さが数 g しかないが，脳下垂体とともに内分泌系（7・1 節）と自律神経系の全体を統括し，全身の**ホメオスタシス**と**概日リズム**[†]を制御する重要な場所である（7・1 節）。摂食・飲水・性行動・睡眠などの本能的行動や怒りや不安など情動の発現にも重要な役割を果たす。

大　脳

　大脳（cerebrum）は耳より上を占める大きな部分で，終脳（telencephalon）から発生する。左右の大脳半球（cerebral hemisphere）に分かれ，ともにリンゴのように 3 層からなる。皮にあたる**大脳皮質**（cerebral cortex）は，細胞体が広い面積にわたって層構造をなす**灰白質**（gray matter）である（11・3 節）。大脳皮質はヒトの脳で最も大きく複雑な部位であり，知覚・随意運動・言語・思考・推理・記憶など，脳の高次機能を司る。その内側の**髄質**は，軸索が張り巡らされた**白質**（white m.）である。芯に当たる部分は基底核（basal nucleus，11・3 節側注参照）で，皮質と同じく灰白質だが，細胞体が集塊をなす。基底核は運動・認知・学習などの中枢であり，ここが損傷を受けると運動指令が筋肉に送られず動けなくなる。脳のさらに中心には空洞の脳室（ventricle）がある。

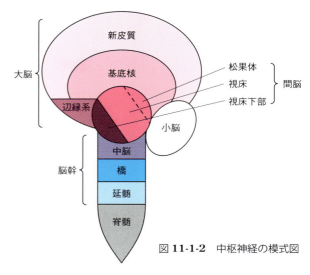

図 11-1-2　中枢神経の模式図

[†] **網様体賦活系**（reticular activating system）；絶えず中枢に入ってくる**視覚・聴覚・触覚**などの感覚情報のうち，ありふれた情報はここで遮断し，意味ある情報だけ大脳皮質に伝える。皮質は受け取る入力が多いほど敏感に活動するが，覚醒は全般的な現象ではなく，ある種の入力を活発に処理している間には別の刺激は無視される。

[†] **概日リズム**（circadian rhythm）；視床下部の視交叉上核（suprachiasmatic nucleus）は，睡眠と活動の概日リズムを刻む生物時計（biological clock）の，哺乳類で共通な中枢である。同じ間脳の松果体は内分泌器官であり，そこから分泌されるメラトニンは，哺乳類と鳥類がもつ概日リズムを調節している（7・1 節）。そこでメラトニンは，不眠症・時差ぼけ・季節情動病・鬱病などの睡眠障害の治療薬として用いられる。睡眠の機能は，学習や記憶の整理をすることであるという仮説がある。

11・2 感　情

感情（feeling）や情動（emotion）という語は様々な意味で使われるが，ふつう精神のはたらきを知・情・意に3分するうちの喜怒哀楽の情を表す。この2語のうち，感情はやや個人的で意識的な意味合いがあるのに対し，情動は主観的に意識するかしないかに関わらず，感覚情報にもとづいて体の反応を制御するような脳の機能をさす。情動は脳内の多くの場所が関わる複雑な相互作用の結果として生じるが，そのうちでも大脳辺縁系が中心的な位置を占める。

大脳辺縁系

大脳辺縁系（limbic system）は，大脳の内側にあって，脳幹や間脳を取り巻き縁どる環状の構造である（図11-2-1）。大脳皮質†のうち海馬など発生上で古い古皮質・原皮質と，扁桃体など皮質下の核，および嗅球の3部位からなる。情動・欲求・本能・記憶・自律神経の制御など，動物の基本的生命現象を発現あるいは統御する中枢である。内分泌系の中枢である間脳の視床下部とも密接に協働する。

泣きや笑いのような原始的な感情に関わる。また威嚇・摂食・性行動など脳幹が制御する基本的生存機能に，情動を結びつける。また子の養育や他個体との情緒的つながりなど，哺乳類を爬虫類や両生類から区別する性質にも関わっている。

扁桃体（amygdala）は，好き嫌いを判定する中枢である（図11-2-2）。大脳の側方にある神経核の集まりで，形が扁桃（アーモンド）に似ていることから名づけられた。顔の表情から情動の意味を認識し，感情を記憶する場である。社会性の発達にも関係し，子どもは親の表情から喜怒哀楽を読み取りながら，善悪の判断の初歩を身につけていく。

側坐核（nucleus accumbens）は，快感をつくり出しやる気をおこさせる中枢である。左右の大脳半球の境の側に坐すという意味で名づけられた。前頭前野とともに深い達成感をわきおこす場であり，報酬系（rewarding system）を形づくる。中脳の腹側被蓋野（ventral tegmental area）からドーパミン†作動性入力がある。麻薬・大麻・覚醒剤など習慣性のある薬物は，このドーパミン放出を増加させることで嗜癖作用を示すらしい。

海馬（hippocampus）は，小指ほどの細長い組織で，記憶の中枢である。日本語の「海馬」とはタツノオトシゴの別称で，英語の"hippocampus"はギリシャ神話で海の神ポセイドン（ローマ神話ではネプチューン）の戦車を引く怪獣に由来する。この怪獣は前半身が太く後半身が細長くカーブしてタツノオトシゴに似ている。海馬は太い前半で扁桃体に接しており，この両者は密接に関係している。

嗅覚と感情

嗅脳†の先の嗅球は，脳底部の前端で球状に突出した構造で，嗅覚情報の入口になっている。食物や異性の情報を受けとる嗅覚は，他の感覚に比べ本能的な感情に直結している。視覚情報が眼の視覚細胞から視覚野や連合野を通って，好悪中枢の扁桃体に達するには10以上のシナプスを通るのに対し，嗅覚情報は鼻腔の嗅覚細胞から3つのシナプスを経るだけで扁桃体に届く。

嗅覚が情動や記憶に直結する理由は，脊索動物の脳がまず嗅脳として発生したことに関連している。脊索動物の共通祖先はカンブリア紀の海にすむひ弱な小魚のような生き物だった（10・1

---

† **大脳皮質**（cerebral cortex）；3つの部分からなる；大脳の中で進化的に最も古い古皮質（paleocortex）・その次に古い原皮質（archiocortex）・哺乳類で劇的に拡大した新皮質（neocortex）である（図11-2-3）。扁桃体や嗅脳は古皮質に，海馬は原皮質に含まれる。古くは paleocortex を旧皮質，archiocortex を古皮質と訳していたので一部には混乱がある。

† **ドーパミン**（dopamine, DA）；中枢神経のモノアミン系神経伝達物質。アドレナリン・ノルアドレナリンの前駆体でもあり，それらとまとめてカテコールアミンと総称される。意欲・動機・快感・学習などに関係が深い。線条体の DA が不足するとパーキンソン病になる（次節）。前駆体の L-ドーパはその代表的な治療薬である。逆に幻覚や偏執症（paranoia, 妄想症）は DA の過剰と関連している。

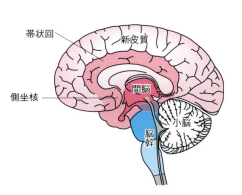

図 11-2-1　大脳辺縁系の範囲

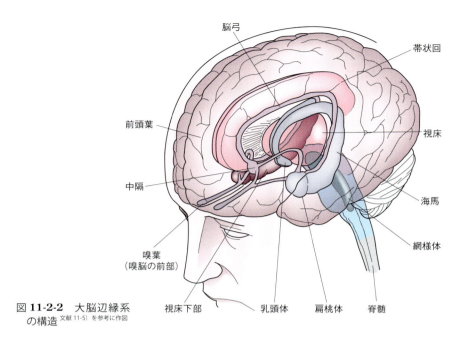

図 11-2-2 大脳辺縁系の構造 文献 11-5) を参考に作図

† 嗅脳 (rhinencephalon)：嗅覚に関わる大脳皮質の領野で，古皮質に属する。魚類・両生類・爬虫類では大脳のかなりの部分を占めるが，哺乳類では新皮質におおわれる。ヒトでは，前頭葉の下面で前方に突き出した一対の細い嗅葉と梁下野を狭義の嗅脳という。嗅葉は先端の嗅球 (olfactory bulb)・柄にあたる嗅索・根元の嗅三角からなる。広義には，広く大脳辺縁系を含める。

節）。光も音も乏しい海底の泥の中をはいながら細かいエサを吸い込んで生存し，外敵を避け異性を求めて子孫を残していたので，感覚は海中の匂いに頼っていた。初期の脳はこのような嗅器に直結し，それぞれの情報が自らの生存に有益か否か，快か不快かを判定していた。嗅脳から分化した大脳辺縁系は，ヒトでもなお嗅覚によって情動が揺さぶられる場所である。媚薬には匂いのきついものが多く，香水の誘引力は強い。

嗅球から嗅覚野と側頭葉連合野に伝わる嗅覚情報は海馬を経由するため，嗅覚は記憶にも密接に関係する。嗅覚細胞から海馬への伝達もやはり大脳辺縁系内のわずか3つほどの神経細胞で仲介されるので，匂いは他のどの感覚よりも強く記憶をゆさぶり，懐かしい思い出をよび覚ます。

感情の影響力

扁桃体による感情の記憶は，海馬の司る記憶にもとづいているわけではなく，発生の過程でより初期に形成される独自の記憶らしい。ある映像を見た後で軽い電気ショックを与えられると，のちに同じ映像が示されたとき，その経験を思い出すとともに心拍数や発汗量が自動的に増大する。海馬が損傷した患者の一部は，像を認識できないのに心拍や発汗の変化は無意識的におこる。つまり扁桃体による**情動記憶**は保たれている。一方，扁桃体に損傷を受けた人は，像を思い出すことはできるが自動的な情動は引きおこされない。これはすなわち，海馬による記憶だけが無傷だからである。

感情は，計画性や集中力・意欲といった高次の精神的能力とも密接に関連している。歓喜や恐怖のような基本的な感情は，前頭前野とよばれる場所を必要とする（11・5節）。

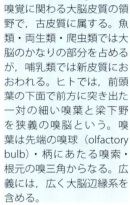

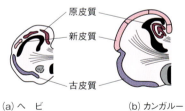

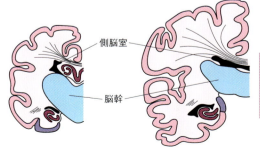

図 11-2-3 3つの皮質の割合

11・3　知覚と行動

大脳新皮質

大脳新皮質は，**学習・意志・感情**など高等な精神作用を発現する灰白質である。新皮質の神経細胞は，整然と並び規則正しい6層構造をなす（図 11-5-3 参照）。ラットの新皮質が平滑なのに比べ，ヒトでは高度に入り組んで表面積を大きくしているが，なお頭蓋骨の内面にはぴったり収まっている。ヒトの新皮質の厚みは 2〜3 mm だが表面積は 0.20〜0.25 m^2 あり，体積は脳全体の 80% を占める。

表面の丸く出たところは回，へこんだところは溝とよばれる。深い溝で仕切られた前頭葉・側頭葉・頭頂葉に加え後頭葉の4領域が区別されている。それぞれの葉にはたくさんの機能部位が同定されている（図 11-3-1a）。おもな区分には，特定の感覚情報を受け取る**感覚野**（sensory area），運動の指令を出す**運動野**（motor a.），脳の各領域と連携してより高次な機能を果たす**連合野**（association a.）がある。嗅覚情報は直接大脳に届くが，他の感覚情報はいずれも視床というゲートを通ってから，一次感覚野へさらにその近傍にある感覚連合野へと伝わり処理される。

視覚野は後頭葉，**聴覚**野は側頭葉にあり，体表の触覚や手足の位置などの**体性感覚**野および**味覚**野は頭頂葉にある。たとえば，ある波長と方向を備えた像を識別する神経細胞が一次視覚野にあり，そのような情報を連合野で統合してヒトの顔のように複雑な像を認識する。脳は，その中の様々な領域が機能を分担し（次節），同時に並行して活動し情報を処理する並列分散的なシステムである。

機能の局在

20世紀の中頃，カナダの脳神経外科医ペンフィールド（Wilder Graves Penfield）は，てんかん治療のために患者の脳を開頭手術で露出した。その表面を電極で刺激すると，その患者は末梢に感覚を生じたり筋肉が動いたりした。この発見をもとに，一次体性感覚野と運動野の詳細な地図を作成した。

一次体性感覚野が頭頂葉の前部にあるのに隣接して，一次運動野が前頭葉の後部にある。この2つの領野はともに，体の各部分と順序正しく対応している（図 11-3-1b）。皮質表層領域の面積や細胞数は，対応する体の部位の大きさには比例せず，むしろ入力する情報の重要度を反映している。とくに顔と手指に対応する部分が広い。この比率で描かれた人形を，脳のホムンクルス（小人）とよぶ。

これらの研究により，脳とくに大脳皮質のそれぞれの場所が機能分化（lateralization）しているとする脳機能局在論が盛んになった。20世紀終末には，非侵襲的な脳機能の画像化技術が発達した。

† **脳梁**
（corpus callosum）；てんかん発作を抑えるために脳梁を切断された患者は，見慣れたはずの物体を見せても左の視野（両眼の左半分）で見ると認知できなかった。左の視野からの視覚情報は視神経で右半球に伝わるが，脳梁が断たれているため左半球にある言語中枢には到達できなかったからである。このような脳を分離脳という。しかしこの物体を左手で意のままに触ることはできた。左手を支配する右半球の運動野とは協調できたためである。

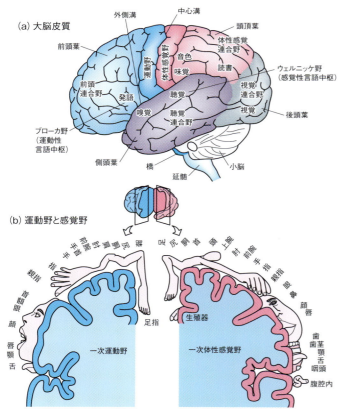

図 11-3-1　ヒトの大脳皮質

大脳の両半球は高次の機能も分担している。左半球は，言語や数学・論理的推論・連続的情報の機械的処理などに熟練している。明確で詳細な視覚・聴覚情報を処理し骨格筋を精密に制御することによって，特定の仕事に集中して細かくすばやく的確な作業を遂行する。いっぽう右半球は，パターンや顔の認識・空間や映像の把握・言葉によらない思考・音楽・感情の処理などで優位に立つ。種類の異なる情報を同時に処理する作業や，全体の文脈に関係づけて物事を理解すること，発話のアクセントや抑揚を制御して感情に訴えかけることなどに長けている。2つの半球は**脳梁**†といわれる厚い軸索の帯で結ばれ，普通これを介して情報交換しながら協調してはたらく。

機能分化の可塑性

発生初期の大脳には可塑性があり，ある場所が損傷しても他の場所が機能を代行することが多い。重篤なてんかんのために片方の半球すべてを切除した幼児では，驚くべきことに残りの半球が大脳全体の機能を果たしていた例がある。より小規模ながら成人でも，同様の代替的機能回復が報告されている。

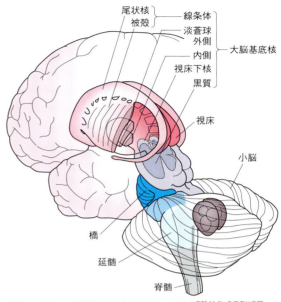

図 **11-3-2** 大脳基底核と錐体路の領域 文献11-5)を参考に作図

目の見えない人でも後頭葉の視覚連合野（図 11-3-1a）がはたらいている。指先で点字を読んだり音声を聞いたりするときにその視覚中枢が使われる。健常人でも目隠しし続けると，2日ほどのちには指先の触覚や聴覚の刺激で視覚中枢がはたらきだす。目隠しをとると数時間で元にもどる。

行動と錐体路

前頭葉の前部で意思決定された行動の指令は，後部の運動野に伝えられる（図11-3-1a）。運動野には0.1 mmもあるピラミッド形の**錐体細胞**があり，ベッツ巨細胞（Betz giant cell）とよばれる。この細胞からの指令は，神経繊維に沿って延髄と脊髄を通り，脊髄の前角で運動神経に伝わり，筋肉を動かす（図 11-3-2）。この途中，首の付け根のあたりの延髄で神経繊維は左右に交叉し，右脳からの信号は左側に移る。随意運動を司るこの経路を錐体路（pyramidal tract）という。

スポーツや楽器演奏を含め多くの行動は，熟達するとプログラムされ無意識に行えるようになる。このプログラミングは**大脳基底核**†などで行われるが，作られたプログラムは**小脳**に送られ，さらに練り上げられて保存され，必要に応じて実行される（11・1節）。したがって小脳は，運動プログラムのハードディスクだといえる。小脳が損傷を受けると**平衡感覚**や運動技能が低下し，歩行も千鳥足になる。

線条体（striatum）は大脳基底核の入力部位である。小脳とともに，錐体路による随意運動の調節中枢となっている。小脳が運動の時空間座標の演算を担当しているのに対し，大脳基底核は学習や記憶にもとづいて運動の企図や推進に関与している。線条体は脳のいろいろな部分から神経の入力を受けているが，なかでも中脳の**黒質**からの**ドーパミン**作動性の入力が重要である。円滑な運動にはドーパミンと**アセチルコリン**の2種類の神経伝達物質のバランスが肝腎である。ドーパミンが少なくなると**パーキンソン病**になり（前節），逆に多いと**ハンチントン舞踏病**になる。

† **大脳基底核**（basal nucleus）；大脳の底部にあり，大脳新皮質と視床・脳幹を結ぶ**神経核**の集まり。運動調節・動機づけ（やる気）・直観的判断などにはたらく。主に線条体（被殻と尾状核）と淡蒼球からなる。前頭葉とともに，青年期以降も成長（拡大）する領域である。線条体と関連が深い中脳の黒質も含めることがある。なお英語では"basal ganglia"ということが多いが，末梢における神経細胞体の集合体を**神経節**（ganglion, 複数形 -ia），中枢のそれを神経核（nucleus, 複数形 -ei）とよび分ける方が統一的である（11・1節）。

11・4　記憶と学習

記憶の種類

記憶（memory）には，意識にのぼる認知記憶あるいは**陳述記憶**（propositional m.）と，熟達した技能のように無意識でも行動を再現できるような「体で覚える」**手続き記憶**（procedural m.）がある．前者はさらに，人名・地名や単語の知識など脳内辞書のような**意味記憶**（semantic m.）と，出来事を順に覚えているような**エピソード記憶**（episodic m.）に分けられる．認知症になっても手続き記憶はあまり失われないし，健忘症患者の多くでは意味記憶は正常である．

人が一連の行動を滑らかに遂行できるのは，いま瞬間の状況を過去数十秒間の出来事と注意深く照らし合わせながら行動しているからであり，そのような**短期記憶**（short-term memory）は前頭連合野に保存される（図 11-3-1a）．その大部分は短時間で忘れ去るが，人の顔や道順などの情報の一部は**長期記憶**（long-term m.）として蓄えられる．その中間の期間の記憶，あるいは長期記憶の準備段階は，**海馬**を中心とする側頭葉内側部に関係が深い．海馬が破壊されると認知記憶ができなくなるが，昔の思い出など長期記憶や手続き記憶は失われない．長期の記憶は海馬ではなく大脳の連合野に蓄えられるらしい．

人の名前や電話番号を思い出すときは，長期記憶から引き出し短期記憶に戻して利用する．短期記憶から長期記憶への変換を増強するにはいくつかの方法がある．くり返し声に出して唱えること，**扁桃体**を活性化する楽しい（あるいは悲しい）感情を添うよう仕向けること，すでに長期記憶に定着していることを連想するように関連づけることなどである．英語を習得した経験があれば第二外国語も覚えやすいといった語学のセンスのように，あらかじめつけられた類似の道筋が新たな記憶を促進することもある．また，記憶の対象によってその領野は異なる．人間は左半球の頭頂葉前方で認識されるのに対し，動物は同葉のより低い中央部で認識され，物品は後方底部で認識される．

学習の神経機構

動物界における学習（learning）のモデル系として，アメフラシ *Aplysia californica* の鰓引っ込め反射の細胞機構が研究された（図 11-4-1a）．アメフラシの**神経細胞体**は直径が $0.2 \sim 1.0$ mm と哺乳類の10倍もあり，神経回路も単純なため，電極を使う電気生理学的実験にふさわしかった．アメフラシの水管に触れると，弱いながら鰓を引っ込める反射（reflex）がおこる．一方，尾に電撃刺激を受けると，鰓の引っ込め行動が激しくおこる．そこで，水管に触れた直後に電撃を与える実験をくり返すと反射が増強され，その後は水管に触れるだけで激しく鰓を引っ込めるようになる．このような現象を**感作**（sensitization）あるいは**条件反射**（conditioned r.）といい，学習の一形態である．

この学習は，水管の感覚神経と鰓の運動神経のあいだのシナプス伝達が，条件づけの尾の電撃刺激で増強されることによっておこる（同図 b）．水管の感覚神経は**軸索**を鰓

† **セロトニン（serotonin, 5-hydroxytryptamine, 5-HT）**；アミノ酸のトリプトファンから生合成されるモノアミン神経伝達物質．松果体ホルモンのメラトニンも 5-HT から誘導される（7・1節，11・1節）．ヒトでは鬱病や神経症などの精神疾患や偏頭痛の原因にも関わると考えられる．脳のシナプスで放出された 5-HT の再吸収を阻害する薬物が，これらの症状を改善する．また強烈な幻覚剤リゼルギン酸ジエチルアミド（LSD）は，5-HT 受容体のアンタゴニスト（カフェ〜アリス 7）として作用する．

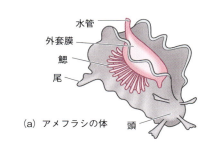

(a) アメフラシの体

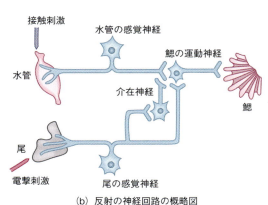

(b) 反射の神経回路の概略図

図 11-4-1　アメフラシの鰓引っ込め反射

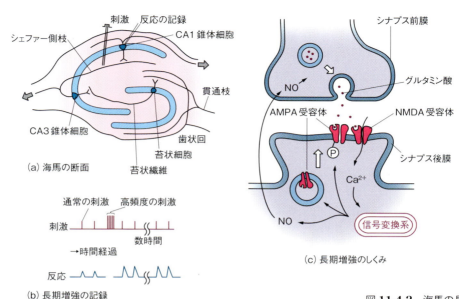

図 11-4-2　海馬の長期増強

の運動神経の細胞体に伸ばしシナプスを形成している．一方，尾の感覚神経は介在神経を介してそのシナプスの軸索末端（シナプス前膜）に接続している．尾に電撃を加えると介在神経は**セロトニン**[†]を放出する．するとそのシナプス前膜では，細胞内**信号変換系**がはたらいてKチャネルが閉じることにより，**脱分極**の持続が延長される（5・2節）．その結果Ca^{2+}の細胞内流入が増え，**神経伝達物質**の放出も増加する．運動神経の**活動電位**も頻度が高まり，鰓の引っ込め行動が増強される．

長期増強

哺乳類の脳において，長期増強（long term potentiation, LTP）という学習様式が知られている（図 11-4-2b）．シナプス前細胞に一時的に高頻度の活動電位を発生させると，シナプス伝達が増強され，しかもその効果が数日から数週間も続くという現象である．これは学習や記憶の基礎過程と見なされ，海馬を中心に盛んに研究されている（同図 a）．とくに，摘出した海馬体（海馬と歯状回を合わせた構造）のスライスが電気生理学的実験によく利用されている．そのシナプス前神経末端から放出されるのは，興奮性神経伝達物質のグルタミン酸（Glu）である．シナプス後膜には **Glu 受容体**[†]が2タイプあり，**NMDA 受容体**と **AMPA 受容体**とよばれる（同図 c）。

シナプス前細胞から分泌された Glu は AMPA 受容体に結合し，そのチャネルを開いてシナプス後細胞を脱分極させる．この脱分極は軸索の活動電位を誘導し電気信号を伝える．さて，Glu はもう1つの NMDA 受容体にも結合する．この受容体は，細胞に遍在する Mg^{2+} で遮断される性質があるため，Glu 結合だけではチャネルが開かないが，同時におこる AMPA 受容体による脱分極のために Mg^{2+} 遮断も解除されるため，開く．NMDA 受容体は通常の Na^+ と K^+ だけではなく Ca^{2+} も通すため，細胞内信号変換系が活性化される．この信号系は，AMPA 受容体をリン酸化して感度を高めるとともに，細胞内膜系から細胞膜への AMPA 受容体の動員も促進する．この信号系はさらに一酸化窒素 NO の産生も誘導し，シナプス前膜に拡散して Glu 分泌も増強する．NMDA 受容体はこのように，LTP という現象で中心的役割を果たすことから，学習や記憶の鍵になる膜タンパク質だと考えられる．

[†] **Glu 受容体**（glutamate receptor）；イオンチャネル内蔵型とGタンパク質共役型（GPCR）がある．後者は代謝型 Glu 受容体ともよばれる．前者は，特異的な**アゴニスト**（カフェオレのアリス 7）の種類によって3分類される．N-methyl-D-aspartate (NMDA) 受容体，α-amino-3-hydroxy-5-methyl-4-isoxazolepropionate (AMPA) 受容体，カイニン酸（kainate）受容体の3つである．ヒトの知性にも関わる受容体として，瀬名秀明のSF小説『BRAIN VALLEY（ブレインヴァレー）』でも主たる題材にされている．

11·5 知性と意識

前頭前野

11·3節で述べたペンフィールドは，前頭葉の後方と頭頂葉に機能の局在を発見したが，額のすぐ後ろの前頭葉の前部には何の反応も見つからなかった。この観察はこの部分が重要でないことを示しているのではなく，むしろ今では脳の様々な機能を統合する知能・感性・意識に深く関わる高次の**連合野**であると考えられている。

ペンフィールドから1世紀さかのぼる19世紀中頃，アメリカ東部の鉄道工事現場でダイナマイトの爆発事故がおこり，長さ1mの鉄の棒が労働者の頭を貫通した（図11-5-1）。左目の下から頭頂部を突き抜け，左前頭葉を中心に破壊した。奇跡的に一命をとりとめ回復したが，性格は劇的に変化した。当時の外科医の報告によると，もとは職場で優秀なリーダーと見なされていたが，気まぐれで衝動的で不道徳な人間に変わってしまった。ひどく頑固なこともありながら優柔不断で計画性に乏しい。このような観察から，前頭前野は統合的な人格の場であるとも考えられている。

前頭連合野には，側頭葉や頭頂葉の連合野から入力があり，ほとんどの感覚刺激に関して高次の処理を受けた情報が集まる。前頭葉内の運動連合野のほか，**大脳辺縁系・大脳基底核・視床・視床下部・中脳**などとも相互に連絡がある。大脳皮質全体の面積に占める**前頭前野の割合**[†]は，知能に関連している。

前頭前野の機能でとくに注目されるのは，**作業記憶**（working memory）である。数十秒保持される作業記憶とは，ふだん会話や文書を理解したり計画や計算や意志決定をしたりする一貫した思考の過程である。広い前頭前野のうちでもとくに優位半球（右利きなら左半球）の前方上外側がそのような自己意識の焦点らしい。

言語野

知的な思考は言語を用いることが多い。19世紀フランスの外科医ブローカ（Pierre Broca）は，言葉は理解するが話せない運動性失語患者を検死し，左半球の前頭葉の下部後方に損傷を発見した。顔の筋肉を支配する一次運動野の前方に隣接するこの部域は**ブローカ野**とよばれる（図11-3-1a）。同じく19世紀のドイツ人外科医ウェルニッケ（Karl Wernicke）は，左半球の側頭葉の外側で頭頂葉との境界に損傷があると言葉は話せるが理解はできないことを発見した。この感覚性失語患者は，発話のリズムや文法は自然なのに，話は意味をもたない。この部域は**ウェルニッケ野**とよばれる。

感覚性言語中枢のウェルニッケ野と運動性言語中枢のブローカ野は，成長の最初期には左右両方の脳で同じように発達するが，95％の人は5歳までに左半球に偏り，右半球の発話領域は身振りなど他の作業に使われるようになる。

意識の性質

意識（consciousness）とは，自分の行為や周りの状況などがわかっている状態のことである。広義には，知識・意志・感情など気づいている心理的現象の総体を指す。意識は個人的かつ主観的であり，内省によってのみ把握できる直接経験である。意識の状態は**連続的**[†]である。

ヒトも他の動物と同じく様々な生体活動を行っており

[†] **前頭前野の割合**；ネコでは3〜4%，イヌ7%，ニホンザル12%，チンパンジー17%なのに対し，ヒトでは29%に及ぶ。大脳のサイズも考え合わせると，前頭前野の面積の絶対値はヒトではチンパンジーの6倍にもなる。パスカルの瞑想録『パンセ』の言葉をもじれば，「人間は考える前頭前野である」といえるかも知れない。

[†] （意識は）**連続的**；対象を明瞭に意識している状態とまったく意識していない状態の間は連続的である。すなわち，意識の存否は**全か無か**（all or nothing）ではない。たとえば救急医療では，バイタルサインの1項目として「意識レベル」を判定する。意識は狭まったり（意識狭窄），曇ったり（意識暗化），濁ったり（意識混濁），ばらばらに解体したり（意識錯乱），夢のようになったり（夢幻状態）する。

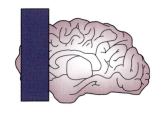

図 11-5-1　前頭前野の事故例　文献11-1a)を参考に作図

（3〜8章），その大部分を意識してはいない。消化や循環のように体内に閉ざされた活動や，細胞とか分子レベルの微視的活動はもちろん，**視覚**情報にもとづく反応でも瞳孔の開閉や心拍数の増減などは，無意識に行われる。脳機能のうちで意識が部分的であることを示すもう1つの現象に**盲視**（blindsight）がある。盲視とは，見ているという意識なしに，視覚刺激に何らかの応答をすることである。これが最初に認められたのは，第一次世界大戦で視力を失った兵士が，自分では気づかないまま銃弾を避けたことによる。その後多くの例が見つかった。一次視覚野（V1領域）を損傷した場合に発生し，正常な人でも経頭蓋磁気刺激（TMS）によるV1機能の遮断で実験的・可逆的に誘発できることがわかった。

また，左右両半球をつなぐ脳梁を切断した**分離脳**患者でも，左脳の指令による右腕の意識的な行為を，右脳の指令による左腕の無意識な動きが妨害するといった現象も，「意識」の限定性を示している。意識的に学習した自転車乗りやジャグリングでさえ，修得後は無意識的に滑らかに遂行できるようになり，意識するとかえってぎこちなく失敗しやすい。したがって意識は，長い生物進化の歴史の中で，神経系が出現し脳が発生し大脳新皮質が分化した末に，**創発的**（emergent）に付け加わった希有な特性である。

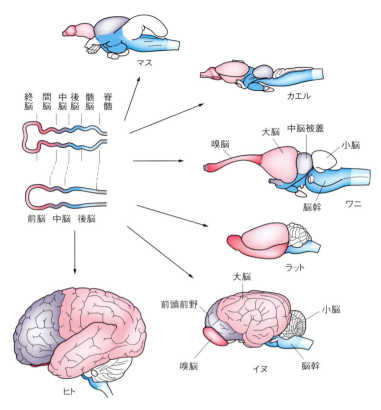

図 **11-5-2** 脊椎動物の脳の比較

意識研究

意識が内省でのみ把握できる主観的な性質だったことから，長いあいだ科学よりもむしろ哲学や宗教の領域で追究されてきた。しかし非侵襲的な脳機能的画像化技術が進んで，脳の活動をリアルタイムで計測できるようになり，意識の研究にも利用されるようになった。

最近の研究から，自意識が決断した結果として行動がその後に生じるという常識に反して，数百 ms の時間差で意識が脳内活動の後追いをすることがあることがわかった。このことから，意識は脳機能全般をモニター（監視）する機能であるという考えが出された。つまり意識は，行動をモニターした結果をフィードバックすることによって，その後の行動に反映させるという機能は果たせるが，各瞬間に行動を統率しているわけではない。意識が全精神活動の主人公だという感覚は，事後的な創作かもしれない。

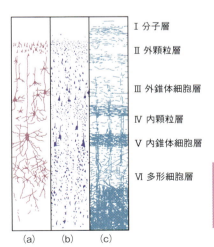

図 **11-5-3** 大脳新皮質の6層
(a) ゴルジ鍍銀染色，(b) ニッスル染色
(c) 髄鞘染色

科学革命と生物学

　高校の理科のうちで生物は文科系的な科目と見なされがちである。しかしここまでのカフェアリスで体験してもらったように，現代の生物学は数値計算や数学が必須である。今回は趣向を変えて，近代科学における位置づけというような，少し広い視野で生物学を眺めてみたい。

　暗く孤独な宇宙空間とは異なり，ヒトが住む青い地球は生命に満ちた躍動的な自然環境である。地球上で動くものの代表といえば陸海空の動物であり，変化するものの主役といえば成長し変態する動植物である。ヒトが興味をいだき観察の対象とするものの大半は，生物である。したがって人類が自然界を知覚し解釈する際のモデルや，現象の裏に読み取る原因には，生物的なものを当ててきた。雷や風のような無機的現象の背後にも，素朴な神や鬼など生物的表象を措定していた。

　アリストテレスの自然学は洗練され卓越した世界認識の体系だが，そこにも生き物の性格が深く刻印されている。運動の原因として彼は4種類を考えた。**質料因**（素材）・**形相因**（本質規定）・**目的因**・**始動因**（原動力）である。すなわち世界は，物質（素材）からなる物体がエネルギー（原動力）によって空間中を移動するだけではない。泣くことと乳を飲むことしかできない赤ん坊が，這えるようになり立ち上がり歩き，判断力を高めて大人に成長するように，世界の諸事物も目的をもち，あるべき姿（形相）に近づいていく。一方で，生命のない物体はみな受動的で，外力によって押されるか引かれるときだけ運動し，能動的な力を受けないときは静止する。

<u>問1　アリストテレスの自然学</u>　次の4つの事柄のうち，アリストテレスが実際に『動物誌』に記した事柄は，どれか。
1　動植物はみな親から生まれ，自然発生しない。
2　クジラやイルカは水生動物だが，胎生で肺呼吸をする。
3　ホヤ・イソギンチャク・カイメンは，いずれも植物に近いながら，動物である。
4　肉眼では見えず，レンズで拡大して初めて見える小さな生物（微生物）が存在する。

<u>解答例</u>　アリストテレスは，魚類などは自然発生することがあると書いている。また微生物の発見は，17世紀のレーウェンフックによる。正しいのは2と3。

　わが国の古事記や風土記，ギリシャ・ローマ神話などにも見られる諸民族の素朴な自然観は，アリストテレスの哲学より原始的ではあっても，やはり日常的になじみやすい生物を中心としている点は共通である。

　このように全人類に共通な物の見方から，17世紀のガリレオに代表される近代科学（物理学）を眺めると，それがずいぶん特殊な存在論や認識論にもとづいていることがわかる。彼の確立した力学では，物体の色や匂いのような豊かな属性（**第二性質**）を捨象し，大きさや形や位置など（**第一性質**）だけを重要な属性と見る。事物の本質を解明するには，空気抵抗のない真空や摩擦のない平面など，日常的な自然にはない奇妙な環境こそ理想的だとする。その結果，運動の本質は数学的に厳密に表現できた。そのような「理想的」条件下では，能動的な原動力がなくても，いや原動力という外力がないときこそ，物体は等速直線運動を続ける。風さやけく緑萌えるこの現実世界からはおよそかけ離れた荒涼たる世界を存在の基本としており，科学「革命」という激しいよび名がふさわしい。

　この物理学の生産性を支えているのが数学である。数学もまた，現実の世界に素直に密着しているというよりは，内部で整合的な独自の体系をなしている。体系の構造が拡張する際も，自然界の要素

を取り入れて豊かになるというのではなく，内的な論理の延長としての発展である．

<u>問2　指数の拡張</u>　2×2 のかけ算を指数では 2^2 と表現する．では 2^3 と 2^4 はそれぞれ何を意味するか．$n = 1, 2, 3, 4$ のときの $y = 2^n$ の値を y-n グラフに赤丸で書き込め．また，連続的な x の値について $y = 2^x$ の値を同じグラフに赤色破線で書き込め．

<u>解答例</u>　$2^3 = 2 \times 2 \times 2$, $2^4 = 2 \times 2 \times 2 \times 2$．$n = 1, 2, 3, 4$ のとき，それぞれ $y = 2, 4, 8, 16$ となり，グラフには4つの点が打たれる（図）．これらの点は，断続的ながら単調に上がっていくので，滑らかな線で結ぶことができるし，すべての実数 x について $y = 2^x$ を定義できる．すなわち x は，自然数だけではなく小数 1.4 でも分数 2/3 でも負の数 -5 でも，y を計算できる．

$2^3 = 2 \times 2 \times 2$ というようなもともとの定義では，x が自然数以外の場合を説明できないが，数学の**内的な整合性**から，指数の定義を実数全域に拡張しているわけである．これは指数関数に限らず，数学全体の性格である．小学校で戸惑う分数どうしの割り算も，中学校で悩む負の数どうしのかけ算も，高校で落ちこぼれる複素数も，同様な数学的拡張の所産である．この脱落から救われるためには，すべてを日常生活との直接的な対応に頼るのには無理がある．まず数学に閉じた論理の美しさを受け入れ，次に結果としての**生産性**や利用価値を納得する必要があるだろう．

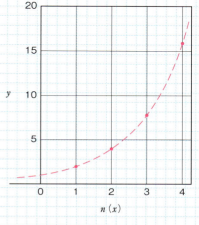

図　指数関数のグラフ

さて，ここから生物の世界に戻ろう．

現代の生物学は，近代科学の伝統に沿って**機械論**的（mechanistic）に追究され，華やかな成功を収めてきた．肉眼的なレベルではしくみ（mechanism）が理解できない現象も，分子のレベルでなら説明できる．その分子の性質は，現代物理学である量子力学に基礎を置いている．ただし生命現象の追究の過程で，生物学的機械論自体が柔軟性を帯び，歴史性や偶発性をまとって，変質もしてきた．この本でも 11・4 節までは，そのような生命現象の柔らかいメカニズムを学んできた．

神秘的な生物の**発生**（8章）や，多様な価値を創造する**進化**（9章）は，機械論では説明できないと長く思われてきた．しかしそれらさえ，19 世紀のダーウィンを源流とする進化学と，20 世紀に発展した遺伝子やゲノムの解明との組み合わせで，基本的な探求の道筋が見えてきた．あるいは説明の枠組みが整ってきたように見える．生物学ではさらに，動物の複雑な行動の研究がヒトの社会性や道徳性の解明にもつながり（12・2 節参照），人類文明の発展過程まで射程におさめ始めた（10・2 節）．自然科学とは別ものとされた社会科学や人文学など文科系の学問にまで越境するようになってきた．長く夢見られてきた人類知の全体的な統合が，生物学の発展で現実化してきたように思われる．

しかしなお，最後に残る「未知の南の大陸」(Terra Australis Incognita) が，ヒトの内的経験としての「**意識の世界**」である（11・5 節）．17 世紀に科学的探求からいったん脇に追いやられた色や匂いなどの「**第二性質**」も，動物の生理的メカニズムという形で科学に回収されたが (5・3 節)，その**クオリア**（qualia, 内観される生き生きした質感）の本質は，いまだ理解されていない．そもそもそれが科学の対象たりうるのかどうかという土台さえ疑問視されている．因果律の支配するこの宇宙で，**自由意志**にどういう根拠があるのかも不明である．この生物学的南極点にはどのような風景が広がるのか，そこに数学がどう関わるのか，興味深い空白地帯が残されている．

11 章のまとめと問題

まとめ

1. 脳は，脳脊髄液・3層の膜・頭蓋骨で守られている。ヒトでは全身の循環血の約 1/4 が，4本の動脈で脳に流れ込むが，血液脳関門で厳格なチェックを受ける。脳は前脳・中脳・後脳の3つの膨らみとして発生し，前脳は終脳（大脳）・間脳に，後脳は小脳・橋・延髄に，それぞれ分化する。大脳は皮質・髄質・基底核からなる。ヒトの皮質の大部分は新皮質だが，古皮質と原皮質もある。
2. 脳幹：一つながりの中脳・橋・延髄からなる。脳の中軸をなす。呼吸・心拍・消化など基本的な生命維持機能の中枢。上位の脳と脊髄を結ぶ軸索の通路でもある。
3. 小脳：運動の時間的・空間的な協調・平衡・統合の中枢。
4. 間脳：前脳で最初期に生じた部域。
    1) 視床；大脳と末梢を結ぶ感覚情報（嗅覚以外）と運動指令の入出力中枢。
    2) 視床下部；自律神経と内分泌を統括し，全身の恒常性と概日リズムを制御。本能的行動や情動の発現にも重要。
    3) 松果体；概日リズムを刻むメラトニンを放出する内分泌腺。
5. 大脳基底核：大脳新皮質と視床・脳幹を結ぶ神経核の集まり。
    1) 線条体；学習や記憶に基づいて運動を調節する中枢。
6. 大脳辺縁系：大脳の古皮質・原皮質と，それに対応する神経核。情動などの中枢。
    1) 扁桃体；好悪を判定する中枢。
    2) 側坐核；快感と意欲をわきおこす中枢。ドーパミン性入力があり，報酬系をなす。
    3) 海馬；記憶の中枢。とくに中期記憶あるいは長期記憶の準備段階。
    4) 嗅脳；嗅覚情報の入り口。他の感覚より情動や記憶に強い結びつきがある。
7. 大脳新皮質：知性・言語・学習・意志など高等な精神作用の中枢。感覚情報を統合し，行動の指令を発する。2半球（左・右）・4葉（前頭・側頭・後頭・頭頂）・3野（感覚・運動・連合）に分かれ，機能分化しているが，損傷を補うなどの可塑性もある。
    1) 言語野；運動性，左半球 前頭葉のブローカ野。
       感覚性，左半球 側頭葉のウェルニッケ野。
    2) 前頭前野；知能・作業記憶・意識に重要だと考えられる。

問　題

1. ヒトの中枢神経はどのような部分からなるか。10以上の名称とそれらの包含関係を答えよ。
2. 嗅覚とそれ以外の感覚が伝わる経路を対比せよ。
3. 大脳皮質の機能の局在の例を挙げよ。
4. 記憶の内容や期間と大脳内の部域との対応の例を挙げよ。
5. 「意識」や「自由意志」の複雑さや難しさを箇条書きにせよ。

膜輸送体（membrane transporter）；脳を含む神経系では多くの膜タンパク質が活躍する。電気信号の伝達にはたらくイオンチャネルやイオンポンプ（5・2節）および化学信号を受け取る受容体（7・3節）などがある。神経伝達物質を取り込み，濃縮する輸送体も重要であり，創薬の標的にもなっている。三環系抗うつ薬はノルアドレナリンとセロトニンを再吸収する輸送体の阻害薬であり，よりセロトニンに選択的な阻害薬 SSRI（プロザックなど）は抗うつ薬の第3世代とよばれている。

12章 生物集団と生態系
本当のエコとは多様性の価値

- 12・1 地球と生物圏　☞ p.156
- 12・2 動物の行動　☞ p.158
- 12・3 個体群　☞ p.160
- 12・4 群集　☞ p.162
- 12・5 生態系　☞ p.164

　生物は環境との間で絶えず相互作用しています。生物どうしの相互作用も重要な活動です。それらの生物の相互作用を研究する学問を**生態学**（ecology）といいます。日本語の「生態」は生きざまの意ですが，英語（欧語）の "ecology" の語源は，家を意味するギリシャ語の oikos に学問の語尾 logos をつけたものです。生態学の扱う範囲は広大ですが，地球環境問題の解決にも役立つ学問として注目され，**エコロジー**は日常生活でも耳慣れてきました。たとえば「エコな生活」とは，環境に負荷をかけない暮らしぶりを指しています。

　生態学は，対象の規模やレベルによっていくつかの分野に分けられます。個体（individual）を対象にする個体生態学（organismal ecology）には行動生態学（12・2節）も含まれます。個体より大きな階層を扱うものとして，**個体群**生態学（population e., 12・3節）・**群集**生態学（community e., 12・4節）・生態系生態学（ecosystem e., 12・5節）があります。最後に，地球上の**生態系**全体の集合である生物圏（biosphere）を扱う地球規模の生態学（12・1節）があります。

　この最後の章では，社会的な課題を考える上でも重要な，生物の相互作用について学びましょう。

12・1 地球と生物圏

生物にとっての**環境**（environment）には，温度・水・光など**非生物的**（abiotic）な物理化学的要因だけではなく，その生物を取り巻くすべての生き物という**生物的**（biotic）要因もある。地球上の生物の分布とその要因を調べる分野を生物地理学（biogeography）という。生物の分布は，現在の生物的・非生物的環境要因とともに，進化の道筋という歴史的制約にも支配されている。

歴史的要因

たとえばオーストラリアの**カンガルー**[†]は出現以来，海洋など地理的な障壁がその**分散**（dispersal）を妨げていて，他の大陸にはいない。種分化によって新しい種が発生すると（9・3節），その中心地から似た環境をたどって分散していく。生育に適した場所が遠隔地にあっても，その間に生育や移動を妨げる障壁があれば分布することはできない。

何が障壁になるかは生物によって異なる。飛行できる鳥はカンガルーより広い範囲に分布しうる。植物の場合，成体の繁茂や移動を妨げる障壁も，抵抗力の強いタネが動物に食べられて消化管内で運ばれたり，泳げない陸生小動物が流木で大洋を渡ったりすることもある。また現在は越境不可能な障壁にも，かつては回廊が開かれていた場合もある。実際，アフリカと南アメリカにおける生物種の分布パターンの連続性が，**大陸移動**の証拠の1つになった（10・1節）。

生物的要因

たとえば動物は，エサとなる草や被食者がいない場所には生育できないし，天敵の捕食者が多すぎる所では生き残れない。顕花植物の多くは，花粉を運んでくれる昆虫や小鳥が必要だが，幅広い動物種が媒介者になりうる場合には分布があまり制約されない。たいていの生態系では，多くの生物の間に複雑な相互関係があるので，あたらしく入り込んできた種は永続的な分布を確立できないことが多い。しかし，ヒトが意図的あるいは偶発的に持ち込んだ外来種が土着の種を駆逐して居座るケースもあり，生物の多様性（12・5節参照）を保全する観点から問題になっている。

非生物的要因

非生物的要因には水分・温度・日光・土壌などがある。細胞の活動は水（water）に支えられており（2章），栄養素の吸収や老廃物の排出も水溶液の形でなされる（6章）。陸上の生物は脱水の危険にさらされている。乾燥した砂漠には，特別な摂水・保水能力を備えた生物だけが生存できる。多くのタンパク質は45℃以上では変性するし，水は0℃以下で凍結してしまうので，**温度**[†]も大切である。

太陽光（sunlight）を直接エネルギー源として利用するのは，植物や藻類・**光合成細菌**などだけだが，間接的にはほとんどの生物がそれに依存する。水に入射する光は，水深1m当たり赤色光で45％，青色光でも2％が吸収されるので，光合成は水面近くでのみ行われる。ただし生物の死骸などの**バイオマス**は沈降するので，深海にも生物は分布する。また海底の熱水噴出口付近には，光合成には依存しない独自の生態系も見つかっている。この系は硫化水素 H_2S など無機物をエネルギー源とする細菌を基盤としている。光は一方で，動物の**視覚**にも重要である。

土壌（soil）や岩石の鉱物組成とpHは，そこに生える植物とそれを食べる動物の分布を規定する。それらの生物は逆に，土壌の有機栄養に寄与する。また風（wind）は，生物一般から熱や水分を喪失させるし，植物の形態にも影響を与える。

[†] **カンガルー（kangaroo）**：有袋類カンガルー科に属する動物の総称。最大のアカカンガルーのほか，ワラビー・キノボリカンガルーなど約50種を含む。オーストラリア・タスマニア・ニューギニアに分布する。後肢が発達しており，太い尾でバランスを取りながら跳躍し高速に移動できるのが特徴。ウシやヒツジの胃にはメタン生成古細菌が共生して温暖化ガスのメタンを大量に放出するが，カンガルーにはこの菌がいないため優秀な食肉とされ，オーストラリアではバーベキューやステーキ・ソーセージなどに利用される。

[†] **温度（temperature）**：内温性の哺乳類と鳥類は（10・1節），体内を環境とは異なる温度に保つことができる。しかしそれでも最高の機能を発揮できるのは，せいぜい上下数度以内にとどまる。ヒトがアフリカで誕生したあと，北のシベリアから南のフェゴ島まで世界中に分布できたのは（図10-2-2），保温性の高い住居と衣服を作れるようになったおかげである。

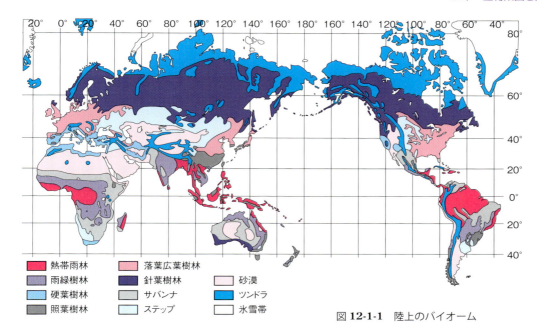

図 12-1-1　陸上のバイオーム

　土壌を除く水・温度・日光・風は，気候（climate）すなわちその地域で卓越した気象条件の 4 大要素である。とくに降水量と気温は，地球や地域規模の大気候（macroclimate）のもとで森林や草原の植生を決める 2 大要素である。倒木の下やモグラのほら穴などの微気候（microclimate）も，局所的な生物群集を決定づける。

バイオーム

　生態系の主要な型を**バイオーム**†という。水界のバイオームは，塩分濃度がふつう 1% 以下の淡水バイオームと，3% 以上の海水バイオームに分けられる。このうち海水バイオームは地球表面の 71% を占め，海の藻類と光合成細菌は，陸上植物に匹敵するほどの有機物と O_2 を地球に供給し，CO_2 を吸収する。

　陸上のバイオームでは，降水量と気温が最も決定的な要因となり，各種の森林や草原に分かれる（図 12-1-1）。通年で雨の多い赤道付近の熱帯は，3 大陸共通に常緑広葉樹の熱帯雨林（tropical rain forest）のジャングルである。その周りを，乾期に葉を落とす雨緑樹林，さらに熱帯草原のサバンナ（savanna）が囲む。

　暖温帯・冷温帯・亜寒帯と気温が下がるにつれ，森林†は常緑広葉樹林（evergreen broadleaf f.）・落葉広葉樹林（deciduous b. f.）・針葉樹林（coniferous f. タイガ）と推移する。常緑広葉樹林のうち，地中海沿岸など夏に乾燥する地域には硬葉樹林（sclerophyll f.）が分布し，夏に雨の多い中国南部から日本にかけては，表面に**クチクラ**が発達して広い葉が光る照葉樹林（laurel f.）が広がる。降水量の少ない乾燥地帯は温帯草原のステップ（steppe）になっている。

　寒帯の北極圏や高地は永久凍土でおおわれ，地衣類やコケ類・広葉性の草本などが大部分を占めるツンドラ（tundra）という荒地になっている。降水がきわめて少ない地域は，熱帯から亜寒帯まで砂漠（desert）で，散在する植生の多くは C_4 植物か **CAM** 植物に占められている（3・4 節）。

† **バイオーム（biome，生物群系）**；主に気候条件によって規定される景観に特徴づけられた生態系の地理的広がり。群集（community）の最も大きな単位。近い概念の生物相（biota）とは，ある地域に生息する全生物のこと。種のリストとして表現され，植物相（flora）・動物相（fauna）・微生物相（microbiota）からなる。ただし flower（花）と同根の "flora" の語感がいいので，3 つめを bacterial flora（細菌叢）とよぶ歴史的用語法を踏襲した「腸内フローラ」などの語も愛用される。

† **森林（forest）**；日本の国土は狭いが南北に長いので，国内で多くのバイオームを見ることができる。針葉樹林ではカラマツなどが主であり，落葉広葉樹林ではブナ，常緑広葉樹の照葉樹林ではシイやカシの林が広がる。同じ常緑広葉樹林でも，硬葉樹林にはオリーブやコルクガシが多い。

12・2　動物の行動

　動物の行動（behavior）を環境との相互作用として研究する分野を，**行動生態学**（behavioral ecology）という。この分野は，ゴリラなど絶滅危惧種の保護や，鳥・豚インフルエンザなど新興感染症の予防にも利用される。また，行動学（ethology）や社会生物学（sociobiology）などとも広く重なる。

行動の要因

　行動も手足の形状や羽毛の色などと同様に，動物の**表現型**（4・1節）の1つである。行動の原因には**至近要因**と**究極要因**[†]がある。至近要因とは，環境の刺激や生物側の形態的・生理的・生化学的しくみのように，直接的な原因である。個体の発生や成熟の過程が行動に及ぼす影響（発達要因）も，至近的である。一方，究極要因とは，行動が生物の生存や増殖に対してもつ機能のことである。祖先から進化する過程が行動に及ぼした影響（進化要因）も，究極的な側に入る。

　動物の行動はいずれも，**遺伝要因**と**環境要因**の複雑な相互作用によって発現される。同じ遺伝子型をもつ複数の個体や，同一の種に属する多数の個体が，自然環境下で示す行動の幅には，程度の差がある。その幅が狭く固定された行動は，遺伝要因の影響が強く，**生得的行動**（innate behavior）とよばれる。

　その1つに**走性**（taxis）がある。水中の単細胞生物は栄養物質に向かい（正の走性），有害物質から遠ざかる（負の走性）。マスなどの魚がいつも自動的に川上に向くのは，水の流れに対する走性であり，流離を避けエサを迎えるのに適する。

　イトヨという魚の雄は，縄張りに侵入してくる他の雄を攻撃する（図 12-2-1）。この攻撃の至近要因は腹部の赤色であり，腹が赤くない雌は攻撃しない。一方，形の単純な模型でも，下部が赤いだけで機械的に攻撃する。このような生得的行動を**固定的動作パターン**（fixed action pattern，いわゆる**本能**）という。ガンのひなは母親の後をついて歩く。これは，孵化後の最初の数時間を一緒に過ごした動くものを追う行動であり，それが飼育者でも成立する。この現象は**刷り込み**（imprinting）とよばれる。行動の枠組みは生得的だが，行動の引き金だけは学習で獲得される。

学習と知性

　環境要因が強力にはたらく学習（learning）は，走性や刷り込みより複雑な認知行動である。ジガバチは巣穴のまわりの松かさなどを地標（landmark）にして，空間学習する（図 12-2-2）。ミツバチは10ほどの地標を覚え，巣や花を定位する認知地図（cognitive map）を作る。オオカバマダラという蝶の幼虫は，白黒の鮮やかな横縞模様をもち，体内にアルカロイド毒を蓄える。鳥やネズミがこの幼虫に遭遇すると，はじめは食べるがまずくて吐き出し，その後は模様を見ただけで避けるようになる。対象がもつある属性（模様）を，別の属性（有毒）に結びつけて認知する能力を**連合学習**（associate learning）とよぶ。

　イヌが肉を見ると唾液が出るのは，生来の**無条件反射**（unconditioned reflex）だが，肉を見せると同時にベルを鳴らしているとそのうちベルが鳴っただけで唾液が分泌されるようになるのは，アメフラシの鰓引っ込め行動と同様，**条件反射**である（11・4節）。これらは**古典的条件づけ**（classical conditioning）ともよばれる連合学習である。一方，絶食したネズミを箱に入れ，ブザーが鳴ったときにレバーを押したらエサが出てくる

[†] **至近要因**（proximate cause）と**究極要因**（ultimate c.）；鳥の渡りを例にとる。狭義の至近要因；日照時間の変化やそれを感じてホルモン分泌を変化させるしくみなど。発達要因；飛行距離や目的地がどの程度遺伝的でどの程度学習によるかなど。狭義の究極要因；エネルギーの消耗や天敵との遭遇など大きなコストを払ってまでなぜ長距離渡るのかなど。進化要因；もともとは繁殖期と非繁殖期の適地は近かったのに，気候変動や大陸移動で離れるにつれ，飛行距離が徐々に伸びたことなど。

(a) 写実的だが腹の赤くない模型

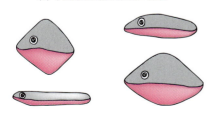

(b) 形は単純だが腹の赤い模型

図 **12-2-1**　イトヨの生得的行動

ようにしておくと，この条件を認知してブザー音でレバー押しの頻度が高まる。このような**オペラント条件づけ**（operant c.）は，試行錯誤（trial and error）学習ともよばれ，子どものしつけや社会的リハビリテーション・e-ラーニングなどにも応用されている。

他の個体の行動をまねるのは，さらに高度な学習である。ギニアの野生のチンパンジーは，2つの石をハンマーと鉄床のように使ってアブラヤシの実を割る。若いサルは，年上のサルの行動を観察し，模倣して学習する。ニホンザルが海水でイモを洗う行動とともに，このような**社会的学習**（social learning）は**文化**（culture）の起源である。

チンパンジーは，手の届かない高さにバナナが吊るされていると，床に置かれた箱を集めて積み重ねて踏み台にする。このように，お手本なしで新規にとる問題解決行動は，イルカ類やカラス類にも見られ，学習を超えた知性と見ることができる。

利他行動と道徳性

動物の行動の大部分は，その個体の生存と繁殖に利益となり，競争者に損失を与える利己的なものである。しかし中には，自己の**適応度**（fitness）を犠牲にして，他の個体の適応度を上げる**利他行動**†をとることもある。北米のプレーリーに集団ですむベルディングジリスは，コヨーテやタカなどの天敵を見つけると，警戒音を発して仲間に知らせる。仲間は巣穴に避難できるが，発信者本人は天敵の注意を引き，捕まる危険性を高めてしまう。

動物によっては，血縁のない個体に対して利他行動をとるものもある。ヒヒは非血縁者を助けて闘い，オオカミはエサを分け与えることがある。助けた相手が後でお返ししてくれるなら，その行動は適応的であり，**互恵的利他行動**（reciprocal a.）という。このような**互恵行動**が成り立つためには，3つの条件がある。相手と何度も付き合いをくり返す集団をなし，互いに個体を識別し記憶する能力があり，受け手の利益の総体が行為者の損失の総体を上回る場合に，互恵的利他行動は子孫に伝わる。

ヒトの社会的学習や互恵行動の基盤に**ミラーニューロン**（mirror neuron）があると考えられる。ミラーニューロンとは，他個体の行動を見る際に，自分が同じ行動をとっているのと同様の活動電位を発生させる神経細胞である。ヒトやサルの前運動野と下頭頂皮質にこのような「鏡」の性質をもつ細胞があり，他者に**共感**（empathy）する能力を司っていると考えられる。他者の行動や表情の背景に，意図や欲求・信念・思考など心の動きを推察し理解する機能を**心の理論**（theory of mind, TOM）という。ミラーニューロンは，霊長類が心の理論をもつことができる脳内メカニズムの1つと見られる。

さらにヒトの場合は，一度しか出会わない相手に対しても利他行動をとることがある。これは，**間接的互恵性**（indirect reciprocity）として説明される。直接には出会うことのない個体に関する情報も流通する，高度なコミュニケーション社会では，善良であるという評判が第三者からの間接的な見返りを引き出しうる。これがヒトの道徳性の起源だと考えられる。さらにいかなる意味でも見返りを求めない理想的な道徳性は，生物学から離れた，自由意志をもつ個人の高貴な魂である。

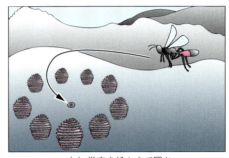

(a) 巣穴を松かさで囲む

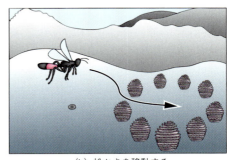

(b) 松かさを移動する

図 12-2-2　ジガバチの地標の学習 文献2）を参考に作図

† **利他行動**（altruism）；利他性は，**血縁選択**（kin selection）を考慮に入れる**包括的適応度**（inclusive f.）で説明できる。群れには親きょうだいのように遺伝子を共有する血縁者が含まれている。親や兄弟姉妹はゲノムの半分を共有するため，それらを生き延びさせれば自分の子を残すのと同様の効果がある。したがって血縁者を助ける利点が，自らを犠牲にする危険度を上回るような利他行動を表現型として発揮するゲノムは，その行動を惹起しないゲノムより後の世代に広まりやすい。

12・3 個体群

個体の分布

個体群(population)とは，特定の地域に生息する1つの種の集団のことであり(12・1節)，環境を共有して互いにかかわり合いながら生存し繁殖する。この地域とは，1つの湖など自然の単位でもいいし，研究の目的に応じてなかば人為的に境界を設けることもある。

個体群では，個体数の増減と分布(dispersion)様式が問題になる。分布様式のうち，最も一般的なのは**集中分布**（clumped d.）で，倒木に群生するキノコのように，多くの菌類や植物は栄養など環境要因の適する所に集合する。動物では集団行動のために群れをなすことが多い。狩りのために小さな群れをなす**オオカミ**[†]や，防衛のために大きな集団を作るウシやカバのような偶蹄類などがある。オウサマペンギンのように大洋の島で暮らす鳥は**一様分布**（uniform d.）しがちである。一般に**縄張り**（territory）をつくる動物はこの分布になりやすいが，その単位は数匹の家族であることが多い。広原に風でタネを散らすタンポポのように，環境が均一で個体間相互作用の弱い場合は**ランダム分布**（random d.）になることがある。

ロジスティック増殖

個体数の増減を考えるための土台として，単純化された数学的モデルが利用される。このモデルでは，移入（immigration）と移出（emigration）のない集団の，出生と死亡に焦点を当てる。一個体当たりの出生率から死亡率を差し引いた増加率（rate of increase per capita）rで個体数Nを表す。ハツカネズミが毎月1回の出産で増えるとすると，nか月後の個体数Nは，

$$N = N_0(1 + r)^n$$

と表される。ここでN_0はNの初期値である。N_0がつがいの2匹で，毎回8匹出産するなら，1か月後には$N = 2 \times (1 + 4)^1 = 10$匹になり，1年後には約25万匹と爆発的に（ねずみ算式に）増える。この離散的な等比級数（幾何級数）を，解析的に扱えるように変形し，連続的な時間tを使って微分方程式で表すと，

$$dN/dt = rN$$

となる。この式を解くと$N = N_0 e^{rt}$であり，**指数関数的増殖**（exponential growth）になる（図 12-3-1）。細菌が20分ごとに二分裂すると2日間で地球の重量を遥かに超

[†] **オオカミ（wolf）**；ネコ目イヌ科に属するタイリクオオカミ（学名 *Canis lupus*）のこと。肉食でシカ・イノシシ・ネズミなどを狩る。雌雄のつがいを中心に子孫やきょうだいを含む2〜20頭の小さな群れで縄張りをつくる。順位制が厳しく，各種の共同作戦をとる。約1万5千年前に東アジアの草原で家畜化され，イヌ（亜種 *C. lupus familiaris*）が分岐した。一方，原種のオオカミは，世界で害獣として駆逐された。ロッキー山脈のイエローストーンでも1970年代に絶滅したが，エルク（大型シカ）が増え過ぎて植生が荒れ，連鎖的にビーバーやキツネも激減した。95年カナダから再導入され，植生や小動物も回復した。

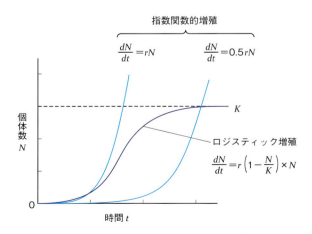

図 **12-3-1** 個体群の増殖の2つのモデル

えるという計算からもわかるように（カフェ☕クリス 9問3）、この増殖モデルは資源やスペースなどの環境が無制限という極端な場合の解である。

実際には、1つの生息場所に許される個体数には限りがある。ある特定の環境で生きられる個体数の上限を**環境収容力**（carrying capacity）とよび、K で表す。N の増加とともに r 自体が減少し、N が K に近づくと r は0に近づくよう $r' = r(1 - N/K)$ と仮定すると、

$$dN/dt = r(1 - N/K)N$$

N-t グラフは指数関数的に立ち上がり、そのあと傾きが衰えて K で飽和するS字曲線（sigmoidal curve）となる（図 12-3-1）。K を加味したこの変形モデルを、**ロジスティック増殖**[†]モデルという。K は種に固定した値ではなく、気候や資源の豊富さ・天敵の数などに依存し、空間的にも時間的にも様々な数値をとる。

ヒト個体群の増殖

ヒトという種の個体数は、あたかも指数関数的増殖モデルに合うかのように急激に増加した（図 12-3-2a）。むしろ世紀を経るにつれ増加率 r の増加する、さらに爆発的な増加だった。1650年に約5億人だった人口は、次の2世紀間に倍増して10億人になった。次の倍増は80年間でおこり、1975年にはさらに倍増して40億人を超えた。2015年には73億人と見積もられている。しかしこの間の1960年代から、r は下がり始めている（図 12-3-2b）。1962年の年率2.2％増をピークにこれまでに半減しており、2050年には0.5％台まで下がると推定される。

r 戦略と K 戦略

生物の増殖戦略について、r 戦略（r-strategy）と K 戦略（K-s.）という対比が語られる。r は上述の変数、増加率で、K は密度依存性の出生率と死亡率が一致する際のその密度（平衡点）であり、環境収容力とよばれる。速くたくさんの子を生み増加率を高くする生き方を r 戦略という。一方、混雑に耐えライバルとの競争を勝ち抜き、最終的に到達する個体密度を大きく安定に維持する生き方を K 戦略という。極地のように物理化学的環境が厳しく気候変動が激しい場合には r 戦略が選ばれ、熱帯雨林のように環境条件は生育に適しており、主な脅威が種間競争である場合には、少数の子を確実に育てる K 戦略が採られがちである。

r 戦略は、小さな卵をたくさん生んで急速な増殖を図る**小卵多産戦略**に対応し、K 戦略は、少数の卵に栄養をたっぷり与えて安定に育てる**大卵少産戦略**に対応しうる。また繁殖回数の対比として、前者は河川を遡上するサケのように生涯ただ1回の繁殖機会に多数の卵を生んで死ぬ**一回繁殖**（semelparity、ビッグバン繁殖）と、後者は長寿命のトカゲのように少数の大きな卵を毎年産卵する**多数回繁殖**（iteroparity、反復繁殖）と関係づけうる。いずれの対比においても後者の方が、1匹の子を失った場合の損失が相対的に大きいので、親による子の保護が発達する傾向にある。

[†] **ロジスティック増殖**（logistic growth）；実験室における細菌・酵母などの微生物や甲虫などの小動物はこのロジスティック増殖モデルによく合うが、種類や生育条件によってぴったりとは当てはまらない場合も多い。たとえば小規模に培養したミジンコは、一時的に K を超えるオーバーシュートが観察される。しかし基本的な生育要因を解析したり、より複雑なモデルの土台にしたりするのに有用である。

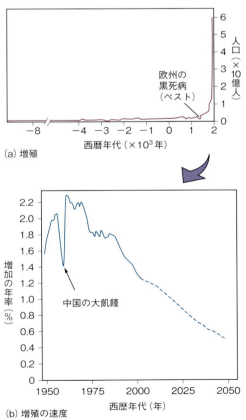

図 12-3-2　ヒト個体群の増殖と増殖率　文献2）を参考に作図

12・4 群集

種間相互作用

群集（community）は特定の地域に生息するすべての種の集団であり，種間相互作用（interspecific interaction）が重要になる。2種間の相互作用には，競争・捕食・草食・共生・病気などがある。これらを，**適応度**への影響の正負の組み合わせで分類すると，整理が単純になる。2種それぞれの生存や繁殖に有利なら＋，不利なら－，中間なら0で表す。個体間の個別の闘争は，勝者と敗者で＋/－に分かれることもあるが，総量が限定された資源を取り合う種間の競争（competition）は，両者がエネルギーを消耗し適応度が下がるので－/－である。

ある種が享受しうる生物的および非生物的資源の総体を**ニッチ**（ecological niche, **生態的地位**）という。たとえばホンドギツネのニッチは，ある範囲の気候や地形・夏場の被食動物・冬場の残存果実など，多くの構成要素からなる。要素の一部が異なるニッチは，他種のキタキツネやベニキツネが占める。2種が同じ資源を取り合った結果，一方が駆逐されることを競争的排除（competitive exclusion）とよぶ。2種に差があれば共存することもあり，競争種がいる場合の実現ニッチは，競争種がいない場合の本来の基本ニッチからずれる。進化によって共存関係が進めば，すみわけや食いわけなどのニッチ分割（niche partitioning）がおこる。

捕食と共生

一方の種が他方の種を殺して食べる捕食（predation）は，＋/－の相互作用のうちでも極端なケースである。捕食種は爪・歯牙・毒針などの攻撃力を磨き，被食種も集団化・警戒音・**毒素**†蓄積などで防衛する。両者ともに，相手に気づかれないように地面や植物に似せた色彩や形態をとる**擬態**（mimicry）で身を隠すものがある。また被食種には，有毒な他種の外観に似せた色や形をとるベーツ擬態（Batesian m.）や，有毒な種どうしが互いに模倣するミュラー擬態（Müllerian m.）で身を守るものもある。草食（herbivory）は，草食動物が植物や藻類を食べる＋/－の相互作用である。

寄生者（parasite）が宿主（host）から養分を奪い取る寄生（parasitism）も＋/－相互作用ではあるが，捕食と違い両種がともに生存し続けることから，生態学では相利共生（mutualism，＋/＋）や片利共生（commensalism，＋/0）とともに，2種の生物が互いに密着した生活をする共生（symbiosis）のうちの1様式として位置づけられる。病原体（pathogen）も，多くは宿主に対し＋/－相互作用をする寄生者と似ているが，一部は宿主を死に至らしめる点で捕食者に似る。

食物連鎖と食物網

群集全体の構造と動態は，多数の種の間の相互作用とくに摂食関係に依存している。群集の栄養構造（trophic structure）としては食物連鎖（food chain）が代表的である（図12-4-1）。生物のエネルギーは，太陽光を利用する植物や藻類・光合成細菌など**独立**

† **毒素**（toxin）；生命活動に不都合をおこす物質の総称を毒物（poison, 毒）という。そのうち生物の産生する毒物を毒素（toxin），動物の毒腺で産生される毒素を毒液（venom）という。毒素にはペプチド（イモガイの貝毒コノトキシン）・アルカロイド（フグ毒のテトロドトキシン）・ステロイド（キツネノテブクロの植物毒ジギトキシン）などがある。コレラ毒素やボツリヌス毒素など病原細菌の毒素はペプチドが多い。しかしジギトキシンの強心作用やモルヒネの鎮痛作用など，毒と薬は紙一重である。

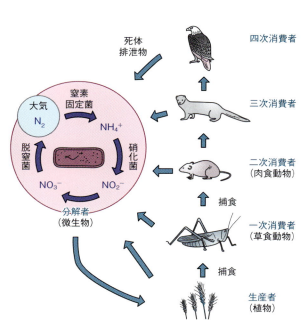

図12-4-1　食物連鎖と窒素循環

栄養（9・5節）の**生産者**（producer）から一次**消費者**（primary consumer）である草食動物を経て二次消費者（secondary c.）の肉食動物，さらに三次・四次の消費者へ渡り，最後に生命のない死体や糞・落ち葉・倒木など有機堆積物（detritus）からエネルギーを得る真菌や細菌など**分解者**（decomposer）に至る。消費者と分解者はともに**従属栄養**（9・5節）である。現実の栄養構造の多くは，単線的な鎖ではなく，もっと複雑な食物網（food web）をなしている（図 12-4-2）。

食物連鎖は多段階だとはいえ，生産者から最上位まで7段階以上の群集は稀で，多くの場合は5段階以下である。群集には多数の種が属するが，全体を代表する主要な種もある。**個体群**の全個体数や総重量（生物体量）がもっとも豊富なため，他種の消長や群集構造を支配する種を**優占種**（dominant species）という。量的には少なくても，その種の存否が他の多くの種や群集構造に強く影響する種を**キーストーン種**（keystone s.）という。

撹乱と遷移

生物群集は静的な安定状態にあるわけではないし，動的平衡（dynamic equilibrium）の均衡状態にあるわけでさえなく，つねづね嵐や山火事・洪水・干ばつなどによって大小の**撹乱**（disturbance）を受け変化し続けている。撹乱は一方的に悪影響を与えるばかりではなく，それまで生息場所のなかった種にニッチを与え，植生をパッチ状に変えて生物多様性を増すこともある。ただし過放牧や焼き畑農業・鉱工業・都市開発など，ヒトによる撹乱は群を抜いて激しい。

撹乱を受けた場所では，以前からいた種が復活し，他所から新たな種が入植し，それらが徐々に他の種に置き換わるという**遷移**†をおこしていく。一次遷移の場所に最初からいる生物は，ほとんど独立栄養の細菌や古細菌だけであり，風が運ぶ胞子から育つ地衣類やコケ類などの光合成生物が最初に入植する。厳しい条件に耐えるこれらの先駆種が有機堆積物となり，また岩石が風化してしだいに土壌が蓄積されると，タネから育つ草や木が入植し始める。植物の根は風化を促進し，有機堆積物は土壌の栄養と保水力を高め，生育できる植物の種類が増す。草原に生える最初の樹木は，明るい環境で速く成長する陽樹だが，それが茂って地面に届く光が減ると，暗い所でも生育できる陰樹に置き換わっていく。移入する動物も増え食物網が多段階化し，群集は豊かになっていく。遷移の最後に達する安定な群集を**極相**（climax）という。二次遷移では，土壌が存在し種子や地下茎が残っているので，遷移はより速く進行する。

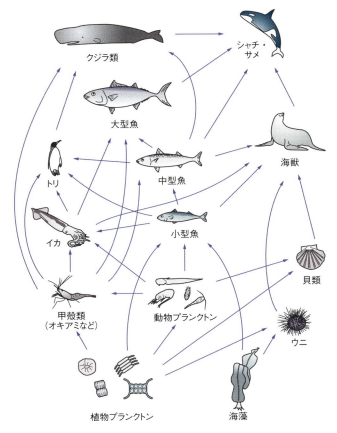

図 12-4-2　海洋の食物網

† **遷移**（succession）；溶岩や噴出物でおおわれた新しい火山島や，氷河が後退した後の土手状地形（モレーン）のように，生物がまったくいなくて土壌がまだ形成されていない地域で新たに始まる遷移を一次遷移（primary s.）という。これに対し森林火災の跡地のように，土壌がそのまま残った地域でおこる遷移を二次遷移（secondary s.）という。

12・5 生態系

生物からなる群集と非生物的要素を合わせて生態系（ecosystem, ecological system）という。生態系も個体群や群集と同様，明確な境界線があるわけではなく，森や湖のようにゆるやかな自然の境界や人為的な区画で考える。生態系は，土壌・水・大気など非生物的要素と群集との間に**エネルギー流**（energy flow）と**物質循環**（material cycling）のある開放系である。

エネルギー流

海底熱水口を除き（12・1節），ほとんどの生態系には，エネルギーは日光として流入する（図 12-5-1）。太陽から地球が受ける放射エネルギー量は毎日 10^{22} J である。その 0.8％が光合成生物の炭酸同化（3・4節）によって化学エネルギーに変換され，食物網（12・4節）によって物質とともに他の生物に分配される。

熱力学の第2法則にもとづけば，現実のエネルギー変換過程の効率は 100％ ではなく，エネルギーの一部は必ず熱として放散される。生態系で生産者から一次・二次・三次の消費者へと順次渡されるエネルギー量は，急激に減っていく。炭素や窒素などの元素や，それらを含む天然物質は，生物要素と非生物要素の間で循環するのに対し，エネルギーは一方的に流れ行くのみで，最後は熱として放散する。

生態系のエネルギー流は，**生物体量**（biomass，**バイオマス**）の単位時間当たりの物質収支として表すことができる（図 12-5-2）。生産者は，同化産物の総量すなわち総一次生産量（gross primary production）の一部を，自らの細胞呼吸の燃料として消費するので，その呼吸量を差し引いたものが純一次生産量（net p. p.）となる。

生態ピラミッド

純生産量を総生産量（あるいは同化量）で割った商を，その栄養段階の**生産効率**（production efficiency）とよぶ。**内温性**の哺乳類や鳥類は，体温を維持するために多大なエネルギーを消費するため，生産効率は 1〜3％ と低い。**外温性**の魚類では約 10％，昆虫は平均で 40％ と高い。生産効率は，単段階の生物に関する指標なのに対し，生態系の全体的性格を表す指標として，ある栄養段階の純生産量をその前段階の純生産量で割った商を**栄養効率**（trophic e.）とよぶ。呼吸によって消費される分だけではなく，次の段階に移されなかった分も差し引くので，この栄養効率は生産効率よりも小さい。生態系によって大きな幅があるが，ふつう 5〜20％ 程度である。

各栄養段階の純生産量や生物体量あるいは個体数を縦に積み重ねると，ふつうは急激に先細りになるピラミッド型になる。これを**生態ピラミッド**とよぶ。各段階の栄養効率が 10％ だとすると，生産者に対して三次消費者の生産量は 0.1％ になる。**食物連鎖**がほとん

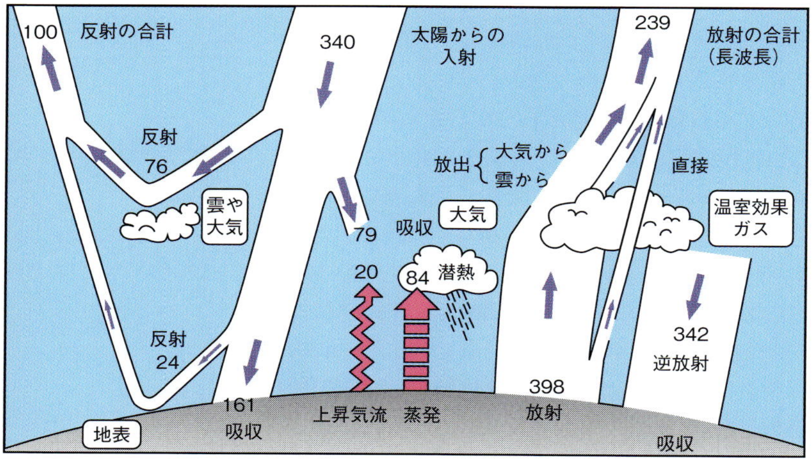

---

†**生物多様性**（biodiversity）；生物多様性に関する議論は多くの場合，種多様性に集中している。人類の活動を主な原因として絶滅（extinct）の危機に瀕している種が多く，国際自然保護連合によれば，哺乳類約 5500 種のうち 22％，鳥類約 1 万種のうち 13％ が**絶滅危機種**（threatened species）とされている。それらは危険性の高さによって近絶滅（critically endangered, CR, ⅠA類）・絶滅危惧（endangerd, EN, ⅠB類）・危急（vulnerable, VU, Ⅱ類）に分類される。（以上は，同連合の分類と訳語）

図 **12-5-1** 地球のエネルギー流
入射する太陽エネルギーの約半分が地表まで届く。地表と大気の間でのやりとりも大きい。単位は W・m^{-2}。文献 12-2) を参考に作図

ど5段階を超えない理由は，これで説明できる。ヒトが肉食を節制して精進料理だけを食べる菜食主義者になれば，地球生態系への負荷は軽くなる。

物質循環

生態系のエネルギーは太陽からの入射のおかげで枯渇することはないが，元素は限りある量を循環させることでまかなっている。物質循環には生物要素と非生物要素がともに関与することから，**生物地球化学的循環**（biogeochemical cycle）ともよばれる。物質循環には局所的なものと地球規模のものがある。主要な元素 C，O，N，S は，それぞれ気体の化学種を含むので，いずれも地球規模の循環になる。それに対し，P，K，Ca などはふつう，より局所的に循環する。

CO_2 は重要な温暖化ガスであり，ヒトの活動によって化石燃料から大気中に放出され増加しているため，その削減が国際的な課題になっている。窒素 N はタンパク質と核酸の構成元素であり，すべての生物の生育に重要な栄養素である（1・1節）。生態系の窒素循環では，窒素固定菌・硝化菌・脱窒菌の3群の微生物が重要である（図 12-4-1）。

生物の増殖の限定要因になっている元素を**制限栄養素**（limiting nutrient）という。P と N は陸と海の生態系の主要な制限栄養素である。海洋では深海に豊富なため，南極海やペルー沖など海流の湧昇域は優れた漁場となる一方で，都市や農場・工場の排水の流入する沿岸域では，**富栄養化**（eutrophication）による藻類の異常発生がおこることがある。サルガッソ海や北太平洋亜寒帯域などの海域では，Fe が制限栄養素になっており，地球規模の気候変動における Fe の重要性も指摘されている。

生物多様性

生物多様性†には3つの階層がある。あえて実用面の意義を挙げれば，まず種内の**遺伝的多様性**（genetic d.）は，**農作物**†の品種改良のための遺伝子資源などとしても有用である。第2の**種多様性**（species d.）は，**抗がん薬**†など医薬品を開発するための新規な化合物の起源などとして期待される。景観（landscape）として表される第3の**生態系の多様性**（ecosystem d.）は，それら2つを支える土台である。

生物多様性が高いにもかかわらず人類によって消失の危機に瀕している地域を**生物多様性ホットスポット**（biodiversity hot spot）とよぶ。マダガスカル島・スンダランド（スマトラ・ジャワ・ボルネオ島）・中国南西部山岳地帯・ニュージーランド・中米地峡部など25か所は，陸地面積の1.4%を占めるに過ぎないのに，魚類を除く脊椎動物や維管束植物の全種数の3分の1以上が生息し，固有種も多い。

人類文明は，現在と過去の生物エネルギーに頼って発展してきた。古代と中世の諸文明は，現存する植物に由来する木材を燃やして得たエネルギーで鉄を精錬した。18～19世紀には，古生代の陸上植物が埋蔵してできた石炭を利用して産業革命と重化学工業化を進めた。20世紀には，海の藻類や微生物などに由来するらしい石油を使って豊かで便利な現代文明を営んでいる。その反面，生物の多様性を大きく損なってきた。われわれは多様性に満ちたこの地球生態系を，先祖からの贈り物ではなく子供たちからの預かり物と考え，その保全に努める責務がある。

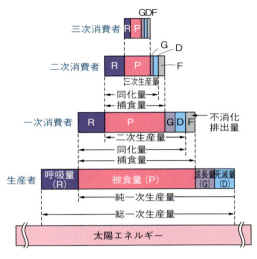

図 **12-5-2** 生態ピラミッド

†**農作物**（crop）；農作物の遺伝的多様性は，日本でとくに軽視されている。たとえば，大根といえば青首大根の栽培面積が広すぎるため，地方品種の花にその花粉がかかって雑種化し，維持しにくい。これには，国土が狭すぎて農地に余裕が乏しいことも関係している。

†**抗がん薬**（anticancer drug）；化学療法薬とよぶことも多い。ビンブラスチンとビンクリスチンは西アフリカ諸島（マダガスカル）原産のニチニチソウから単離されたアルカロイドであり，微小管のチューブリンに結合して脱重合させ，細胞周期を分裂中期で停止させる。パクリタキセル（タキソール）は，太平洋イチイの樹皮から単離された。その後，より大量にあるヨーロッパイチイの葉から抽出したバッカチンを修飾する半合成法で製造している。

分子から地球へつなぐ回路

　計算問題に親しむことの利点の1つに，**分子や細胞のレベルから地球レベルまで**規模の全然違う現象を，互いに関連づけて考えられることがある。CO_2 の問題を例にとると，細胞や個体レベルの代謝と，大気全体の温暖化ガスの議論をつないで考察しうる。

<u>問1　ヒトの代謝</u>　ヒトが所要エネルギーをすべてグルコースの分解で得ているとすると，1日に何 L の CO_2 を排出することになるか。ヒトのエネルギー所要量は平均 $2000\,\text{kcal·day}^{-1}$ で，0°C における気体 1 mol の体積は 22.4 L，気温は 27°C とする。

<u>解答例</u>　グルコースを基質とする酸素呼吸の化学反応式は $C_6H_{12}O_6 + 6O_2 \rightarrow 6CO_2 + 6H_2O$ で，その自由エネルギー変化 $\Delta G^{0\prime}$ は $-2870\,\text{kJ·mol}^{-1}$ である（3・3 節）。なお，ジュール定数は $4.186\,\text{J·cal}^{-1}$ である（カフェアリス 6，問 3）。

（発生する CO_2 の体積） ＝ （$C_6H_{12}O_6$ の消費量） × 6 × （気体の体積／量）

$= \{(2000\,\text{kcal·day}^{-1} \times 4.186\,\text{J}/\text{cal})/2870\,\text{kJ·mol}^{-1}\} \times 6 \times 22.4\,\text{L·mol}^{-1} \times (273+27)\,\text{K}/273\,\text{K}$

$= \{2000 \times 4.186 \times 6 \times 22.4 \times 300\}/(2870 \times 273)\,\text{L·day}^{-1}$

$= 431\,\text{L·day}^{-1}$

　代謝を考えるには，第3章で学んだように化学反応式とその自由エネルギー変化が重要になる。一辺 1 m の立方体は 1000 L だから，上の答えはその半分くらいの体積である。この計算結果をもう少し実感的にするため，教室の空気の O_2 消費に当てはめてみよう。

<u>問2　密閉された部屋の O_2 枯渇</u>　床面積 $140\,\text{m}^2$，天井の高さ 4 m の密閉された教室に 50 人の学生が閉じ込められている。問1と同じ条件で O_2 を消費するなら，O_2 はどれくらいの時間で枯渇するか。ただし大気の体積の 20% が O_2 で，最後まで同じ速さで呼吸するとする。

<u>解答例</u>　（継続日数）＝（教室の O_2 総量）／（1 日当たりの O_2 吸収量）

$= (140\,\text{m}^2 \times 4\,\text{m} \times 0.20)/\{(431\,\text{L·day}^{-1}) \times 50\} = (140 \times 4 \times 0.20)\,\text{m}^3\cdot\text{day}/\{431 \times (0.10\,\text{m})^3 \times 50\}$

$= (140 \times 4 \times 0.20)/(0.431 \times 50)\,\text{day} = 5.1972\,\text{days} = 5\,\text{days}\,4\,\text{hours}\,44\,\text{min}$

5日と約5時間である。同様の考えを地球全体に拡大してみよう。

<u>問3　地球規模の O_2 消費と CO_2 排出</u>　地球全体についても同様に閉鎖系と考えて，O_2 枯渇までの日数を計算せよ。ただし大気の厚みは 10 km で，組成や温度も上の問題と同じく均一とする。また地球の半径は 6370 km，人口は 70 億で，ヒトだけが O_2 を吸収し，O_2 を発生する植物なども存在しないとする。
　また，CO_2 が 500 ppm に達するのは何日後か。

<u>ヒント</u>　考え方の基本は問2と同様だが，規模は大きい。なお **ppm** とは，微量物質の量を表す百万分率（parts per million）で，全分子あるいは全粒子 100 万個のうち該当の分子や粒子が何個あるかを示す。気体は物質の種類によらず分子数と体積が比例するので，1000 ppm の分子は体積 0.1% を占めると考えられる。

解答例 O_2 の吸収について，

(O_2 吸収の継続日数) = (大気の O_2 総量) / (1日当たりの O_2 吸収量)

$= \{(地球の表面積) \times (大気の厚み) \times 0.20\} / \{(431 \text{ L·day}^{-1}) \times 7 \times 10^9\}$

$= (4\pi r^2 \times 10 \text{ km} \times 0.20) / \{(431 \text{ L·day}^{-1}) \times 7 \times 10^9\}$

$= \{4 \times 3.14 \times (6370 \times 10^3 \text{ m})^2 \times 10 \times 10^3 \text{ m} \times 0.20\} / \{(0.431 \text{ m}^3 \cdot \text{day}^{-1}) \times 7 \times 10^9\}$

$= \{(4 \times 3.14 \times 6370^2 \times 0.20) / (0.431 \times 7)\} \times 10^{10-9} \text{ days}$

$= 3.38 \times 10^8 \text{ days} = 9.26 \times 10^5 \text{ years}$

約100万年もつという計算になる。

　呼吸基質がグルコースの場合，CO_2 の発生速度も O_2 の消費速度と同じであり(問1解答例の化学反応式)，CO_2 の蓄積についても O_2 の消費と同様に計算できる。ただし大気における割合は異なる。O_2 の枯渇が20%から0%への減少だったのに対し，CO_2 は現在の380 ppmから500 ppm (0.038%から0.050%) への増加である。

(CO_2 蓄積にかかる日数) = (CO_2 総蓄積量) / (1日当たりの CO_2 発生量)

$= [(地球の表面積) \times (大気の厚み) \times \{(0.050 - 0.038) \times 10^{-2}\}] / \{(431 \text{ L·day}^{-1}) \times 7 \times 10^9\}$

$= 2.03 \times 10^5 \text{ days} = 556 \text{ years}$

500年以上という長い年月ではあるが，O_2 の枯渇よりはずっと早い。

　ここではヒトの代謝の影響だけにしぼって単純な計算をした。他の動物にも拡張して計算するには，それらの個体数や代謝の性質も把握する必要がある。また植物や藻類などは逆に CO_2 を吸収して O_2 を発生するので，それらの影響も考える必要がある。さらに，ヒトはなま身の生物としての代謝の影響よりも，人類文明として産業などの影響が大きい。これらについて産業統計など種類の異なる数値も探して計算に取り込む必要がある。

　問1では，エネルギー所要量のような栄養学に関わる数値も用いた。問3のような計算には，地球科学や産業統計も関わってくる。すなわち計算という活動は，文系と理系の枠をも超えて，**文明や宇宙の総体を理解**する訓練にもつながる。

Memo

12章のまとめと問題

まとめ

1. **生物圏**：生物の分布を決める要因には，水・温度・光・風・土壌のような非生物的要因と，他の生物との捕食ー被食関係などの生物的要因がある。これら現在の因子のほかに歴史的要因もあり，過去の大陸移動や海水面の昇降など，生物の移動に対する障壁の消長も影響している。地球の陸上のバイオーム（生物群系）は，森林・草原・砂漠など十数個に分類され，気温と降水量がおもな決定要因となっている。

2. **個体生態学**：動物個体は環境と相互作用して行動する。行動の原因には，個別の行動を誘発する直接的な至近要因と，行動様式の機能や進化過程としての究極要因とがある。行動には，遺伝要因の強いものから環境要因で大きく左右されるものまで様々ある；走性・固定的動作パターン（本能）・刷り込み・無条件反射・条件反射・学習（連合学習・試行錯誤学習・社会的学習）・知性的行動など。個体の単純な適応度だけを考えると利己的行動しか説明できないが，血縁者の生存を組み込んだ包括的適応度や直接的・間接的互恵性を考慮すると利他行動も生物学的に説明できる。

3. **個体群生態学**：特定の地域の同種の集団を個体群という。食料やスペースなどの環境が無制限ならば，個体群は一定の増加率（r）で指数関数的に増殖する。しかし実際には環境収容力（K）という上限があり，rが減少しながらS字型曲線を描くロジスティック増殖のモデルで近似される。生物の増殖戦略には，たくさんの子を生み急速に増やすr戦略と，少数の子を安定に育て維持するK戦略とがある。

4. **群集生態学**：特定の地域の全生物種の集団を群集という。種間の相互作用には，それぞれに有利（＋）か不利（－）か中立（0）かで様々なものがある；捕食（＋／－）・寄生（＋／－）・相利共生（＋／＋）・片利共生（＋／0）・病原体（＋／－）など。群集の構造はおもに捕食ー被食関係が決めている。その基本構造は，植物のような生産者・草食動物の一次消費者・肉食動物の二次消費者などからなる垂直な食物連鎖だが，現実の栄養構造では様々な摂食関係が複雑に絡み合い，食物網となっている。細菌や真菌などの分解者も生態系には重要である。群集は，嵐・火事・洪水・干ばつなど各種の自然な撹乱を受け遷移し続けているが，過放牧・焼き畑・鉱工業・都市開発などによる人為的撹乱は過度である。

5. **生態系生物学**：特定の地域の群集と非生物的要素を合わせて生態系という。生態系のエネルギー流は太陽光に始まり，食物連鎖の各段階の生物体量（バイオマス）の物質収支として表される。各栄養段階の生物体量や個体数はすぐ下位の段階の1割程度であり，積み重ねて表示すると急激に先細りになる生態ピラミッドをなすため，多くの生態系では段数が5を超えない。人類は現在と過去の生物資源に全面的に頼っているので，種・種内の遺伝子型・生態系などの生物多様性を保全する必要がある。

問題

1. 陸上の主な生物相を，森林・草原・その他に分けて列挙せよ。
2. 生物の利他行動にはどのような種類があるか，分類せよ。
3. 生物が指数関数的に増殖し続けるのを制限する要因にはどのようなものが考えられるか，箇条書きにせよ。
4. 生物群集の3要素，生産者・消費者・分解者と，生物のおもな系統群（9・5節）との対応を示せ。
5. 人類は，産業や生活のエネルギー・食料・医薬品をはじめ，様々な面で多様な生物に依存している。これら3つの面で，どのような生物に依存しているか，例示せよ。

参考文献

全体
1) 日浦 勇；自然観察入門，1975，中公新書
2) ジェイン - リースほか著，池内晶彦ほか監訳；キャンベル生物学（原書 9 版），2013，丸善出版
3) Alberts, B. *et al.*; Molecular Biology of the Cell (6th ed.), 2015, Garland Science
4) Alberts, B. *et al.*; Essential Cell Biology (4th ed.), 2014, Garland Science
5) 浅島 誠ほか編；現代生物科学入門（全 10 巻），2009-11，岩波書店
6) 巌佐 庸ほか編；岩波生物学辞典（第 5 版），2013，岩波書店
7) 石川 統ほか編；生物学辞典，2010，東京化学同人
8) 村松正實ほか編；分子細胞生物学辞典（第 2 版），2008，東京化学同人

1 章
1-1) ドナルド - ヴォート・ジュディス - ヴォート著，田宮信雄ほか訳；ヴォート生化学（上下）（原書 4 版），2012-3，東京化学同人
1-2) ジェレミー - バーグほか著，入村達郎ほか監訳；ストライヤー生化学（原書 7 版），2013，東京化学同人
1-3) 坂本順司；イラスト基礎からわかる生化学，2012，裳華房
1-4) トゥルーディー - マッキー・ジェームズ - マッキー著，市川 厚監修；マッキー生化学（原書 4 版），2010，化学同人
1-5) 小谷太郎；宇宙で一番美しい周期表入門，2007，青春新書
1-6) 丸山工作；生化学をつくった人々，2001，裳華房

2 章
2-1) ハーベイ - ローディッシュほか著，石浦章一ほか訳；分子細胞生物学（上下）（原書 6 版），2010，東京化学同人
2-2) 坂元志歩ほか；人体ミクロの大冒険，2014，NHK 出版
2-3) ニュートン別冊 驚きの「しくみ」と「はたらき」人体新書，2011，ニュートンプレス
2-4) 坂本順司；微生物学，2008，裳華房
2-5) 瀬名秀明・太田成男；ミトコンドリアのちから，2007，新潮文庫
2-6) 山科正平；新 細胞を読む，2006，講談社ブルーバックス
2-7) 藤田恒夫・牛木辰男；細胞紳士録，2004，岩波新書

3 章
3-1) Nelson, D.L. & Cox, M.M.；Lehninger Principles of Biochemistry (6th ed.), 2013, W.H. Freeman and Company
3-2) ロバート - マーレイほか著，上代淑人ほか監訳；ハーパー生化学（原書 28 版），2011，丸善
3-3) 坂本順司；ワークブックで学ぶヒトの生化学，2014，裳華房
3-4) Nicholls, D.G. & Ferguson, S.J.；Bioenergetics (4th ed.), 2013, Academic Press
3-5) 丸山工作；生化学の夜明け，1993，中公新書
3-6) EC 番号（酵素の網羅的分類）；http://www.genome.jp/dbget-bin/get_htext?ECtable

4 章
4-1) ジェームズ - ワトソンほか著，中村桂子監訳；遺伝子の分子生物学（原書 6 版），2010，東京電機大学出版局
4-2) 永田和宏；タンパク質の一生，2008，岩波新書
4-3) T.A. ブラウン著，村松正實・木南 凌監修；ゲノム（原書 3 版），2007，メディカル サイエンス インターナショナル
4-4) ベンジャミン - レヴィン著，菊池韶彦ほか訳；遺伝子（原書 8 版），2006，東京化学同人
4-5) ジェームス - ワトソン・アンドリュー - ベリー著，青木 薫訳；DNA，2003，講談社
4-6) 渡辺政隆；DNA の謎に挑む，1998，朝日新聞社

4-7) フランクリン - ポーチュガル・ジャック - コーエン著，杉野義信・杉野奈保野訳；DNA の一世紀（I, II），1980，岩波書店

5 章

5-1) 坂井建雄・河原克雅総編集；人体の正常構造と機能（改訂第 2 版），2012，日本医事新報社
5-2) 二河成男・東 正剛編著；新訂 動物の科学，2015，NHK 出版
5-3) 岩堀修明；図解 感覚器の進化，2011，講談社ブルーバックス
5-4) 森 寿ほか編；脳神経科学イラストレイテッド（改訂第 2 版），2006，羊土社
5-5) 三木成夫；ヒトのからだ，1997，うぶすな書院
5-6) 養老孟司；形を読む，1986，培風館
5-7) 高橋長雄；からだの手帖，1965，講談社ブルーバックス

6 章

6-1) 笹山雄一；人体探求の歴史，2013
6-2) 本多久夫；形の生物学，2010，NHK ブックス
6-3) ピーター - ウォード著，垂水雄二訳；恐竜はなぜ鳥に進化したのか，2010，文春文庫
6-4) 福岡伸一；できそこないの男たち，2008，光文社新書
6-5) 本川達雄；ゾウの時間ネズミの時間，1992，中公新書
6-6) 三木成夫；海・呼吸・古代形象，1992，うぶすな書院

7 章

7-1) 審良静男・黒崎知博；新しい免疫学入門，2014，講談社ブルーバックス
7-2) 加藤征治；リンパの科学，2013，講談社ブルーバックス
7-3) イアン - タノックほか著，谷口直之ほか監訳；がんのベーシックサイエンス（原書 4 版），2006，メディカル サイエンス インターナショナル
7-4) 瀬名秀明；ブレイン ヴァレー（上下），2005，新潮文庫
7-5) 香川靖雄；生活習慣病を防ぐ，2000，岩波新書

8 章

8-1) ルイス - ウォルーパート著，大内淑代・野地澄晴訳；発生生物学，2013，丸善出版
8-2) 黒木登志夫；iPS 細胞，2015，中公新書
8-3) ショーン - キャロル著，渡辺政隆・経塚淳子訳；シマウマの縞 蝶の模様，2007，光文社
8-4) 武田洋幸・相賀裕美子；発生遺伝学，2007，東京大学出版会
8-5) クララ - コレイア著，佐藤恵子訳；イヴの卵，2003，白揚社
8-6) 武田洋幸；動物のからだづくり，2001，朝倉書店
8-7) 浅島 誠；発生のしくみが見えてきた，1998，岩波書店

9 章

9-1) 宮田 隆；分子からみた生物進化，2014，講談社ブルーバックス
9-2) マイケル - ベントン著，鈴木寿志・岸田拓士訳；生命の歴史，2013，丸善出版
9-3) キャロライン - キサク - ヨーン著，三中信宏・野中香方子訳；自然を名づける，2013，NTT 出版
9-4) リチャード - ドーキンス著，垂水雄二訳；祖先の物語（上下），2006，小学館
9-5) 石川 統ほか編；シリーズ進化学（全 7 巻），2004-6，岩波書店
9-6) 木村資生；生物進化を考える，1988，岩波新書
9-7) 大野 乾著，山岸秀夫・梁 永弘訳；遺伝子重複による進化，1977，岩波書店

10 章

10-1) トム - ストラチャン・アンドリュー - リード著，村松正實・木南 凌監修；ヒトの分子遺伝学（原書 4 版），

2014，メディカル サイエンス インターナショナル
10-2) 中尾光善；驚異のエピジェネティクス，2014，羊土社
10-3) ティム - スペクター著，野中香方子訳；双子の遺伝子，2014，ダイヤモンド社
10-4) 太田博樹・長谷川眞理子編著；ヒトは病気とともに進化した，2013，勁草書房
10-5) アリス - ロバーツ著，野中香方子訳；人類20万年遥かなる旅路，2013，文藝春秋
10-6) ベルトラン - ジョルダン著，林 昌宏訳；人種は存在しない，2013，中央公論新社
10-7) ピーター - リトル著，美宅成樹訳；遺伝子と運命，2004，講談社ブルーバックス
10-8) マット - リドレー著，中村桂子・斉藤隆央訳；柔らかな遺伝子，2004，紀伊國屋書店

11 章
11-1) 甘利俊一監修；シリーズ脳科学（全6巻），2008-9，東京大学出版会
11-1a) 甘利俊一監修，田中啓治編；シリーズ脳科学 2 認識と行動の脳科学，2008，東京大学出版会
11-2) ルイーズ - バレット著，小松淳子訳；野性の知能，2013，インターシフト
11-3) 理化学研究所 脳科学総合研究センター編；脳科学の教科書 神経編・こころ編，2011-3，岩波ジュニア新書
11-4) リタ - カーター著，藤井留美訳；新・脳と心の地形図，2012，原書房
11-5) フロイド - ブルームほか著，久保田 競監訳；脳の探検（上下），1987，講談社ブルーバックス
11-6) カール - セーガン著，長野 敬訳；エデンの恐竜 －知能の源流をたずねて－，1978，秀潤社
11-7) 時実利彦；脳の話，1962，岩波新書

12 章
12-1) マイク - ベゴンほか著，堀 道雄監訳；生態学（原著第4版），2013，京都大学学術出版会
12-2) 気候変動に関する政府間パネル（IPCC）第5次評価報告書 第1作業部会報告書（WGI）第2章，2013
12-3) 本川達雄；生物多様性，2015，中公新書
12-4) デビッド - サダヴァほか著，石崎泰樹・斎藤茂也監訳；アメリカ版大学生物学の教科書 - 第5巻生態学，2014，講談社ブルーバックス
12-5) 南 佳典・沖津 進共編；ベーシックマスター生態学，2007，オーム社
12-6) エドワード - ウィルソン著，大貫昌子・牧野俊一訳；生命の多様性（I, II），1995，岩波書店
12-7) 梅棹忠夫・吉良竜夫；生態学入門，1976，講談社学術文庫

古典
13-1) アリストテレス著，島崎三郎訳；動物誌（上下），1998-9（原書 紀元前4世紀），岩波文庫
13-2) ウィリアム - ハーヴェイ著，暉峻義等訳；動物の心臓ならびに血液の運動に関する解剖学的研究，1961（原書1628），岩波文庫
13-3) ジャン - ラマルク著，小泉 丹・山田吉彦訳；動物哲学，1954（原書1809），岩波文庫
13-4) ヨハン - ゲーテ著，木村直司訳；形態学論集（動物篇・植物篇），2009（原書1790-1830），ちくま学芸文庫
13-5) マチアス - シュライデン・テオドール - シュヴァン著，佐藤七郎ほか訳解説；科学の名著第 I 期 4 巻 近代生物学集，1981（原書1839），朝日出版社
13-6) チャールズ - ダーウィン著，八杉龍一訳；種の起原（上下），1990（原書1859），岩波文庫
13-7) クロード - ベルナール著，三浦岱栄訳；実験医学序説，1970（原書1865），岩波文庫
13-8) グレゴール - メンデル著，岩槻邦男・須原準平訳；雑種植物の研究，1999（原書1866），岩波文庫
13-9) ハンス - ドリーシュ著，米本昌平訳；生気論の歴史と理論，2007（原書1914），書籍工房早山
13-10) ヤーコプ - エクスキュル著，日高敏隆・羽田節子訳；生物から見た世界，2005（原書1934），岩波文庫
13-11) 湯川秀樹・井上 建責任編集；世界の名著・現代の科学 II，1978，中央公論新社（中公バックス）

章末問題の解答例

1章
1. 生命を構成する元素の多くは，恒星の中心部の核融合で生じたから．
2. C, H, O（以上3つは多くの有機化合物に共通），N（タンパク質と核酸に共通），S（タンパク質に含まれる），P（核酸に含まれる）．Ca（骨のリン酸カルシウム），Fe（赤血球のヘモグロビン）．
3. 単糖；グルコース・フルクトース・リボースなどから2つ．
   二糖；ショ糖（スクロース）・麦芽糖（マルトース）・乳糖（ラクトース）などから2つ．
   多糖；デンプン・グリコーゲン・セルロースなどから2つ．
4. 単純脂質；トリアシルグリセロール，エネルギーを貯蔵する．
   複合脂質；リン脂質（ホスファチジルコリン），細胞の膜を構成する（脂質二重層）．
5. 一次構造；アミノ酸配列．二次構造；主鎖間の水素結合による局所的な立体構造．αらせんやβストランドなど．三次構造；側鎖間も含む種々の結合によるペプチド鎖全体の立体構造．四次構造；ペプチド鎖（サブユニット）どうしの配置も含むタンパク質分子全体の立体構造．
6. モノヌクレオチド；ATP, リン酸基3つのうち末端の1つを加水分解するとADPとなりエネルギーを遊離する．一方，ADPをリン酸化してATPを形成するにはエネルギーが必要である．この性質から，細胞中でエネルギーをその獲得系から利用系に運搬するエネルギー通貨としてはたらく．
   ポリヌクレオチド（核酸）；DNA, 4種類の塩基（A, T, G, C）をもつモノヌクレオチドが厳密な配列で重合したポリヌクレオチド鎖が2本対合して二重らせん構造をとる．DNAが複製される際は，この対合が部分的に解離し，それぞれの鎖の塩基配列に正確に対応するヌクレオチドが重合される．これにより，その配列情報すなわち遺伝情報が精密に伝達される．

2章
1. ホスファチジルコリンなどのリン脂質；膜の基本構造として脂質二重層を形成し，水溶性物質に対する障壁となる．
   膜タンパク質；栄養素の取り込み，不要物の汲み出し，膜電位の形成，信号の伝達，細胞間の連結や連絡など．
2. 小胞体・ゴルジ体・リソソーム．そのほか輸送小胞などもあり，小胞体は粗面小胞体と滑面小胞体に分けられる．
3. ミトコンドリア・葉緑体（色素体）・核．葉緑体は3重の膜構造をとるが，内側のチラコイド膜は内部構造であり，全体を「包む」のは内膜と外膜の2枚．核はかつて細胞小器官とは別格のように位置づけられていたが，最近はその1つに含められる場合が多い．
4. タンパク質；チューブリン，アクチン，ケラチン，コラーゲン．
   多糖；セルロース，ヘミセルロース．
   両者の複合物質（糖タンパク質）；グルコサミノグリカン．
   その他（芳香族高分子化合物）；リグニン．
5. 細胞質ゾル（遊離状態で）・粗面小胞体（膜に結合）・ミトコンドリアのマトリクスや葉緑体のストロマ．細胞質ゾルと小胞体のリボソームは80Sで共通．ミトコンドリアや葉緑体のリボソームは70Sで，前者とは異なる．
6. 体細胞分裂；間期のG_1期の$2n$から，S期のDNA合成で$4n$になり，M期の終期の細胞分裂で$2n$に戻る．減数分裂；S期に倍増して$4n$になるところまでは体細胞分裂と共通．その後，第1分裂期の終期で$2n$に半減し，第2分裂期の終期でさらにnに半減する．

3章
1. 酵素の物質的実体はタンパク質である．一部RNAも酵素活性をもつ．酵素には，一時的に基質を結合する部位がある．この部位の立体構造は，基質分子に正確に適合し，また特定の反応だけを推進するよう精密な配置になっているので，特異性が高い．また酵素分子上には，触媒部位とは別に調節部位があり，基質と

2. 1) 基質；C_6 化合物のグルコース（$C_6H_{12}O_6$）は，2 分子のピルビン酸（$CH_3COCOOH$）に酸化分解される。
   2) ATP；前半で，グルコース 1 分子あたり 2 分子の ATP が ADP と P_i に加水分解されるが，後半で 4 分子合成され，正味 2 分子増加する。
   3) NAD；解糖系の中ほどで，2 分子の NAD^+ が NADH に還元される。生成された NADH は，その後酸化されて再利用されるが，酸化の様式は発酵と呼吸で異なる。発酵では，基質ピルビン酸自体で酸化され，呼吸では，呼吸鎖の酵素群により O_2 で酸化される。
3. CO_2 は，ピルビン酸（C_3 化合物）がクエン酸回路で NAD^+ などにより酸化され分解される過程で，3 つの酵素反応において 1 分子ずつ遊離される。O_2 は，呼吸鎖の酵素群による連鎖的な酸化還元反応において，NADH などを再酸化する基質として使われ，H_2O に変わる。
4. いずれもシトクロム（ヘムをもつタンパク質）など膜酵素が関与する酸化還元反応の連鎖である。
   1) ミトコンドリア；呼吸における酸化的リン酸化でエネルギー獲得にはたらく。還元型補酵素 NADH から O_2 まで，自発的に電子が伝達される。
   2) 葉緑体；光合成における光リン酸化でエネルギー獲得にはたらく。H_2O から酸化型補酵素 $NADP^+$ まで，光エネルギーに駆動されて電子が伝達される。
   3) 小胞体；シトクロム P450 をはじめとする酸化還元酵素群により，毒物の解毒や薬物の活性化・不活性化などを行う。

4 章

1. 1) コード領域（翻訳領域）；塩基配列がアミノ酸配列を指定する部分。遺伝子（の中核部）。
   2) 調節領域；プロモーターなど，遺伝子のはたらきを調節する部分。
   3) イントロン；遺伝子内の非コード領域（非翻訳領域，UTR）。細菌にはない。
   4) 遺伝子間の領域；細菌では短く，真核生物では長い。調節領域以外は，機能をもたないジャンク（がらくた）領域とされていたが，マイクロ RNA などが発見されつつある（10・3 節で詳述）。
2. 1) DNA；DNA ポリメラーゼ。DNA 二重鎖をほぐして鋳型とし，両鎖にそれぞれ相補的な配列の DNA 鎖を合成する。
   2) RNA；RNA ポリメラーゼ。DNA 二重鎖を部分的にほぐして，遺伝子と相補的な側の鎖を鋳型とし，遺伝子と同じ配列の RNA 鎖（ただし T は U に置換）を合成する。
   3) タンパク質；ペプチジルトランスフェラーゼ（リボソームの rRNA の一部）。aa-tRNA 合成酵素が，アンチコドンと正確に対応するアミノ酸を tRNA に共有結合させて，aa-tRNA を合成する。リボソームは，mRNA のコドンと正確に対応するアンチコドンをもつ aa-tRNA を選び，先行するペプチジル基を順番に転移させて，ポリペプチドを合成する。
3. 1) DNA と RNA；DNA ポリメラーゼと RNA ポリメラーゼは，それぞれ dNTP と NTP からピロリン酸 PP_i を遊離させながら重合反応を触媒する。したがってこれらヌクレオチドは，物質的素材であるとともに，加水分解によってエネルギーを供給する高エネルギーリン酸化合物としての役割も果たしている。また，その後 PP_i を 2 分子の P_i に加水分解する反応も駆動力として寄与する。
   2) タンパク質；アミノ酸を tRNA に共有結合させる時，1 分子の ATP が加水分解される。したがって aa-tRNA は活性化アミノ酸ともよばれる。tRNA は，情報伝達のアダプターとしての役割の他に，エネルギー面でアミノ酸を活性化するという機能も担う。さらに，リボソーム上での重合反応の際にも，1 残基の伸長あたり 3 分子の GTP が GDP と P_i に加水分解される。
4. 酵素ヘリカーゼが DNA のらせんを巻き戻し，二本鎖を解離させる。SSB というタンパク質がその一本鎖 DNA に結合して，解離状態を安定化する。解離した二本鎖のうちリーディング鎖は，DNA ポリメラーゼが $5' \rightarrow 3'$ 方向に連続的に伸長するのに対し，相手側のラギング鎖は，短い断片（岡崎断片）ごとに合成され，その後リガーゼが連結する。
5. 1) 負の制御
   1a) 誘導性オペロン；*lac* オペロンには，ふだん *lac* リプレッサーが結合して転写を抑制している。培地にラクトースが加わると，リプレッサーに結合して不活性化し，抑制は解除されて転写が誘導される。
   1b) 抑制性オペロン；*trp* オペロンは，ふだんから転写されている。培地にトリプトファンが加わると，*trp* リプレッサーに結合して活性化し，転写を抑制する。

2) 正の制御；培地にグルコースがないと，細胞内の cAMP の濃度が高まる。cAMP が CAP（カタボライト活性化タンパク質）に結合すると活性化し，lac オペロンに結合して転写を促進する。

5 章

1. 上皮組織・結合組織・筋肉組織・神経組織。
2. 電気信号：神経細胞の細胞膜にある Na,K ポンプが，ATP の加水分解に共役して Na^+ を細胞外に汲み出し K^+ を細胞内に汲み入れることによって，内側が負の膜電位を形成する（静止電位）。細胞膜には 2 つの電位依存性イオンチャネルもある。軸索に脱分極刺激が伝わるとまず Na チャネルが開き，Na^+ を細胞内に通して大きく脱分極する（活動電位）。この脱分極刺激で近傍の Na チャネルも開き，活動電位は軸索を伝播する。遅れて K チャネルも開き，K^+ を外に通して活動電位が収束する。
   化学信号：活動電位が軸索末端に達すると，細胞膜にある電位依存性 Ca チャネルが開き，Ca^{2+} が細胞内に流入する。これがきっかけでシナプス小胞の膜が細胞膜に融合し，内部の神経伝達物質がシナプス間隙に放出される。この物質がシナプス後膜のイオンチャネル内蔵型受容体を開き，脱分極を惹起する。これが軸索小丘で集積され，新たな活動電位が発生する。
3. 脊椎動物の視覚は，眼（器官）が担っている。眼をおおう 3 層の膜のうち最内層の網膜（組織）には，桿体と錐体という 2 つの視覚細胞がある。それらの外節にある円板（細胞小器官）の膜に，オプシン（桿体ではロドプシン）という膜タンパク質（生体高分子）があり，レチナール（補欠分子族）という色素を結合している。レチナールが光を吸収するとオプシンの立体構造が変化し，脱分極刺激が視神経に伝わる。
4. 筋肉：アクチンとミオシンの間の滑り運動で収縮する。
   鞭毛：微小管の 9 ＋ 2 構造におけるダイニンとチューブリンの滑り運動で，正弦波の波状運動をする。
   べん毛：細胞外のイオンがべん毛の基部から流入するのに共役して，べん毛が回転する。
   繊毛：微小管の 9 ＋ 2 構造におけるダイニンとチューブリンの滑り運動で，有効打と回復打をくり返す。
   アメーバ運動：微小繊維の先端でアクチンが重合し後端で脱重合して，細胞が押し出される。
   軸索輸送：チューブリンからなる微小繊維に沿って，荷物をキネシンは軸索末端方向に，ダイニンは細胞体方向に運ぶ。

6 章

1. 1) 口腔；唾液腺からの多糖分解酵素（アミラーゼ）による化学的消化と，歯の咀嚼による物理的消化。2) 胃；胃腺からのタンパク質分解酵素（ペプシンなど）と塩酸による化学的消化と，胃壁の平滑筋の蠕動運動による物理的消化。3) 十二指腸；肝臓・胆嚢からの消化酵素による各種物質の消化と，胆汁酸の界面活性作用による脂溶性物質の吸収促進。4) 空腸と回腸；栄養素と水分の吸収。水溶性物質は毛細血管で，脂溶性物質は乳糜管（リンパ系）でそれぞれ吸収。5) 大腸；水分の吸収。
2. 1) 小腸；腸の内腔から栄養素を吸収する。
   2) 肝臓；小腸から吸収し肝門脈を経てきた物質を検査する。毒物は解毒し，血糖値（グルコース濃度）を一定に保つよう調整する。
   3) 腎臓；糸球体における濾過とヘンレのループにおける再吸収で，栄養素やイオンは血中に保持したまま，尿素などの老廃物のみを尿として排出する。
   4) 肺；肺胞で気相に対して CO_2 を排出し，気相から O_2 を取り込む。
3. 1) アルブミン・フィブリノーゲン・血小板・赤血球。2) 尿素。3) グルコース・アミノ酸・ビタミン・Na^+・K^+・Cl^-・HCO_3^-。H_2O は，約 90 ％ が 1)，約 0.1 ％ が 2)，残りが 3) となる。
4. 哺乳類；袋小路の肺胞で，空気の往復運動で換気する。一部が残存するため，換気は不徹底である。
   鳥類；気嚢が発達していて空気が肺を一方向に通るので，大気とほぼ同じ水準まで換気できる。
5. 女性ホルモン（エストロゲン，卵胞ホルモン）；卵巣の卵胞から分泌され，子宮内膜を肥厚させて着床の準備をさせる。
   黄体ホルモン（プロゲステロン）；卵胞が変化した黄体（corpus luteum）から分泌される。妊娠を安定に支えるとともに，次の卵胞の成熟を抑えて排卵を阻止する。
   男性ホルモン（アンドロゲン）；精巣の細精管の間に散在するライディッヒ細胞から分泌される。ひげを伸ばすなど，体の各所で男性化を促す。

7章

1. 1) ペプチド・タンパク質ホルモン；オキシトシン・成長ホルモン・インスリンなど。
   2) 生理活性アミン；メラトニン・チロキシン・アドレナリンなど。
   3) ステロイドホルモン；アンドロゲン・エストロゲン・副腎皮質ホルモンなど。
2. 1) Gタンパク質共役型受容体（GPCR）；膜貫通αらせんを7本もつ（7回膜貫通型）。Gタンパク質を介して，アデニル酸シクラーゼなどの酵素やイオンチャネル（効果器）の活性を制御する。
   2) イオンチャネル内蔵型受容体；膜貫通αらせんを4本もつサブユニットが4ないし5つ集合し，その受容体分子自体がイオンの通路を形成する。リガンド依存性イオンチャネルともいう。
   3) 酵素連結型受容体；膜貫通αらせんは1本だけのものが多いが，それらタンパク質が2つ以上会合する場合が多い。信号物質の結合により，細胞内の酵素を活性化して作用する。酵素の多くはタンパク質リン酸化酵素(protein kinase)だが，グアニル酸環化酵素の場合もある。
3. 1) 神経節の位置；交感神経では脊柱のそばに連なり，副交感神経では標的器官の壁内か近傍にある。その結果，交感神経では節後細胞の軸索が長く，副交感神経では節前細胞の軸索が長い。
   2) 神経伝達物質；神経節で節前神経末端から放出されるのは，いずれもアセチルコリンである。節後神経末端から標的器官に対して放出されるのは，交感神経ではノルアドレナリンで副交感神経ではアセチルコリンである。なおアセチルコリン受容体は，副交感神経末端ではムスカリン性だが，神経節ではニコチン性である。
   3) 生理作用；交感神経は，瞳孔を広げ，心拍を促進し，気管支を拡張し，消化器官の機能を抑制するなど，闘争や逃走に適した状態に誘導し，副交感神経は，瞳孔を狭め，心拍を抑制し，気管支を収縮し，消化器官の機能を促進するなど，休息とエネルギー蓄積に向く状態に調整する。
4. 1) 上皮の障壁；体内への侵入を妨げる物理的・化学的なバリアー。堅牢な皮膚・涙や唾液などに含まれる細菌細胞壁分解酵素のリゾチーム・消化管内の胃酸や消化酵素など。
   2) 自然免疫；体内に侵入した病原細菌やウイルスに対して，感染前からレディーメイドで備わっている迅速な防御機構。マクロファージの食作用やナチュルキラー細胞の破壊酵素分泌など。
   3) 獲得免疫；侵入した病原体などを精密に識別して攻撃するよう，オーダーメイドで再構成する強力な防御機構。抗体分子や，特異的な受容体を備えた細胞傷害性T細胞など。
5. 1) がん遺伝子；*ras* 遺伝子。増殖因子受容体からの信号を細胞内に伝える低分子量型Gタンパク質をコードする遺伝子。タンパク質キナーゼ-カスケードを介して細胞周期を促進する。*ras* にある種の変異が生じると，増殖因子がなくても細胞がさかんに分裂するがん細胞の性質を帯びる。
   2) がん抑制遺伝子；*p53* 遺伝子。DNAが損傷を受けるとその損傷を修復するあいだ，細胞周期を停止する抑制タンパク質があるが，*p53* はそのタンパク質の合成を促進する転写調節因子をコードする遺伝子。ヒトのがんでは高頻度でこの遺伝子が変異している。

8章

1. 排卵；卵巣から。受精と卵割；卵管。桑実胚；子宮に到達。胞胚（胚盤胞）；子宮内膜に着床。以後の分化・成長；子宮内。出産；子宮頸を経て腟から。
2. 1) 分裂前の親細胞の中にあらかじめ不均一に分布する信号物質（細胞質決定因子）の量に応じて，細胞の性質が変わる。
   2) 細胞膜の受容体が，周囲の細胞から放出される拡散性の細胞外信号物質を結合したり，隣接する細胞の表層にある膜タンパク質と直接接触したりして，細胞の性質が変わる。
3. 1) 遺伝子で決定される面；器官の配置。大動脈や大静脈の走行を含む。線虫では，第一卵割期以降，成体の約1000個の細胞に至るまでの細胞の運命（系譜）が決定づけられている。
   2) 人工的操作に応じる可塑性の結果；初期胚（イモリの原腸胚）の段階で形成体（オーガナイザー）を移植すると，その周辺と形成体自体の予定運命が変更され，第2の胚体が生じるほどの大変化がおこる。
   3) 自然な可塑性の現象；末梢の血管の走行。心臓の冠状動脈や後室間枝も含む。ほかに末梢の神経の分布や指紋など。
4. 1) 自然に生じる例；細菌の分裂・酵母の出芽（・匍匐芽(ほふくが)や球根による栄養生殖・一卵性双生児など）。
   2) 伝統的な利用技術の例；挿し木・株分け。

3) 遺伝子工学や幹細胞工学の例；核移植による家畜のクローン・治療目的の細胞培養（・クローン羊ドリー・三毛猫のコピーキャット）。
5. 1) 表皮組織；植物体全体の表面をおおい保護する。
   2) 維管束組織；茎・葉・根を貫通し水や無機栄養を運ぶ木部と，光合成産物を運ぶ篩部からなる。
   3) 基本組織，3a) 柔組織；光合成・栄養貯蔵・細胞分裂など多岐にわたって活発にはたらく代表的組織。
      3b) 厚角組織；植物体を機械的に支える。リグニンを含まず，柔軟で伸長する。
      3c) 厚壁組織；リグニンを含む木化した頑丈な支持体。成長しない死組織。木材や繊維にも利用。

9 章

1. 1) 大気中の O_2；原生代以来，光合成細菌（藍色細菌）や植物が生成。
   2) 縞状鉄鉱石；原生代に藍色細菌の発生した O_2 が海中の Fe^{2+} と反応して酸化鉄となり沈殿・堆積したもの。
   3) 石炭；陸上で森林を形成する樹木のシダ類や種子植物が，古生代以来，地下に埋もれたもの。
2. ともに宿主細胞のゲノム DNA の一部を切り出したり複製したりして，他の場所に持ち込む。そのうち転移因子（トランスポゾン）は，移動先が同じ細胞のゲノム内の別の位置なのに対し，バクテリオファージ（ウイルス）は遺伝子を他の細胞に移送し，さらには他の種に移すこともある（遺伝子の水平移動）。
3. 光受容分子は共通に，補欠分子族として色素レチナールをもつ 7 回膜貫通型タンパク質である。また共通な転写調節因子（Pax6）が，眼の発生を誘導する。一方，脊椎動物の眼がいずれもレンズを備えた単眼なのに対し，無脊椎動物にはレンズ眼もあるほか，ピンホールカメラ型の眼や複眼などもあり，多様である。
4. 単純な例：魚類の胸びれ・鳥類の翼・哺乳類の前肢・ヒトの腕などは，たがいに相同。鳥類の翼と昆虫の翅は，たがいに相似。有胎盤類のモグラと有袋類のフクロモグラの，掘削のための身体構造は相似。
   注意すべき例：鳥類の翼・翼竜の翼・コウモリの前肢などは，「脊椎動物の前肢」という意味では相同だが，飛翔のための器官としては相似。軟体動物の眼と脊椎動物の眼は，発生の引き金となる転写調節因子や光受容体の遺伝子が共通（問 3 の解答例参照）なので器官全体としては相同だが，視細胞の表裏など組織の配置は違うので，器官の構成としては相似である。
5. 1) 動物の「動くこと」；動く単細胞生物は，多系統の幅広い生物界に分布する。動きの原理の面でも，アメーバ運動や鞭毛・繊毛などまったく異なる生物がある。動く細菌まで含めると，さらに多系統である。
   2) 植物の「光合成をすること」；クロムアルベオラータ・エクスカヴァータ・リザリアの 3 生物群のそれぞれ一部の種が，植物の一部（緑藻や紅藻）を細胞内共生させて光合成能を獲得したので，「光合成生物」は多系統である。ただし，その光合成小器官（色素体）は単系統である。O_2 非発生型の光合成をする細菌まで含めると，さらに多系統である。

10 章

1. 超大陸パンゲアは，南北に分裂し，その後東西に分裂した。
   北：ローラシア（北米とユーラシア）；ネコ目・ウマ目・鯨偶蹄目などのローラシア獣類とサル目・ウサギ目・ネズミ目などの真主齧類は，北方獣類として近縁である。
   南：ゴンドワナ。さらに下のように分裂。
      西：南米；アリクイ目など南米獣類は，上の 2 類と次に近縁である。
         アフリカ；ゾウ目・ジュゴン目などアフリカ獣類は，上の 3 類とともに真獣類としてまとめられる。
      東：オーストラリア；有袋類と単孔類は上の真獣類とは別で，おもにオーストラリアとその周辺の島々にすむ。このうち有袋類は南米にも分布する。
2. 脳が大型；ヒト属。3 色の色覚；サル目。無毛；ヒト属（？）。胎生；哺乳類。直立二足歩行；ヒト科。火の使用；ヒト属。道具の使用；霊長類や鳥類をはじめ広く動物に。石器（加工された石の道具）；ヒト科かヒト属。言語；ヒト。芸術；ヒト。他個体を助ける社会性；哺乳類以前から何度も。
3. 1) 核ゲノム；24 種類の染色体にそれぞれ直鎖状 DNA，長さ 13.3 Gb（$\times 10^9$ 塩基対），翻訳領域が 1.5%，遺伝子密度 120 kb に 1 個，タンパク質遺伝子 21,416 個，RNA 遺伝子 5,732 個，イントロンあり，転写は 1 遺伝子ずつ。
   2) ミトコンドリアゲノム；環状 DNA，長さ 16.6 kb（$\times 10^3$ 塩基対），翻訳領域が 93%，遺伝子密度 0.45 kb に 1 個，タンパク質遺伝子 13 個，RNA 遺伝子 24 個，イントロンなし，転写は多数の遺伝子をまとめて。

4. 11q14.2；11番染色体の長腕の，セントロメアを起点に14.2の位置．図10-4-1の小さな数字を参照．
 Xp20.1；X番染色体の短腕の，セントロメアを起点に20.1の位置．
5. 1) ハンチントン舞踏病；CAGトリプレット反復病．伸長したポリグルタミンくり返し配列が神経で異常な凝集体を形成．
 2) 筋緊張性ジストロフィー；CTGトリプレット反復病．タンパク質キナーゼ遺伝子の3′ UTRで，mRNAの核外移出に異常．
 3) 脆弱X染色体症候群；CGGトリプレット反復病．

11章

1. 前脳：終脳＝大脳；皮質（新皮質・古皮質・原皮質），髄質，基底核
 　　　間脳；視床，視床下部，松果体
 中脳
 後脳：小脳，橋，延髄
2. 嗅覚：嗅脳から，視床（間脳）を経ずに直接大脳へ入力．辺縁系の海馬から新皮質側頭葉の嗅覚野へ．
 それ以外の感覚：視床を経て大脳へ入力．視覚は外側膝状体，聴覚は内側膝状体を経て，それぞれ新皮質の感覚野へ．
3. 1) 左半球；体の右半分の感覚を受け，右半分の運動を指令する．言語・数学・論理的推論などで優位．右半球；体の左半分の感覚を受け，左半分の運動を指令する．パターン認識・空間把握・音楽・感情などで優位．
 2) 一次運動野；前頭葉の後部．一次体性感覚野；頭頂葉の前部．
4. 短期記憶と作業記憶；前頭葉の前部．中期的記憶あるいは長期記憶の前段階；海馬を中心とする側頭葉内側部．長期記憶；大脳皮質の連合野．／人間の記憶；左半球頭頂葉の前部．動物の記憶；同葉の中央部．物品の記憶；同葉の後方底部．
5. 1) 意識の定義には広狭いろいろある．狭義には，自分の行為や周囲の状況などがわかっていること．広義には，知識・意志・感情など気づいている心理現象の総体．さらには，それらを根底に統一する作用．
 2) 意識の有り無しは，全か無かではない．意識には狭窄・暗化・混濁・錯乱・夢幻状態などがある．
 3) 意識が行動を決断する数百ミリ秒前に先んじて，行動を引きおこす脳内活動がおこる．

12章

1. 森林：熱帯；熱帯雨林（常緑広葉樹林）と雨緑樹林（乾期に落葉）．暖温帯；照葉樹林と硬葉樹林（ともに常緑広葉樹林）．冷温帯；落葉広葉樹林．亜寒帯；針葉樹林（タイガ）．
 草原：サバンナ（熱帯草原）とステップ（温帯草原）．
 その他：ツンドラ（寒帯や高地の荒地）と砂漠（熱帯から亜寒帯まで）．
2. 1) 血縁選択などによる利他行動；血縁者間などゲノムに共通性のある個体の集団で，自己を犠牲にして他個体を助けることが，その共有遺伝子型をより多く存続させる場合．
 2) 互恵的利他行動；助けた相手が，後でより大きなお返しをしてくれる場合．非血縁者間でも成り立つ．個体識別能力や相互作用頻度の高さなどが前提．
 3) 間接的互恵性；善良であるという評判にもとづく第三者からの見返りが引き出せる場合．相互作用が稀な個体間でも成り立つ．直接接触のない個体の評判も流通する高度なコミュニケーションを含む社会をもつことが前提．
 4) 真の理想的な道徳性；いかなる意味の見返りも求めない利他行動．生物界を超越するが，人間界には必要．
3. 1) 食料やスペースなど資源の量的制限．2) 排泄物・老廃物の蓄積や混雑によるストレスなど，個体密度の高さによる有害作用．（そのほか，3) 個体密度に依存して放出する信号物質による制御機構．クオラムセンシング，定足数感知．）
4. 生産者：植物・藻類・光合成細菌・化学独立栄養細菌（H_2Sなど無機物をエネルギー源とする細菌や古細菌）．
 消費者：動物・原生動物．
 分解者：細菌・古細菌・真菌・粘菌など（ただし従属栄養微生物のみ．上の光合成細菌や化学栄養細菌を除く）．
5. 産業や生活のエネルギー：古生代の無種子陸上植物が埋蔵してできた石炭や，海の藻類や微生物に由来する石油など化石燃料に依存．
 食料：イネ・コムギ・トウモロコシなど単子葉類の穀物や，イモ・野菜・果物など双子葉類，哺乳類・鳥類・魚類などの肉に依存．品種改良のための遺伝子資源として野生種の多様性も必要．
 医薬品：抗がん薬のビンブラスチンとビンクリスチンは西アフリカ諸島（マダガスカル）原産のニチニチソウから単離され，パクリタキセル（タキソール）は，太平洋イチイの樹皮から単離された．

索　引

・**太字**は最も詳しいページ

欧　字

3′末端　**11**, 45, 52, 110
5′末端　**11**, 45, 52, 110
50％阻害濃度　97
50％有効濃度　96
9＋2構造　64
αらせん　**9**, 90
β酸化　34
βストランド　9
ABCモデル　109
Alu　135
AMPA受容体　149
ATP　**10**, 32, 34, 39, 50, 61, 64, 67, 75, 83, 134
B細胞　75, **93**
C_4植物　**37**, 157
Ca^{2+}　**18**, 61, 67, 86, 89, 100, 149
cAMP　**49**, 89
CAM植物　**37**, 157
Ca遊離チャネル　**67**, 89
CF_oCF_1　36
CpG配列　133
C末端　**9**, 45
DHA　6
DNA　**11**, 20, 24, 46, 94, 114, 122, 134, 137, 138
EPA　6
ES細胞　106
F_oF_1　**35**, 69
GABA　91
GAG　**23**, 59
GMO　10
GPCR　**90**, 149
Gタンパク質　40, **89**, 90, 94, 149
H^+駆動力　**35**, 36, 69
IP_3　89
iPS細胞　107
K戦略　161
LINE　135
LTR　135
MHC分子　93
mRNA　**48**, 50, 104, 133
M期　**24**, 100
NAD, NADH　**32**, 34, 36
NADPH　36
NMDA受容体　149
N末端　**9**, 45, 54
p53　94
Pax6　102
Ras　94
RNA　**11**, 48, 114, 132
RNAワールド　114
rRNA　20, **48**, 134
r戦略　161
SINE　129, **135**
SRY遺伝子　136
S期　**24**, 46, 55, 100
TGF　**103**, 107
tRNA　48, **50**
T管　67
T細胞　75, **93**
UTR　**52**, 111, 133, 136
V_oV_1　**19**, 69

ア

アウストラロピテクス　130
アクチビン　107
アクチン　**22**, 24, 64, 67
アゴニスト　**96**, 149
アセチル化　133
アセチルコリン　67, **90**, 96, 142, 147
アドレナリン　**86**, 90
アポ　32
アボガドロ定数　12
アポトーシス　92, **102**
アミノ酸　**8**, 50, 62, 73, 76
アミラーゼ　**5**, 72
アメーバ　19, 23, 64, **122**
アリル　**44**, 136
アルブミン　**75**, 92, 133
アロステリック　31, **79**
アンタゴニスト　**96**, 148
アンチコドン　50
アンドロゲン　81
暗反応　36
アンモニア　77

イ

胃　72
イオン駆動力　65, **68**, 77
イオンチャネル　17, **61**, 67, 89, 91, 102, 154
イオンポンプ　17, 19, **61**
異化　**30**, 34
鋳型　**46**, 48, 55, 110
維管束　4, 37, **108**, 123
異型接合　**44**, 136
意識　144, **150**, 153
位相幾何学　71
一倍体　44
一酸化炭素　2, **88**
一酸化窒素　**88**, 149
遺伝暗号　11, **50**, 111
遺伝因子　**44**, 136
遺伝子　**44**, 104, 132, 159
遺伝子型　**44**, 106, 136
遺伝子重複　**116**, 125
遺伝情報　11, 20, **44**, 138
遺伝的多様性　117, **165**
遺伝的浮動　117
遺伝要因　158
意味記憶　148
飲食作用　**53**, 115
インスリン　18, **87**, 107
インデューサー　49
咽頭　72
イントロン　**52**, 132, 134
インビトロ　**46**, 52
インビボ　46

ウ

ウイルス　11, 73, 88, 92, 95, 107, **116**, 135
ウェルニッケ野　150
ウォルフ管　80
運動系　59, **66**
運動野　**146**, 150

エ

栄養効率　164
液性免疫　93
エキソン　**52**, 132
液胞　**37**, 69
エコロジー　155
エストロゲン　80
エチレン　**88**, 108
エディアカラ生物群　22, **115**
エネルギー　5, 31, **39**, 164
エネルギー通貨　**10**, 32, 39
エピジェネティクス　133
エピソード記憶　148
エラスチン　59
塩基対　**11**, 55, 138
延髄　79, **142**, 147
エンハンサー　132

オ

横隔膜　58, **79**
黄体　80
横紋筋　**65**, 66, 72
オータコイド　88
岡崎断片　47
オキシトシン　86
オプシン　**63**, 128
オペラント条件づけ　159
オペロン　45, **49**, 132
オリゴ　4, 8, 11, 54, **86**

カ

外温性　**128**, 164
開口放出　**53**, 61
開始コドン　**50**, 110
概日リズム　143
解糖　**32**, 34, 39, 41, 75
海馬　**144**, 148

外胚葉　58, **101**, 102
灰白質　**143**, 146
外膜　**21**, 35
界面活性剤　**23**, 72
解離定数　96
化学化石　114
化学進化　114
化学療法　**95**, 165
核　16, **20**, 48
核酸　**11**, 20, 50, 110, 121
学習　146, 148, **158**
獲得免疫　92
角膜　62
カスケード（反応）　**89**, 94, 104, 132
化石　**115**, 120, 131, 165
家族性大腸ポリポーシス　**95**, 137
活動電位　**61**, 67, 149
括約筋　72
過分極　61
カルビン回路　37
がん　81, **94**, 107, 136
がん遺伝子　94
感覚野　146
環境因子　45, **136**, 140
環境収容力　161
環境要因　137, 156, **158**
還元　6, 10, 18, **32**, 36
幹細胞　75, 93, **106**
間充織　101
間接的互恵性　159
肝臓　5, 18, **73**, 87
桿体　63
間脳　**143**, 144
カンブリア　**115**, 128
がん抑制遺伝子　**94**, 137
冠輪動物　123

キ

キアズマ　25
キーストーン種　**163**, 165
偽遺伝子　**117**, 134
記憶　93, 145, **148**
器官　**58**, 101, 108
気管　64, **78**
気孔　37, **108**
基質　23, **30**, 58

基質レベルのリン酸化　39
擬態　51, **162**
キチン　**5**, 66
キネシン　64
気囊　78
基本転写因子　132
ギブズ　38
逆転写　**43**, 135
ギャップ結合　**17**, 67
嗅覚　**62**, 128, 144, 146
究極要因　158
旧口動物　72, **101**, 123
嗅脳　144
橋　79, **142**
胸腔　**58**, 79
共生　21, 71, 122, **162**
胸腺　92
胸膜腔　58
共役　31, 35, **38**, 65
極性　**3**, 8, 100, 104
極相　163
筋原繊維　65
筋ジストロフィー　107, **136**
筋節　**65**, 82

ク

クエン酸回路　34
クオリア　153
クチクラ　**66**, 108, 157
組換え　10, **25**, 116, 138
グラナ　21
グリア細胞　60
グリコーゲン　5
グルコース　**4**, 34, 49, 60, 76, 82, 166
グルコサミノグリカン　23
クレブス回路　34
クローン　93, **106**
クロマチン　**20**, 24, 132, 133, 134
クロロフィル　36
群集　155, **162**, 165

ケ

形成体　103
系統　**120**, 122, 128

系統樹　120
血液脳関門　60, **142**
結合組織　**58**, 94, 102
欠失　116
血漿　**75**, 79, 82
血清　75
決定成長　109
血糖　**4**, 82, 87
ゲノム　11, 20, **44**, 80, 102, 110, 124, 134, 159
ケラチン　**23**, 128
原核生物　44, 48, 52, 72, 111, 114, **122**, 132, 135
嫌気　**32**, 73
原口　72, **101**, 103, 123
減数分裂　**25**, 116, 118
顕性　**44**, 136
原腸　101
顕微鏡　**16**, 20, 24, 137

コ

コアクチベーター　**132**, 136
厚角組織　108
交感神経　87, **90**
抗がん剤　**95**, 165
好気　**21**, 32
抗原　92
光合成　21, **36**, 39, 108, 115, 122, 156, 162
硬骨　**66**, 101, 128
鉱質コルチコイド　87
恒常式　**40**, 96
甲状腺　87
後成説　99
抗生物質　9, **18**, 35, 72, 135
酵素　**30**, 40, 91, 100, 133
構造多糖　**5**, 23
抗体　**92**, 95
喉頭　72, **78**
行動　66, 147, **158**
興奮　18, **61**, 67, 74
興奮性　**61**, 142, 149
厚壁組織　108
酵母　32, **123**
コエンザイム Q_{10}　35
コード　**45**, 132, 134

五界説　122
呼吸　20, **34**, 39, 79, 115, 134, 142, 166
呼吸系　**78**, 128, 142
黒質　147
互恵行動　159
心の理論　159
古細菌　32, **122**, 156, 163
孤児受容体　96
個体群　26, 155, **160**, 163
骨格筋　59, **66**, 107
骨髄　59, **92**, 107
古典的条件づけ　158
コドン　**50**, 110, 134
コラーゲン　**23**, 59, 123
コリプレッサー　49
コリン　7, 67, **90**, 142
ゴルジ体　**19**, 53
コレステロール　7
コンホメーション　**52**, 79

サ

サイトカイン　88
細胞　**16**, 108, 114, 122
細胞外基質　**23**, 58, 123
細胞骨格　**22**, 64, 115
細胞質　**16**, 24, 48, 90, 100
細胞質ゾル　**16**, 38, 89, 100
細胞周期　**24**, 94, 100, 165
細胞小器官　**16**, 20, 44, 115, 122
細胞性免疫　93
細胞体　**60**, 142, 148
細胞内共生　**21**, 115, 122
細胞内トラフィック　**19**, 53
細胞壁　3, 5, **23**, 92, 123
細胞膜　7, **16**, 61, 67, 90, 94, 100, 149
サイレンサー　132
作業記憶　150
サテライト DNA　135
サブタイプ　91
サブユニット　9, 18, 51
サヘラントロプス　130
サルコメア　**65**, 82
酸化　6, 18, **32**

酸化還元電位 **33**, 36
酸化的リン酸化 **34**, 39
酸性 **6**, 19, 38

シ

視覚 **62**, 90, 119, 143, 146, 151, 156
しきい値 61
色覚 **63**, 128
色素体 **21**, 115
子宮 **80**, 137
子宮頸 **80**, 95, 137
糸球体 76
至近要因 158
軸索 **60**, 64, 142, 148
シグナル配列 53
自己寛容 93
自己複製 15
自己保存 15
自己免疫疾患 86, **93**
脂質 **6**, 27, 60, 73
脂質二重層 7, 9, **16**, 90
視床 **143**, 146, 150
視床下部 **86**, 143, 144, 150
自食作用 19
四肢類 128
シス **6**, 132
指数関数的増殖 160
自然選択 116
自然免疫 92
シトクロム 18, **34**, 35
シナプス **60**, 67, 91, 148
篩部 108
脂肪 **6**, 18, 74, 128
脂肪酸 **6**, 8, 34
シャフリング **52**, 138
種 **118**, 120, 156, 165
自由意志 153
自由エネルギー 31, **38**, 166
終止コドン **50**, 111
従属栄養 **123**, 163
柔組織 108
修復 **47**, 94, 136
絨毛 **72**, 137
収斂 120
主鎖 9

樹状細胞 75, **92**
樹状突起 **60**, 63
受精 16, 80, **100**, 106
種分化 118
シュペーマン 103
腫瘍 94
受容体 17, 61, 62, 89, **90**, 92, 94, 96, 100, 102, 128, 149
循環系 59, **74**, 86, 128, 142
消化系 59, 71, **72**, 142
松果体 **87**, 143
条件反射 **148**, 158
ショウジョウバエ 45, 91, 98, **104**
脂溶性 **3**, 75, 87, 90
常染色体 134
小腸 72
少糖 4
小脳 **143**, 147
上皮 **58**, 102, 105
消費者 **163**, 164
小胞体 **18**, 69, 100
初期化 106
食細胞 75
食作用 19, **53**, 93
触媒 8, **30**, 114
植物極 100
植物性器官 57, **71**
植物相 157
植物ホルモン 88, **109**
食物網 163
食物連鎖 108, **162**, 164
触覚 **63**, 143, 146
ショ糖 4, 37
自律神経 60, 67, 75, **90**, 144
進化 21, **113**, 153
真核生物 32, 44, 52, 64, 72, 102, 115, **122**, 132
進化分類 121
心筋 59, **66**, 75
神経核 143, **147**
神経管 **101**, 104
神経系 **60**, 85
神経節 **90**, 147
神経伝達物質 **61**, 67, 86,

88, 90, 142, 147, 149
新口動物 72, **101**, 123
信号変換 85, **88**, 105, 149
真主齧類 **129**, 134
親水的（性） **3**, 7, 9, 17, 18, 93, 114
心臓 66, **74**, 91, 142
腎臓 **76**, 87, 103
腎単位 76
浸透エネルギー 39, **69**

ス

随意 **60**, 66, 72
髄質 **76**, 87, 143
水晶体 62
膵臓 72, **86**
水素結合 **3**, 9, 11
錐体 63
錐体細胞 147
水平移動 116
水溶性 **3**, 9, 19, 53, 90, 92
ステロイド **7**, 18, 86, 90
ストロマ 21
スプライシング **52**, 132
スベドベリ単位 18
刷り込み 133, **158**

セ

生活習慣病 74, **136**
制限酵素 54
生産効率 164
生産者 **163**, 164
精子 **44**, 81, 100
静止電位 60
成熟 **52**, 53, 93, 133
生殖系 59, **80**
生殖細胞 25
生殖的隔離 118
性染色体 134
精巣 18, **81**
生態学 80, 122, **155**
生態系 71, 155, 157, **164**
生体高分子 1
生態的地位 118, **162**
生体認証 105
生体膜 **16**, 18
成長因子 88
生物相 157

生物体量 163, **164**
生物多様性 156, 163, **165**
生物地球化学的循環 165
生命倫理 107
生理活性アミン **87**, 91
脊索 **101**, 103, 123, 128
脊髄 **142**, 147
脊椎 66, **101**, 128, 142
赤血球 9, **75**, 82
絶滅危機種 164
絶滅危惧種 158, **164**
セルロース **5**, 23, 66, 73
セロトニン 63, 91, 142, **149**
遷移 163
全か無か **61**, 150
全球凍結 115
線条体 144, **147**
染色体 **20**, 24, 44, 125, 134, 137, 138
潜性 **44**, 136
前成説 99
選択毒性 18
線虫 24, 91, **102**, 123
蠕動運動 **66**, 73
前頭前野 144, **150**
セントラルドグマ 43
セントロメア 24, 134
全能性 106
繊毛 22, 62, **64**, 78, 80, 100, 122
前立腺 81

ソ

相似 120
増殖因子 **88**, 94, 103, 105, 119
相同 25, 44, **120**, 138
挿入 116
相補的 **11**, 46, 133, 135
側系統 **121**, 129
側鎖 9
側坐核 144
速度定数 **38**, 41
組織 **58**, 74, 94, 108, 142
疎水的（性） **3**, 6, 9, 17, 36, 53, 90

索引

タ

ダーウィン **117**, 120, 153
体腔 58
体細胞 **25**, 44
代謝 **30**, 74, 114, 136
代謝回転 83
体性感覚 **62**, 146
体性幹細胞 106
体性神経 60
大腸 73
大腸菌 16, 47, 49, 55, **73**, 116, 125
ダイニン 64
大脳 **143**, 150
大脳基底核 **147**, 150
大脳辺縁系 **144**, 150
胎盤 **100**, 128, 137
大陸移動 **129**, 156
対立遺伝子 **44**, 119, 136
多因子疾患 136
多系統 **121**, 123
脱皮動物 123
脱分極 **61**, 67, 100, 149
多糖 **5**, 19, 37, 72, 123
多能性 75, **106**
単為生殖 80
単系統 **120**, 122, 129
単孔類 128
炭酸同化 **36**, 164
炭水化物 3, 4
単糖 **4**, 45, 72
胆嚢 72
タンパク質 **9**, 44, 52, 72, 86, 114, 121, 132

チ, ツ

チェックポイント 25
中間径フィラメント 23
中心体 22
中脳 **142**, 150
中胚葉 58, **101**, 102, 104
中皮 **58**, 95
チューブリン **22**, 65, 165
中立説 **117**, 121
中立変異 117
聴覚 **63**, 143, 146
長期増強 149

調節領域 **45**, 134
腸内細菌 4, 27, 72
腸内フローラ 157
貯蔵多糖 5
チラコイド **21**, 36
陳述記憶 148
痛覚 63

テ

適応度 **117**, 159, 162
適応放散 **118**, 129
テストステロン 7, **81**
デスモソーム 17
手続き記憶 148
テロメア 134
転移RNA 48, **50**
転移因子 116
電気化学ポテンシャル **68**, 77
電子伝達系 18, **35**, 36
転写 **48**, 52, 104, 132
転写因子 11, 109, **132**
転写調節因子 90, 94, 104, **132**
デンプン **5**, 37, 45, 72
伝令RNA 48

ト

同化 **30**, 36
同義置換 111, **116**
同型接合 44
動原体 24
統合失調症 137
糖質 4, 8
糖質コルチコイド 87
糖尿病 **86**, 107, 137
動物極 100
動物性器官 **57**, 71
動物相 157
ドーパミン 91, 107, 142, **144**, 147
毒 18, 91, 117, 158, **162**
特異性 **31**, 37, 92
独立栄養 **122**, 162
突然変異 94, **116**, 118, 124, 136
トポロジカル **71**, 76, 78
ドメイン **52**, 93, 104, 122, 135

トランス **7**, 19, 132
トランスポゾン **116**, 134
トリプレット **50**, 135, 136
トル様受容体 92

ナ, ニ

内温性 **128**, 164
内胚葉 58, **101**, 102
内皮 58
内部細胞塊 **100**, 106
内分泌系 85, **86**, 88, 144
内膜 **21**, 35
内膜系 **18**, 115
ナチュラルキラー細胞 75, **92**
納豆菌 9, 16
縄張り 158, **160**
軟骨 **66**, 101, 128
ニコチン 32, **91**
二次元流体 16
二次メッセンジャー 89
二重らせん **11**, 46, 48, 65, 110
ニッチ 162
二倍体 **44**, 139
二名法 120
乳酸菌 32
尿酸 77
尿素 34, **77**

ヌ, ネ

ヌクレオソーム **20**, 133
ヌクレオチド **10**, 46, 50, 62, 138
ネアンデルタール人 **131**
ネフロン 76
ネルンストの式 69

ノ

脳下垂体 **86**, 143
脳幹 **142**, 144
能動輸送 77
嚢胞性線維症 136
脳梁 147
ノルアドレナリン **90**, 142, 154

ハ

パーキンソン病 107, 144, **147**
肺 27, 66, **78**, 106, 152
胚 **100**, 106, 142
バイアグラ 88
バイオマス 5, 156, **164**
バイオーム 157
配偶子 **25**, 138
排出系 **76**, 78, 81
倍数体化 **116**, 118
胚性幹細胞 106
白質 60, **143**
バクテリオファージ 116
爬虫類 (再定義) 121
白血球 19, 64, 75, **92**
発現 11, **48**, 132
発酵 **32**, 39, 123
発生 57, 88, **100**, 153
ハンチントン舞踏病 135, **136**, 147
万能性 106
反復配列 **48**, 135

ヒ

光呼吸 37
光リン酸化 **36**, 39
皮質 **76**, 87, 143, 144, 146
微小管 **22**, 24, 64
微小繊維 **22**, 64
ヒストン **20**, 122, 132
ビタミン **63**, 73, 76, 87
ヒト 58, 80, 100, **130**
非同義置換 111, **116**
ヒトゲノム 55, **134**
非翻訳RNA 133
非翻訳領域 **52**, 132, 134
表現型 **44**, 118, 136, 158
病態モデル 107
ピリミジン 10
ビリルビン 72
ピルビン酸 **32**, 34
ピロリ菌 72

フ

ファラデー定数 68
フィードバック **31**, 79,

86, 151
フィブリン 75
副気管支 78
腹腔 58
副交感神経 90
副腎 7, **87**
複製 15, **46**, 55, 114
腹側被蓋野 144
不随意 **60**, 66, 72
物質循環 164
腐敗 32
不飽和 6
プライマー 47
プリン 10
フルクトース **4**, 81
ブローカ野 150
プロゲステロン 80
プロスタグランジン 63, 81, **88**
プロテオグリカン **23**, 66
プロテオバクテリア 21
プロモーター **48**, 90, 132
フローラ 157
分解者 123, **163**
分岐 111, **120**, 131
分子シャペロン 53
分子進化 111, **121**
分子時計 121
分子標的薬 95
分裂組織 **109**, 122

ヘ

平滑筋 59, **66**, 72, 81, 88, 90, 107
平衡 **38**, 41, 63, 76
平衡定数 39
ベクター 55
ヘテロ 9, **79**, 91
ペプシン 72
ペプチド **8**, 90, 93, 103
ヘム 9, 45, 79, 88
ヘモグロビン 9, 45, 75, 79, 134
ヘルムホルツ 38
変異原 47, **95**
扁桃体 **144**, 148
ペンフィールド **146**, 150
べん毛 35, 39, **65**, 69

鞭毛 22, **64**
ヘンレのループ 76

ホ

補因子 9
包括的適応度 159
抱合 18
放射線 47, **95**
報酬系 144
紡錘体 24
放線菌 9
胞胚 **100**, 102
飽和 6
ボーマン嚢 76
補欠分子族 **9**, 35, 45, 53
補酵素 **32**, 35
ホックス遺伝子 **104**, 123
ホットスポット 165
ホメオスタシス **85**, 143
ホメオティック遺伝子 **104**, 109
ホモ 79
ホモ フロレシエンシス 131
ポリペプチド **8**, 45, 50
ポリメラーゼ **46**, 48, 132
ポリン **21**
ホルモン 7, 44, 58, 75, 80, 86, 88, 108
ホロ 32
本能 158
翻訳 48, **50**, 133
翻訳領域 **52**, 111, 134

マ

マイクロ RNA 133
膜間腔 **21**, 35
膜タンパク質 9, **16**, 18, 36, 53, 89, 90, 103
膜電位 **60**, 68, 88
マクロファージ 92
マトリックス **21**, 34, 35

ミ

ミエリン鞘 60
ミオシン **23**, 24, **64**, 67, 83
ミカエリス-メンテン

40, 96
味覚 **62**, 146
密着結合 **17**, 58
ミトコンドリア 13, 18, 20, 34, 69, 115
ミュラー管 80
ミラーニューロン 159

ム

無限成長 109
無条件反射 158
ムスカリン 91
無尾猿 129

メ

明反応 36
メチル化 132
メラトニン 87
免疫 88, **92**, 106
免疫グロブリン 92
免疫系 85
メンデル **44**, 136

モ

毛細血管 **74**, 76, 78
網膜 **62**, 119
毛様体 62
網様体 142
モータータンパク質 40, **64**
木部 23, 66, **108**
モジュール **52**, 104
モチーフ 135
モルフォゲン 103
門脈 73, **74**, 86

ヤ, ユ

薬理学 **74**, 96
有機（化合）物 **2**, 77, 115
有糸分裂 24
優占種 163
有胎盤類 120, **129**
有袋類 120, **129**
誘導 101, **103**
有尾猿 129
有毛細胞 63
輸送体 **17**, 69, 136, 154
輸卵管 **80**, 100

ヨ

羊水 137
葉緑素 36
葉緑体 18, **21**, 36, 69, 115
抑制性 **61**, 89, 142
読み枠 **50**, 116

ラ

ラクトース **4**, 49
卵 **44**, 80, 100
ランゲルハンス島 86
藍色細菌 **21**, 36, 115, 122
卵巣 18, **80**
卵胞 80

リ

リガーゼ 47
リガンド **79**, 91, 96
リグニン **23**, 66, 108
リソソーム **19**, 53, 69
リゾチーム 72, **92**
利他行動 159
リプレッサー **48**, **49**
リボース **4**, 10
リボザイム **30**, 114
リボソーム **18**, 20, 51, 52, 114
リポソーム 114
流動モザイクモデル 17
両親媒的（性） **3**, 6, 114
リン酸化酵素 25, 67, 89, **91**
リン脂質 **7**, 16, 18, 89
リンネ 120
リンパ 58, **74**, 88, 92

ル, レ, ロ

類人猿 124, **129**, 135
ルビスコ 36
レチノイン酸 107
連合学習 158
連合野 **146**, 150
ローラシア獣類 129
ロジスティック増殖 161
ロドプシン **63**, 90

著者略歴

坂 本 順 司
（さか もと じゅん し）

1979年	大阪大学 理学部 生物学科 卒業
1984年	大阪大学大学院 理学研究科 博士後期課程 修了（理学博士）
1985年	東海大学 医学部 薬理学教室 助手
1989年	米国アイオワ大学 医学部 生理学生物物理学教室 研究員
1992年	九州工業大学 情報工学部 生物化学システム工学科 助教授
2006年	九州工業大学 情報工学部 生命情報工学科 教授
2008年	九州工業大学大学院 情報工学研究院 生命情報工学研究系 教授
2020年	九州工業大学 名誉教授

主な著書

Respiratory Chains in Selected Bacterial Model Systems（分担執筆，Springer）
Diversity of Prokaryotic Electron Transport Carriers（分担執筆，Kluwer Academic Publishers）
ワークブックで学ぶ ヒトの生化学（単著，裳華房）
イラスト 基礎からわかる生化学（単著，裳華房）
いちばんわかる生理学（単著，講談社）
いちばんやさしい生化学（単著，講談社）
微生物学―地球と健康を守る―（単著，裳華房）
ゲノムから始める生物学（単著，培風館）
柔らかい頭のための生物化学（単著，コロナ社）

理工系のための 生物学（改訂版）

2009年11月10日	第 1 版 1 刷発行
2013年12月25日	第 2 版 2 刷発行
2015年 8月10日	［改訂］第 1 版 1 刷発行
2025年 2月 5日	［改訂］第 3 版 1 刷発行

著作者　　坂 本 順 司
発行者　　吉 野 和 浩

検印省略

定価はカバーに表示してあります．

発行所　　東京都千代田区四番町 8 − 1
　　　　　電　話　　03-3262-9166（代）
　　　　　郵便番号　102-0081
　　　　　株式会社　裳　華　房

印刷所　　株式会社　真　興　社
製本所　　株式会社　松　岳　社

一般社団法人
自然科学書協会会員

JCOPY〈出版者著作権管理機構 委託出版物〉
本書の無断複製は著作権法上での例外を除き禁じられています．複製される場合は，そのつど事前に，出版者著作権管理機構（電話 03-5244-5088，FAX 03-5244-5089，e-mail: info@jcopy.or.jp）の許諾を得てください．

ISBN 978-4-7853-5231-8

© 坂本順司，2015　Printed in Japan

★★ 坂本順司先生ご執筆の書籍 ★★

基礎分子遺伝学・ゲノム科学

坂本順司 著
B5判／240頁／定価 3080円（税込）

遺伝子研究の成果を，分子遺伝学の基礎からゲノム科学の応用まで，一貫した視点で解説した．遺伝子研究の基礎から展開までシームレスにまとめるため，下記の3つの工夫をし，理解の助けとした．
①「第Ⅰ部 基礎編」と「第Ⅱ部 応用編」を密な相互参照で結びつける．
②多数の「側注」で術語の意味・由来・変遷などを解説する．
③多彩な図表とイラストで視覚的な理解を助ける．
2色刷

【主要目次】 第Ⅰ部 基礎編 分子遺伝学のセントラルドグマ 1. 遺伝学の基礎概念 ―トンビはタカを生まない― 2. 核酸の構造とゲノムの構成 ―静と動のヤヌス神― 3. 複製：DNAの生合成 ―生命40億年の連なり― 4. 損傷の修復と変異 ―過ちを改める勇気― 5. 転写：RNAの生合成 ―格納庫から路上ライブへ― 6. 翻訳：タンパク質の生合成 ―異なる言語の異文化体験― 7. 転写調節（基本を細菌で）―デジタル制御の生命― 第Ⅱ部 応用編 ヒトゲノム科学への展開 8. 発現調節（ヒトなど動物への拡張）―複雑系の重層的秩序― 9. 発生とエピジェネティクス ―メッセージが作る身体― 10. RNAの多様な働き ―小粒だがピリリと辛い― 11. 動く遺伝因子とウイルス ―越境するさすらいの吟遊詩人― 12. ヒトゲノムの全体像 ―ジャンクな余裕が未来を拓く― 13. ゲノムの変容と進化 ―遺伝子の冒険― 14. 病気の遺伝的要因 ―ゲノムで読み解く生老病死―

イラスト 基礎からわかる 生化学 構造・酵素・代謝

坂本順司 著
A5判／292頁／定価 3520円（税込）

難解になりがちな生化学を，かゆいところに手が届く説明で指南する．目に見えずイメージがわきにくい生命分子を多数のイラストで表現し，色刷りの感覚的なさし絵で日常経験に結びつける．なじみにくい学術用語も，ことばの由来や相互関係からていねいに解説している．いのちのしくみを自習でマスターできる新タイプの入門書． 2色刷

【主要目次】 第1部 構造編 1. 糖質 2. 脂質 3. タンパク質とアミノ酸 4. 核酸とヌクレオチド 第2部 酵素編 5. 酵素の性質と種類 6. 酵素の速度論とエネルギー論 7. 代謝系の全体像 8. ビタミンとミネラル 第3部 代謝編 9. 糖質の代謝 10. 好気的代謝の中心 11. 脂質の代謝 12. アミノ酸の代謝 13. ヌクレオチドの代謝

ワークブックで学ぶ ヒトの生化学 構造・酵素・代謝

坂本順司 著
A5判／200頁／定価 1760円（税込）

生化学をきちんと習得するには，教科書を読んだり電子的資料を眺めたりするという受け身の作業だけでは不十分であり，問題を解き自己採点する能動的な活動が深い理解を助ける．本書は，取り扱う項目やその内容・構成などを親本の『イラスト 基礎からわかる生化学』に合わせたワークブックである．計算問題や記述式問題などの応用問題を多数用意した．また解答例を漏れなくつけ，詳しい解説も充実させ，親本の対応ページも付して，学習者に親切な工夫を満載した．薬剤師と管理栄養士の国家試験のうち，「生化学」分野にあたる問題に合わせて「チャレンジ問題」も設けたので，国試対策にもなるだろう．

微生物学 地球と健康を守る

坂本順司 著
B5判／202頁／定価 2750円（税込）

ゲノム時代に大きな変貌を遂げた微生物学の入門書．基礎編では，微生物を扱う幅広い分野を統一的にカバーする視点から共通の性質や取り扱い方を学ぶ．分類編では，ゲノム情報に基づく最新の分類体系を取り入れ，種ごとの多様な特徴を概観．これらを土台として，応用編では，医療や産業への応用といった技術分野を扱う． 2色刷

【主要目次】 第1部 基礎編 地球は微生物の惑星 1. 微生物と人類 ―世界史の中の小さな巨人― 2. 培養と滅菌 ―生きるべきか死すべきか― 3. 代謝の多様性 ―パンのみにて生くるにあらず― 第2部 分類編 微生物は分子ツールの宝庫 4. グラム陽性細菌 ―強くなければ生きていけない― 5. プロテオバクテリア ―近接する善玉菌と悪玉菌― 6. その他の細菌と古細菌 ―極限環境を生きるパイオニア― 7. 真核微生物とウイルス ――寸の菌にも五分の魂― 第3部 応用編 赤・白・緑のテクノロジー 8. 感染症 ―病原体とヒトの攻防― 9. レッドバイオテクノロジー（医療・健康）―命を支える微生物― 10. ホワイトバイオテクノロジー（発酵工業・食品製造）―おいしい微生物― 11. グリーンバイオテクノロジー（環境・農業）―緑の地球を守る微生物―

裳華房ホームページ https://www.shokabo.co.jp/